PHOTOSHOP FOR INTERIOR DESIGNERS

A NONVERBAL COMMUNICATION

PHOTOSHOP室内设计

不用言语亦可沟通

【美】丁遂宁（Suining Ding）/ 著
张臻　蔡海玲 / 译

版权登记号：01-2017-3545

图书在版编目（CIP）数据

Photoshop室内设计：不用言语亦可沟通／（美）丁遂宁著；张臻，蔡海玲译. — 北京：中国青年出版社，2018.6
书名原文：PHOTOSHOP FOR INTERIOR DESIGNERS—A Nonverbal Communication
ISBN 978-7-5153-4841-4
I.①P… II.①丁… ②张… ③蔡… III. ①室内装饰设计-计算机辅助设计-图象处理软件 IV. ①TU238.2-39
中国版本图书馆CIP数据核字（2018）第027541号

策划编辑 张 鹏
责任编辑 张 军
封面设计 彭 涛

Photoshop室内设计——不用言语亦可沟通
【美】丁遂宁（Suining Ding）/著 张臻 蔡海玲/译

出版发行：中国青年出版社
地　　址：北京市东四十二条21号
邮政编码：100708
电　　话：（010）50856188／50856199
传　　真：（010）50856111
企　　划：北京中青雄狮数码传媒科技有限公司
印　　刷：湖南天闻新华印务有限公司
开　　本：889 x 1194 1/16
印　　张：11.5
版　　次：2018年8月北京第1版
印　　次：2018年8月第1次印刷
书　　号：ISBN 978-7-5153-4841-4
定　　价：89.90元

本书如有印装质量等问题，请与本社联系
电话：（010）50856188 / 50856199
读者来信：reader@cypmedia.com
投稿邮箱：author@cypmedia.com
如有其他问题请访问我们的网站：http://www.cypmedia.com

致 谢

我需要感谢很多人，他们帮助我完成了这本书。首先，我衷心感谢执行编辑Olga Kontzias，她是一位专业的室内设计教育支持者，也是一位成熟的编辑。正是与她鼓舞人心的交谈不断激励着我一步步完善本书。Olga不仅看到了这本书的价值，而且还亲自参与了本书写作的各个方面。我很感谢Fairchild Books团队的支持和努力。我衷心感谢经验丰富的编辑团队：Joseph Miranda，高级研发编辑，感谢他在写作过程中的鼓励、帮助和协作。我还要感谢图书编辑Jessica Katz在编辑过程中给予的帮助。与这样熟练和专业的编辑团队工作是一次很赞的经历。我感谢他们在合作过程中的倾力协助，共同完成了一本优秀的图书。我也很感谢提出评价和建设性批评意见的评论员和初审编辑，其中包括德克萨斯州基督教大学的Gayla Jett Shannon、橘郡海岸学院的Charlene B. Reed、奥本大学的Lindsay Tan、西肯塔基大学的Sheila Flener、艾达山学院的Hans-Christian Lischewski和华盛顿州立大学的Kathleen Ryan。

我还要感谢我的学生，他们提供了AutoCAD图形，让我可以在Photoshop中使用这些图形，最终才得以呈现书中这些演示图形。我要向Megan Bobay、Alexis Dancer和Jade Rice致以最诚挚的感谢。

我也非常感谢我的家人和朋友。我常常数小时埋头编写和绘制图形，无法陪伴他们，但他们始终保持理解和支持。没有我的家人和亲爱的朋友无条件的支持，我是不可能完成这本书的。最后我很感激我的父母，他们一直给予了我学术研究方面源源不断的灵感。

目 录

第 6 章

Photoshop 中的特效

第 7 章

添加环境对象

第 8 章

应用手绘图形

第 9 章

使用 InDesign 组合图形

第 10 章

综合使用多种软件创建展示图形

前　言

本书的独特功能

一位好的设计师必须具有极强的表达能力，这样才能快速而专业地传达设计理念。在我这么多年的室内设计课程执教过程中，我发现，即使对于高级别的学生来说，快速以视觉方式呈现设计理念也是非常具有挑战性的。经过几年的教学和探索，我发现使用几种不同的软件来创建演示板是传达设计理念的一种高效方法。将Adobe Photoshop、Autodesk AutoCAD、Trimble SketchUp、Adobe InDesign和手绘图形综合在一起组合图形完成演示板，是当前设计界非常有价值的一种工作方法。这种方法能够帮助设计师优化图形，创建出专业、精美的项目作品。虽然本书的重点是使用Photoshop优化3D模型，但同时还展示了SketchUp的使用方法，以及使用InDesign组装演示板的方法。

优秀的设计师应当具有良好的沟通能力，包括口头、文字和视觉沟通技能。这本书的重点是结合图形图像和说明文字进行视觉传达。这本书本身就是用文字和视觉来表达想法的示例。

本书与其他图书不同之处在于，它不专注于某个特定的计算机软件，而是综合使用Photoshop、SketchUp和InDesign来构图和完善演示板。每款软件各具特色和功能，综合使用这些软件，才能以最快速、最高效的方式创作出最精美的作品。

另一个独特的功能是，本书中的实例图形贯穿于整本书始终均可使用。目前Photoshop已经广泛用于图形设计，但Photoshop与SketchUp和手绘图形结合使用，还是比较新的设计领域。即使在当前这个数字时代，我也倡导在初始图设计中使用手绘图形。我相信，在初始图的设计阶段，手绘图形能够表达独特的思维过程和效果，这是数字图形所不能替代的。观众能够看出手绘作品的品质、个性和风格，甚至是其中轻微的缺陷。结合数字图形和手绘图形，能够为初始图设计带来更大的灵活性和更独特的视觉交流品质。

本书读者对象和软件版本相关知识

本书的目标对象是Photoshop、Sketch-Up和InDesign软件的初学者。书中按照操作步骤逐步讲解操作方法，便于初学者跟随学习。

书中的操作采用了常用的软件操作方法，这样使用旧版本和较新版本软件的读者均可使用。本书还力求使用软件的基本命令和功能完成操作，因为这些命令和功能在不同版本软件中差别很小。

目前Photoshop主流版本是Photoshop CS6。您首先需要留意的是Photoshop CS6的新界面，可以设置从黑色到浅灰色四种界面颜色。新版本中的很多内容都作了巧妙的调整，包括数百个重新设计的图标【Pen（钢笔）工具和Lasso（套索）工具能够更清楚地显示其激活状态】和更清爽、更一致的界面布局。其他调整的功能包括滤镜、光照效果和图层。不过，所有这些差异均不影响操作方法。

本书的教学框架

本书的章节设计具有帮助教学和增强学习效果的特征。操作演示是本书的一个重要特征。为了帮助阐释相关概念和演示操作技巧，本书安排了一些详细的实例。每章从简要介绍开始，其次是实例演示，最后为摘要、关键术语列表和其他项目练习。书中还收录了很多案例图形为读者提供思路和灵感。

在我多年工作室课程和软件教学过程中，我发现以操作和实际工作项目为基础的学习方法能有效提高学生的积极性，加快学习进度。掌握了坚实的基础概念和技能后，学生便可以自然而然地进步到一个新的水平。

补充的内容

为有力支持本书学习，我们提供如下补充内容（外方提供的英文原版资料可加封底读者QQ群获取）：

- 包括演讲、讨论和其他项目的章节大纲。
- 针对移动设备、协同工作、案例研究和最大限度地提高学生学习能力的教学技巧。
- 案例课程大纲。

为学生准备的内容：

- 配套网站中含有可编辑的设计模板，可用于每章末尾的项目练习。

本书的内容结构

鉴于视觉表达技巧在室内设计课程和专业中的极端重要性，本书主要针对大学工作室课程或演示技术课程以及想要使用多个软件提升演示技巧的专业设计人士编写。本书为读者提供了系统的演示和操作方法，在内容编排上，着力于帮助读者将视觉传播原理作为创作演示图形的基础，然后逐步从非常基本的技术向更高层次发展。

本书结合视觉传播原理应用技能逐步提高的过程，按顺序讲解了Photoshop的基础知识，以及Photoshop、Trimble SketchUp和InDesign的特色功能。全书共分为十章，具体如下。

第1章：视觉传达与Photoshop基础知识，帮助读者掌握视觉传播原理，包括组织视觉元素、了解视觉传达过程、表现复杂视觉元素和表达视觉含义。然后介绍了Photoshop的基础知识。本章提供了几个演示图形的实例，这些实例将引导读者学习本书内容，直至第10章使用InDesign设计海报。

第2章：主要内容为应用平面图和立面图，演示如何使用Photoshop创建室内平面图和立面图。除了介绍基本的技术和工具之外，还讲解了如何导入材质和纹理到演示图形中，包括如何添加照片和环境对象到图形中，比如人物、植物和汽车等。

第3章：应用透视图和等轴视图，介绍使用Photoshop创建和优化透视图和等轴视图的技术。先在SketchUp中创建一个初始的3D模型，然后在Photoshop中进行优化。使用Photoshop技术优化透视图和等轴视图技术包括导入画框、创建阴影、创建投射在地板上的阴影、添加人物图像、添加光照效果、添加室外景观以及导入家具对象。

第4章：应用材质，介绍在Photoshop中应用材质改进和完善透视图的技术。演示了如何在SketchUp中创建初始3D模型并保存为PDF格式文件，然后通过在Photoshop中添加地板、墙壁和天花板的材质来优化图形。

第5章：应用灯光，介绍在透视图中应用光照效果的技术。首先介绍了在Photoshop中应用软件预设光照类型的方法。之后通过步骤演示，介绍更先进的技术，包括在室内场景中应用混合照明、为对象创建投影、为彩色玻璃窗创建照射光束。此外，还演示了创建地板反射的方法。通过这些实例，讲解了灯光和阴影的制作技术，包括手动添加光照效果和阴影的技能。

第6章：Photoshop中的特效，介绍了使用Photoshop中各种滤镜创建特效的技巧，包括创建棕褐色调以表现古老的或复古的外观效果，以及添加水彩和蜡笔效果，以表现自由手绘的风格。

第7章：添加环境对象，演示如何添加环境对象到图形中，比如人物、植物和汽车等。本章还演示了如何为环境对象创建阴影，特别是创建投影到立墙上的阴影。

第8章：应用手绘图形，介绍了在Photoshop中将手绘图形转为数字图形的技术。还演示了在数字图形中添加材质照片和环境对象的方法，并进一步探索添加水彩效果的技术。

第9章：使用InDesign组合图形，介绍了InDesign的基础知识，并演示如何在InDesign中组合设计海报。所有使用的单个的图形都是先在Photoshop中准备好的，然后在InDesign中进行组合。之后介绍如何在InDesign中为海报添加文字，并对万神殿视觉设计案例进行了研究。

第10章：综合使用多种软件创建演示图形，介绍了使用各种软件创建海报的技术。虽然介绍的重点在于SketchUp，但也包括使用AutoCAD、Photoshop和InDesign创建海报的内容。在整个教程中，始终强调使用多个软件以高效的方式创建出更专业、更高质量海报的这一最终目标。

在各章末尾项目练习中，需要用到的可编辑数字文件均可在本书配套的网站中下载。

http://www.bloomsbury.com/us/photoshop-for-interior-designer-9781609015442/（相关资源请加封底读者QQ群下载获取）。

我很荣幸能为大家介绍这种创建演示图形的方法，能讲解这种快速、轻松地创建演示图形的技术。我希望这本书的内容能帮助您成为一名更好的设计师，能使用多种软件完成演示图形的创建。我坚信，视觉传达技能与口头和文字沟通能力一样重要，特别是对于有才华和有创意的设计师。

Suining Ding，ASID，IDEC

1

视觉传达与Photoshop基础知识

室内设计师和建筑师必须能通过设计中的图形，以视觉形式传达设计理念，尤其是在图纸设计阶段。图纸说明是设计过程中设计人员帮助客户构思的重要辅助工具。设计师为客户准备的图纸，应该能够达到这样的程度：即使没有设计师在场，也能清晰地讲述故事，表现构思。这意味着，图纸中的元素必须采用非常强大的视觉语言来传达含义。

本书介绍了通过视觉语言提供认知含义的独特方法。使用Photoshop软件，为室内设计师带来新的和创造性的视觉传达方式的启发。第一章描述了在室内设计和建筑图纸中创建视觉图形的原理，这些图形具有综合性、易记和信息量大的特点。

设计中的视觉语言

图像能够使观众理解很难用语言来解释的设计理念。使用基本的设计元素，设计师可以解决语言表意的困难。例如，内部透视图可以表达建筑物的空间关系。实际上，诸如平面图、剖面图和视角图纸等均有此功能，如果设计师单纯用语言来讨论空间关系是非常困难的。这些图纸是绘图或演示板中的基本组件。

但是，设计师如何实现用这些基本图纸进行“谱曲”，来传达设计理念呢？本书介绍了一个简单、快速和创造性的方法，要实现这一目标：使用Adobe Photoshop软件来创造图像并使其更生动。

本书所用的独特的做法，是使用各种软件以视觉形式“讲述”设计。例如，设计师可以使用SketchUp或3D AutoCAD软件生成粗糙的原始图像模型，然后使用Photoshop软件通过添加灯光和材质等来优化图像模型。最后，使用InDesign软件组合成演示板。或者设计师可以使用其他建模软件，如3Ds Studio Max（现在名为Autodesk 3ds Max，本书用其原名）或Revit软件创建粗糙的原始模型，然后使用Photoshop软件快速优化3D模型，并轻松创建专业的和更逼真的3D模型。每个软件都有其独特的特征。Photoshop软件是一款强大的工具，设计师能够通过添加或更改材质、纹理、颜色和其他图像属性来优化图像，这正是本书的重点内容。但是，与3D AutoCAD、3Ds Studio Max或Revit软件不同的是，Photoshop并不是一款3D建模软件。SketchUp软件是一款易于使用且免费的软件，但是与3D AutoCAD、3Ds Studio Max或Revit这些收费软件相比，SketchUp生成的模型的真实度不够高。SketchUp生成的模型可在Photoshop中通过添加逼真的材料和真实的灯光效果来轻松优化，这样结合使用Photoshop与建模软件，可节省时间和预算。

Photoshop也不是排版软件。InDesign软件和Photoshop软件一样，都是Adobe Creative套件的一部分，是专门为排版布局和创建演示板而设计的软件。它提供了比Photoshop更灵活的页面布局功能，这就是为什么综合使用各种软件正确且高效了。

综合运用多种软件也释放了设计师最珍视的一个要素——时间。这让设计师不需要把大量时间花费在生成3D模型这一耗时的工作上，也能让设计师专注于最擅长的设计工作。

视觉传达原理

为创建富有含义、信息丰富、独特、美观且“吸睛”的演示图纸，设计师必须首先理解视觉传达原理。这些原理是一种指导性意见，而不是不变的规则，它们是用来寻找视觉解决方案的催化剂，是用来指导作品优化的。

图纸是设计师之间的共同语言。演示图纸、演示板或海报则是设计师用来向客户传达设计意图的视觉语言。一个专业的演示板不应该只描述建筑物的空间关系，还要传达设计师想要表达的设计理念和含义。视觉传达同样适用于当今的多语言全球文化的交流。作为一名艺术教育家和有影响力的设计师，Gyorgy Kepes说过：“视觉传播是普遍和国际化的，它没有语种、词汇或语法的限制，识字和不识字的人都能看懂。”因此，演示草图必须有含义，必须能表达设计理念和背后的故事，要能让观众理解设计师的意图。

展示图纸的含义

草图绝不仅仅是在二维平面上作标记，而是要表现创作者的意图，并展现出作品中需要沟通的大量信息。它是创意思路的体现，也是能够激发感性视觉体验的设计意图。设计师创建用于传播的图纸和图形，是基于这样一个假设：即观众能够通过查看线条、颜色和形状来了解设计师要传递的信息，这一过程就是一次传播过程。同时，设计师还会假设观众会按设计师决定的元素顺序和层次结构来视觉化处理图形。

因此，设计师必须要以观众的视角来评估作品。观众可以通过视觉呈现的图形来理解设计师的理念和意图吗？设计师如何确保观众全面而正确地理解和解读设计意图呢？事实上，观众会因为自身的想法和价值观的不同，而对图纸有不同的理解：研究表明，年龄、性别、教育背景、文化和语言是影响感知的其他方面因素（Malamed，2009年，第20页）。此外，训练有素的艺术家和非艺术家感知和解读视觉图像是有差别的，因为他们在视觉感知过程中关注的焦点不同。训练有素的艺术家，通常会花更多的时间观察背景和元素之间的关系，如颜色、灯光、形状和空间关系，而非艺术家通常花费更多时间观察中心物体。因此，视觉感知过程非常复杂，设计师无法充分预测观众将会从视觉图像感知中解读到什么内容。

了解人类视觉的感知过程才是最重要的，才能在绘图创作过程中对设计师有所帮助。下面介绍的视觉传播原理能够为设计师创作作品提供一些指导（Malamed，2009，第20页）。

原理1：组织视觉元素

组织视觉元素包括四个主要部分：焦点、突出焦点、纹理分离和组合视觉元素。充分理解这四个部分及在图形中如何进行组织，将有助于设计师创建观众能够正确、高效地解读和感知的图形（Malamed，2009年，第47页）。

焦点

焦点对象包括观众在观看图像时能够立刻吸引观众视线集中的主要对象。设计师可通过使用不同的颜色、方向和尺寸来控制焦点，以将焦点从背景中的其他对象中区分开来。设计师需吸引观众关注到设计空间中的某个关键焦点，从而形成设计的方位布局。

突出焦点

研究表明，观众在有意识地分配注意力之前，会快速分析图形并注意到突显的部分（Malamed，2009，第54页）。观众在更多地关注特定对象之前，会快速完整地扫描整个图形图像。作为设计师，我们希望观众重点关注焦点对象。要实现这个目标，设计师必须确保在焦点对象和背景中非焦点对象之间形成强烈的对比，可通过颜色（如使用互补色形成对比）、纹理（如使用平滑和粗糙的纹理形成对比）和数值（如应用明暗对比）来实现。

图1.1中展示了如何形成初始的突出区域。此图展示的是一座古建筑内商业空间的设计理念。设计意图是创造一个具有现代魅力、具有吸引力和亲和度的商业空间，同时也传达出简约优雅的设计理念。为了将观众的视线集中到两个内部视角，为家具应用了橙色，与整体黑白方案形成对比。当观众看到这张展示图纸时，他们会立即注意到右侧展示了新的设计解决方案的两个内部视图。建筑物的黑白照片外观和城市天际线，则为观众讲述了现代化城市中这座历史建筑的故事，新设计的商业空间正是位于这座有故事的城市中。这个展示图纸中的所有组件汇集在一起，通过视觉图形共同传达了设计的含义。

纹理分离

纹理分离，意味着使用不同的纹理来区分不同的区域，通过纹理分离，我们也可以从背景中分离出前景。通常情况下，纹理区域比没有纹理的区域能更快地吸引观众的关注。但若室内设计透视图的背景杂乱且充满纹理，则应用了纹理的室内设计透视图将不再突出。换句话说，室内设计透视图将不会成为焦点。设计师需要清晰地分离纹理，才能便于观众理解图纸的含义，并将注意力集中在焦点区域。

图1.2和图1.3是使用不同纹理来区分图像和背景的示例。图1.2展示的是一款富有创意的工艺美术设计。三个透视图通过两种不同的纹理形成对比。一个是平滑、灰色的背景，另一个是应用了Photoshop滤镜功能进行模糊处理的工艺美术建筑外观。这三张透视图已经在Photoshop中应用手动设置的棕褐色调进行了处理（在第6章中将介绍制作棕褐色调图纸的方法）。此展示图纸要表达的是，通过工艺美术原理维持自然景观，设计出更好的建筑。

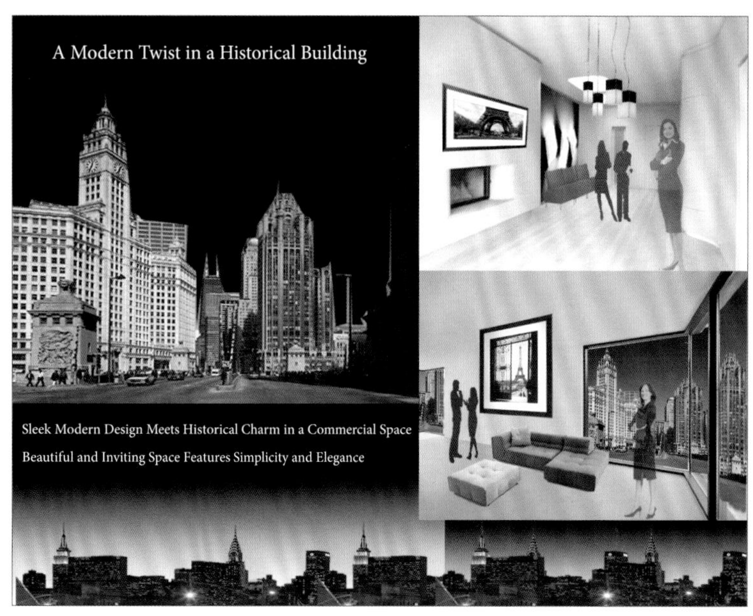

图1.1

图1.2

图1.3

图1.3展示了一款画廊空间设计。三个透视图通过两种不同的纹理形成对比。由于两个透视图是水彩效果，二者都采用了平缓、灰色的背景。另一方面，绿树背景位于图形的底部，由于背景和图形的纹理不同，绿树与两个透视图形成对比。这就使得三个透视图突显出来，能够吸引观众的注意。此展示图纸讲述的是，创造一个用绿色材料建造的富有内涵的空间。这一空间不仅具有空间功能，还具有设计师和艺术家想通过艺术作品表达的深层含义，在此作品中，意为设计一个可持续的空间。

组合视觉元素

将个体对象组合转化为一个整体的过程，要基于20世纪初的心理学家Gestalt的理论（Malamed，2009，第66页）。该理论认为，人的眼睛在察觉到各个部分之前，会先总览全局。观众会将具有相似的视觉特征的元素，如形状和纹理，视为一个元素或一个群集。因此根据这一理论，图像中元素排列组合将影响观众如何解读和理解图像（Malamed，2009）。组合视觉元素，能够优化视觉图像的布局，因为观众知道群集元素具有类似的特征。

图1.4是组合视觉元素的示例。四个平面视图组合在了一起，相比于单个平面图，读者将会先看到整个组合。在这个展示图纸中，平面图、建筑部分和室内视图是主要组成部分，展示了空间关系以及室内设计的风格。当让观众观看这个展示图纸时，会自然而然注意到这些部分。图纸的树木背景、所有平面图中的绿色和阁楼都在强调图纸背后的故事：阁楼深处自然之中，是一个绿色、可持续的建筑。

原理2：引导视线

作为设计师，我们不能让观众漫无目的地浏览图形，而是要全程引导他们的视线。设计师应通过引导视线，协助观众阅读布局合理的图形。如前所述，焦点是图形中吸引观众注意力的区域，要让观众花更多的时间观察此区域。所以，设计师应该引导观众在整体浏览图像时立即将注意力集中到焦点。焦点可以是图像中最大的物体或具有明亮色彩的物体，也可以通过强烈的对比度或纹理将其突显出来。“吸睛”元素将会留住观众的目光，让观众投入更多的注意力从焦点区域提取信息。

图1.1和1.2展示了利用突出的焦点，在观众领会设计师意图的过程中引导观众视线的示例。在这两个图形中，室内视图是展示图纸的焦点。

视觉元素的位置和重点

为了引导观众的视线顺序，设计师需要以不同的主次层次放置对象。通过仔细安排视觉元素，设计师能够建起视觉层次结构，以此来指导观众。

研究表明，放置在图纸中上半部分的对象给人更加积极的感受，并且比其他位置更能吸引观众的注意力。另一项研究发现，观众视线会更长久地停留在图形左上部分观看，而不是右下部分。因此，在构图时考虑到这两个方面是很重要的。

在图形中形成不同层次的重点，是成功绘制图形的关键。不同层次的重点能使图形更有趣味和吸引力。如前所述，可以通过对比来创建出图形的重点。焦点是前面介绍的另一种方法。但是要记住，图形中只能有一个焦点。图1.5中，通过使用不同颜色形成对比，从而创建出不同重点，引导观众注意力。这个展示图纸的主要目的是阐述这样的观点：建筑是静止的音乐，建筑是一种有韵律、和谐、有序的艺术形式。此展示图纸中的现代室内空间设计，灵感源于一个具有韵律、和谐、有序的古典室内空间。在现代空间中反复应用古典柱形的次序感，从而实现韵律感、和谐感。钢琴和小提琴暗示了与音乐的关联性，切合图纸主题。在这幅展示图纸中，室内空间置于黑白背景中，而钢琴和小提琴应用了彩色，利用颜色的反差再次强化建筑是静止的音乐这一主题。

视觉暗示——颜色暗示

颜色是许多设计师在设计和绘图时非常喜欢使用的重要设计元素。颜色能够传达意义，并且会因为复杂的视觉过程，造成不同的解读。不同的人与不同的文化背景对颜色会产生不同的看法。在彩色绘图中，观众会注意到颜色。为了确保焦点区域能第一时间吸引观众的注意力，设计师应对焦点对象使用不同的颜色，使其与背景或周围的对象形成反差。

在图1.1中，应用颜色使两个室内视图突显出来，吸引观众的注意。在图1.3中，颜色用于强调“绿色”这一设计意图。在这两幅展示图纸中，都应用了颜色暗示来引导观众对视觉信息的解读和理解。

原理3：表现复杂视觉元素

复杂视觉元素既有优点也有缺点。一方面，视觉元素复杂能够获得观众的关注和兴趣。观众会倾向于花更多的时间观察图形中对象的细节和不同的图案。另一方面，复杂性可能会导致混乱，如果图形确实非常复杂，可能会让观众避而远之（Malamed，2009）。设计师必须在简单性和复杂性之间形成平衡，以吸引观众注意，让他们驻足阅读视觉图像。

复杂设计概念

室内设计或建筑图纸中包括平面图、立面图、局部图、细节图、等轴测图、透视图以及其他元素组件。这些组件要通过细节、文本、颜色和图案来展示和表达一定的含义。通常情况下，观众需轻松容易地理解更简单的图纸。理解方法就是通过展示隐藏的组件，阐明复杂的图纸，包括创建各种室内设计视图，如横截面图、等距视图以及其他细节图。这种方法不仅能展示建筑系统和建筑细节，还能呈现空间关系和建筑物的结构。因此局部图、等距视图和细节图等，是阐明复杂图纸的重要策略。

在图1.4中，使用了建筑局部图，阐明复杂内容，展示建筑的空间关系。

原理4：表达视觉含义

室内设计和建筑图纸必须能够通过视觉元素“讲述”设计理念和设计过程。优秀的展示图纸应传达一定的含义，并在设计师不在场的情况下通过视觉图像来讲述故事。作为一个视觉“讲述者”，应用富含意义的图纸来叙事。

图1.4

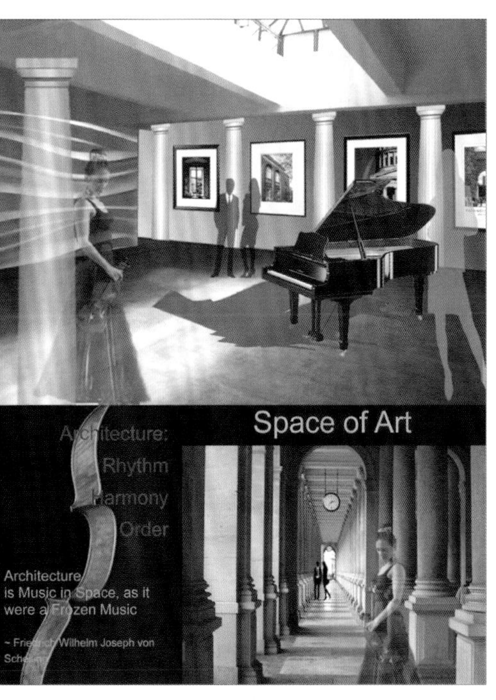

图1.5

视觉“讲述”

视觉讲述方式同时也是传达情感的过程。“讲述”是人与人认知和情感沟通的一种自然方式，人类正是一个会讲故事的物种。通过讲述一个融合了视觉图像和相关联主题的故事，将观众吸引到要传递的信息中。在“讲述”中，设计师可以创造隐藏在视觉图像之下的情感线。图1.1、图1.4和图1.5用展示图纸进行讲述，讲述了关于设计和设计理念的故事。

有很多方法能进行视觉讲述。在室内设计和建筑设计领域，通常使用海报展示图纸，结合图像和简短的文本进行讲述。在现今的数字时代，设计领域已经广泛应用各种复杂的软件。为了更高效地创建展示图纸，本书将采用综合应用多种软件的方法，并以Photoshop软件为重点。以下将从Photoshop基础知识开始讲起，然后更深入地讲解Photoshop各项功能。

Photoshop基础知识

本书中所有展示图纸都是在Photoshop或InDesign软件中创建的。一些设计师喜欢使用Photoshop创建展示图纸，也有的设计师更喜欢使用InDesign。这既是因为个人偏好，也取决于图像的复杂性和大小。Photoshop软件可用于编辑图纸和照片，而InDesign软件可用于组合展示图纸，如图1.1、图1.3、图1.4和图1.5。在展示图纸或展示板上，视觉部件往往包括平面图、局部图、透视图、等轴视图以及细节图。视觉组件可以由AutoCAD软件创建，或者使用Trimble SketchUp和其他软件初步拟出草图。然后设计师可以使用Photoshop软件进行图纸编辑和改进。

本书将会按步骤进行指导，引导读者从初步绘制草图到使用Photoshop进行精细调色，最终完成绘图。目标是介绍创建出能够传达设计理念、让观众准确解读的展示图纸的一种简单便捷的方法。

以下是设计师将会使用到的Photoshop基本功能：

- 渐变填充：可用于平面图、立面图和局部图以及透视图。
- 材质功能：可以在图纸中添加真实的材质效果。
- 灯光应用：可以真实模拟出不同类型的光源效果。
- 滤镜：可以应用各种特殊效果以增强图纸效果，如水彩、油画、粉彩以及其他多种效果。
- 导入：可以添加来自其他图纸的人像、景观等。

这些只是Photoshop中一些可以应用的主要功能。设计师还可以使用其他各种功能，例如图层蒙版、仿制图章和图像调整等。下面介绍的Photoshop功能是每个设计师在使用软件进行绘图前应该掌握的基础知识。

亮度和对比度

调整图像的亮度/对比度是Photoshop中非常便捷易用的一项功能。正如“亮度/对比度”名称所示，您可以调整图像的亮度和对比度。对于设计师来说，可能需要使用此功能来降低对比度并提高图像的亮度，从而将图像用作背景。需要调整图像亮度和对比度时，在菜单栏中打开Image（图像）菜单，然后执行Adjustment （调整）> Brightness/Contrast（亮度/对比度）命令即可。

Image（图像）>Adjustment（调整）> Brightness/Contrast（亮度/对比度）

按照如图1.6所示的对话框中的提示进行操作。调整对话框中的数值，以更改图像的亮度和对比度（注意，图1.6中的图像比图1.7亮度更低，对比度更高）。

黑白调整

有时候您可能需要一张黑白的图像或照片，用作展示板的背景。在Photoshop中，将彩色图像更改为黑白颜色也很简单。在Image（图像）菜单中执行Adjustment（调整）> Black & White（黑白）命令即可。

Image（图像）>Adjustment（调整）> Black & White（黑白）

执行该命令后，即弹出如图1.8所示的对话框。拖动滑块来调整颜色的比例即可创建黑白图像。图1.9显示了原始的彩色图像。

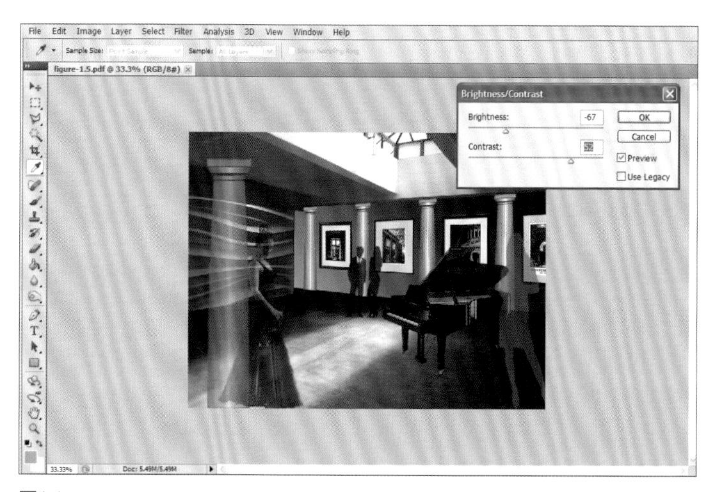

图1.6

图1.7

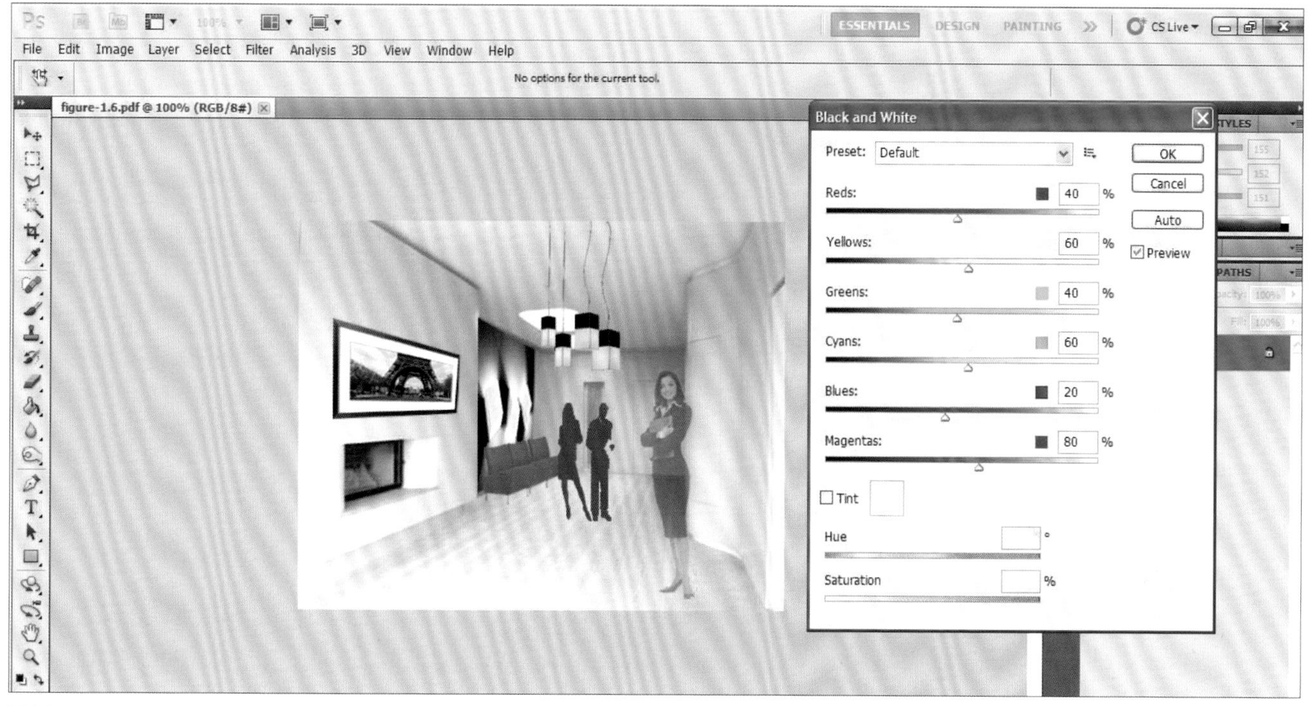

图1.8

图1.9

Photoshop工具栏

Photoshop窗口左侧即是工具栏。工具栏中列出的许多工具图标右下角有一个三角形，表示这是包含其他工具的工具组。将光标放置在工具图标上，会显示所隐藏的工具列表，如图1.10。

下页列表展示了工具栏中的所有工具。

如图1.11所示，位于窗口顶部的菜单栏，可以用来打开文件、管理图层、更改图像模式、找到和使用滤镜，以及应用许多其他Photoshop功能。 这些工具和功能将在后续章节中进行详细介绍。

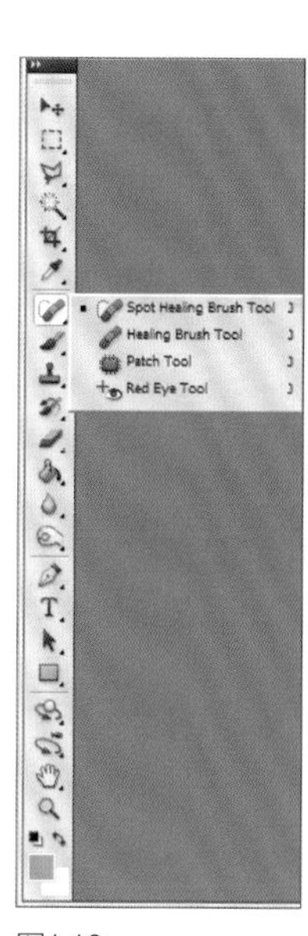

图1.10

工具栏

移动工具		模糊/锐化/涂抹工具	Blur Tool Sharpen Tool Smudge Tool
选框工具	Rectangular Marquee Tool M Elliptical Marquee Tool M Single Row Marquee Tool Single Column Marquee Tool	减淡/加深/海绵工具	Dodge Tool O Burn Tool O Sponge Tool O
套索工具	Lasso Tool L Polygonal Lasso Tool L Magnetic Lasso Tool L	钢笔/自由钢笔/添加锚点工具	Pen Tool P Freeform Pen Tool P Add Anchor Point Tool Delete Anchor Point Tool Convert Point Tool
快速选择/魔棒工具	Quick Selection Tool W Magic Wand Tool W	文字/文字蒙版工具	Horizontal Type Tool T Vertical Type Tool T Horizontal Type Mask Tool T Vertical Type Mask Tool T
裁剪工具/切片工具	Crop Tool C Slice Tool C Slice Select Tool C	路径选择/直接选择工具	Path Selection Tool A Direct Selection Tool A
吸管/颜色取样/测量/计数工具	Eyedropper Tool I Color Sampler Tool I Ruler Tool I Note Tool I Count Tool I	形状工具	Rectangle Tool U Rounded Rectangle Tool U Ellipse Tool U Polygon Tool U Line Tool U Custom Shape Tool U
污点修复画笔/修复画笔/修补/红眼工具	Spot Healing Brush Tool J Healing Brush Tool J Patch Tool J Red Eye Tool J	三维对象工具	3D Object Rotate Tool K 3D Object Roll Tool K 3D Object Pan Tool K 3D Object Slide Tool K 3D Object Scale Tool K
画笔/铅笔/颜色替换/混合器画笔工具	Brush Tool B Pencil Tool B Color Replacement Tool B Mixer Brush Tool B	三维相机工具	3D Rotate Camera Tool N 3D Roll Camera Tool N 3D Pan Camera Tool N 3D Walk Camera Tool N 3D Zoom Camera Tool N
仿制图章/图案图章工具	Clone Stamp Tool S Pattern Stamp Tool S	抓手/旋转视图工具	Hand Tool H Rotate View Tool R
历史画笔/艺术历史画笔工具	History Brush Tool Y Art History Brush Tool Y	缩放工具	
橡皮擦/背景橡皮擦/魔术橡皮擦工具	Eraser Tool E Background Eraser Tool E Magic Eraser Tool E	默认颜色/交换颜色	
渐变/油漆桶工具	Gradient Tool G Paint Bucket Tool G	前景色/背景色	

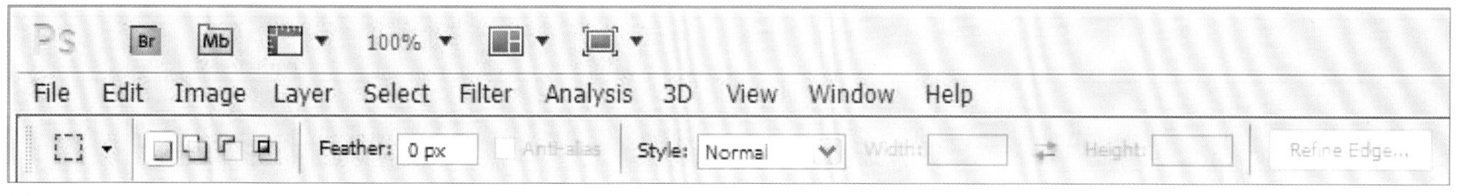

图1.11

Photoshop CS6拥有全新的界面，但工具栏和Photoshop CS5非常相似。图1.12显示的是Photoshop CS5的界面，图1.13显示的是Photoshop CS6的界面。一般来说，不同版本软件界面只是外观上的变化，软件的功能和使用命令的方法和之前版本保持不变。如果您知道如何使用Photoshop CS5，则使用CS6的新界面不成问题。

和Photoshop CS5一样，如果将指针停留在窗口左侧带三角形的工具按钮上，将可以看到隐藏的其他工具按钮。图1.14中显示了一些Photoshop CS6中的工具图标。

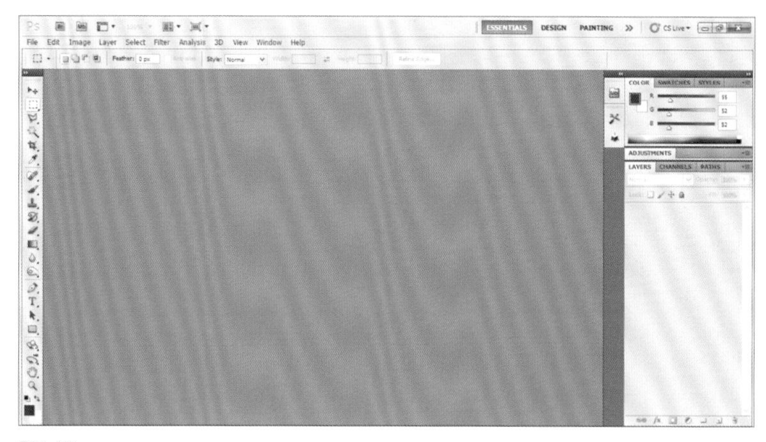

图1.12

图1.13

图1.14

概述

在本章中，我们介绍了视觉传达的原理：

- 原理1：组织视觉元素
- 原理2：引导视线
- 原理3：表现复杂视觉元素
- 原理4：表达视觉含义

本章简要介绍了Photoshop基础知识。

关键术语

- 亮度
- 颜色暗示
- 对比
- 组合视觉元素
- 突出
- 原始特征
- 纹理分离
- 工具栏
- 视觉“讲述”

2

应用平面图和立面图

本章将会详细介绍如何使用Photoshop绘制平面图和立面图，不论是绘制平面图还是绘制立面图，都要先使用AutoCAD软件进行创建，然后再将材质、灯光、背景和周边环境对象添加到文档中。在后面的章节中，我们将会使用令人一目了然的范例详细地展示添加材质和灯光（以及周边环境对象）的技巧和过程。在这一章节中我们将讨论如何使用基本命令和工具创建在后面章节中将使用到的材质。

AutoCAD是一款计算机辅助设计软件，用于绘制平面图、立面图和其他二维图形以及3D模型。而Photoshop也是一款强大的软件，它能够通过添加色彩、纹理、材质和灯光以及其他效果来增强图片质量。若想使用AutoCAD图形，首先需要将图形转化为EPS格式，以便于Photoshop读取，也可以将文件从AutoCAD文件转为PDF格式文件，但推荐将文件转化为EPS格式，因为不同于PDF，EPS里面包含更多的线宽，并且在Photoshop里打开EPS文件时还会提示设定分辨率。而使用PDF文件时，图片将会被栅格化，从而降低图片质量，影响效果。因此，EPS和TIF格式由于更能保证图片质量而使用得更广泛一些。需要注意的是，在Photoshop里无法显示EPS文件时，可以使用Rectangular Marquee（矩形选框）工具框选图形，然后将其复制并粘贴到Photoshop的新文件里。

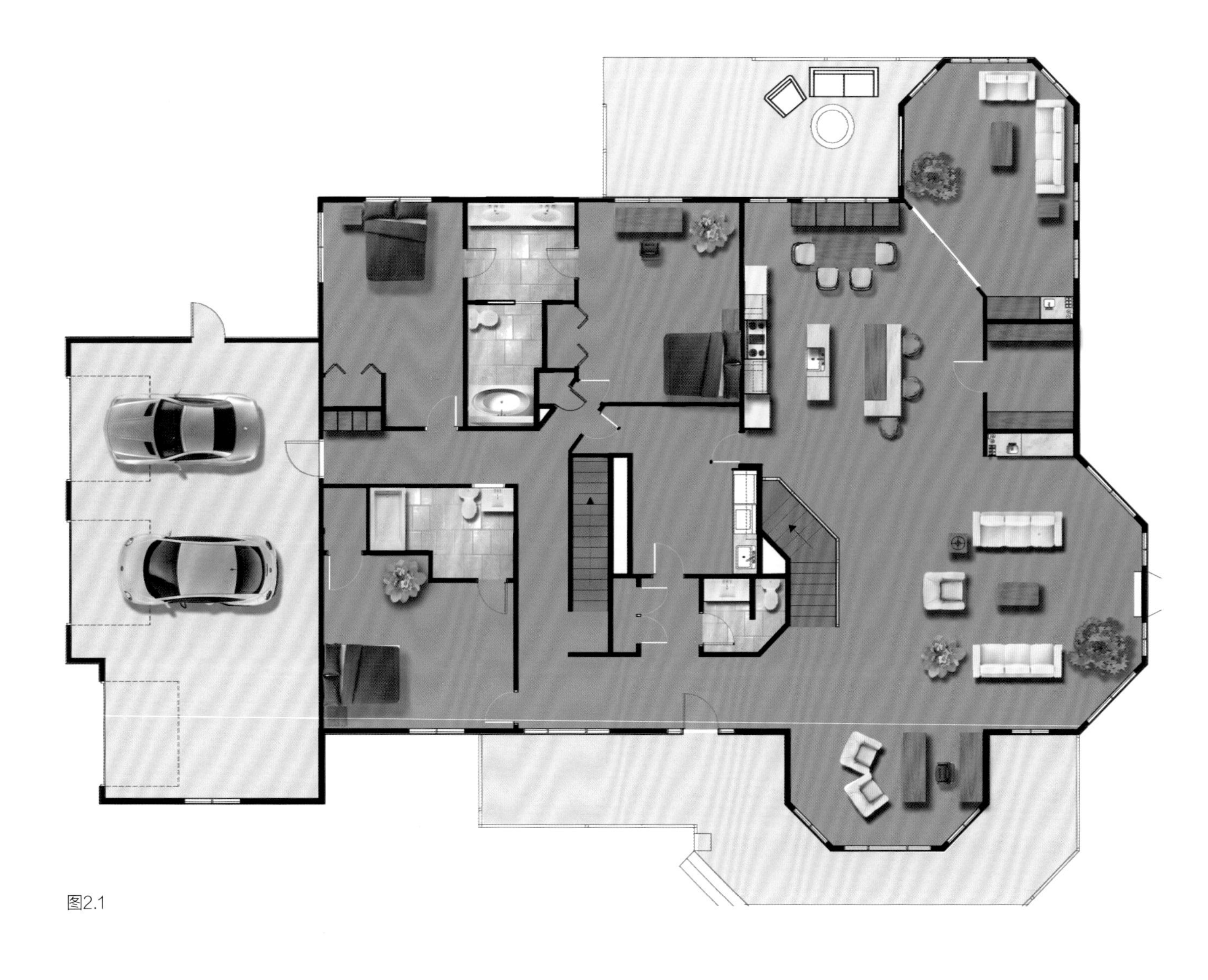

图2.1

应用平面图

平面图是展示图纸或展示板中的一种视觉组件，用来展示空间关系。展示图纸中的平面图与建筑施工中的平面图是不同的。在演示板或图纸中，平面图是用来沟通空间关系、设计理念、配色方案和设计风格的。因此，必须要添加材质和颜色，但不同于施工文件、技术资料等，尺寸和编码注释不是必需的。图2.1是一个房间平面图，采用了不同的材质和颜色。图中还包含了诸如汽车、植物等环境物，让观众能感受到尺寸大小。

在图2.1中，应用了第1章介绍的视觉传达原理。为了让家具从背景中突显出来，为整个楼层应用了灰色调。家具则是以照片的形式展示，而不是图纸或模型，并且采用了真实的材质和纹理效果。地板同样采用了照片级的材质和纹理。正如在上一章所述，纹理的隔离使得对象更加突显。下面介绍使用Photoshop创建平面图的操作过程。

平面图创作过程概述

下一节将按步骤深入介绍整个创作过程，现在先对创建和完善平面图的整个过程进行简要介绍：

1. 在AutoCAD中将文件导出为EPS文件格式，然后在Photoshop中打开。
2. 选择用作背景的颜色，此颜色将应用于整个平面图。
3. 为家具添加真实的材质。
4. 找到每个对象的照片。
5. 添加环境对象，如植物和汽车。
6. 为每个对象添加阴影。

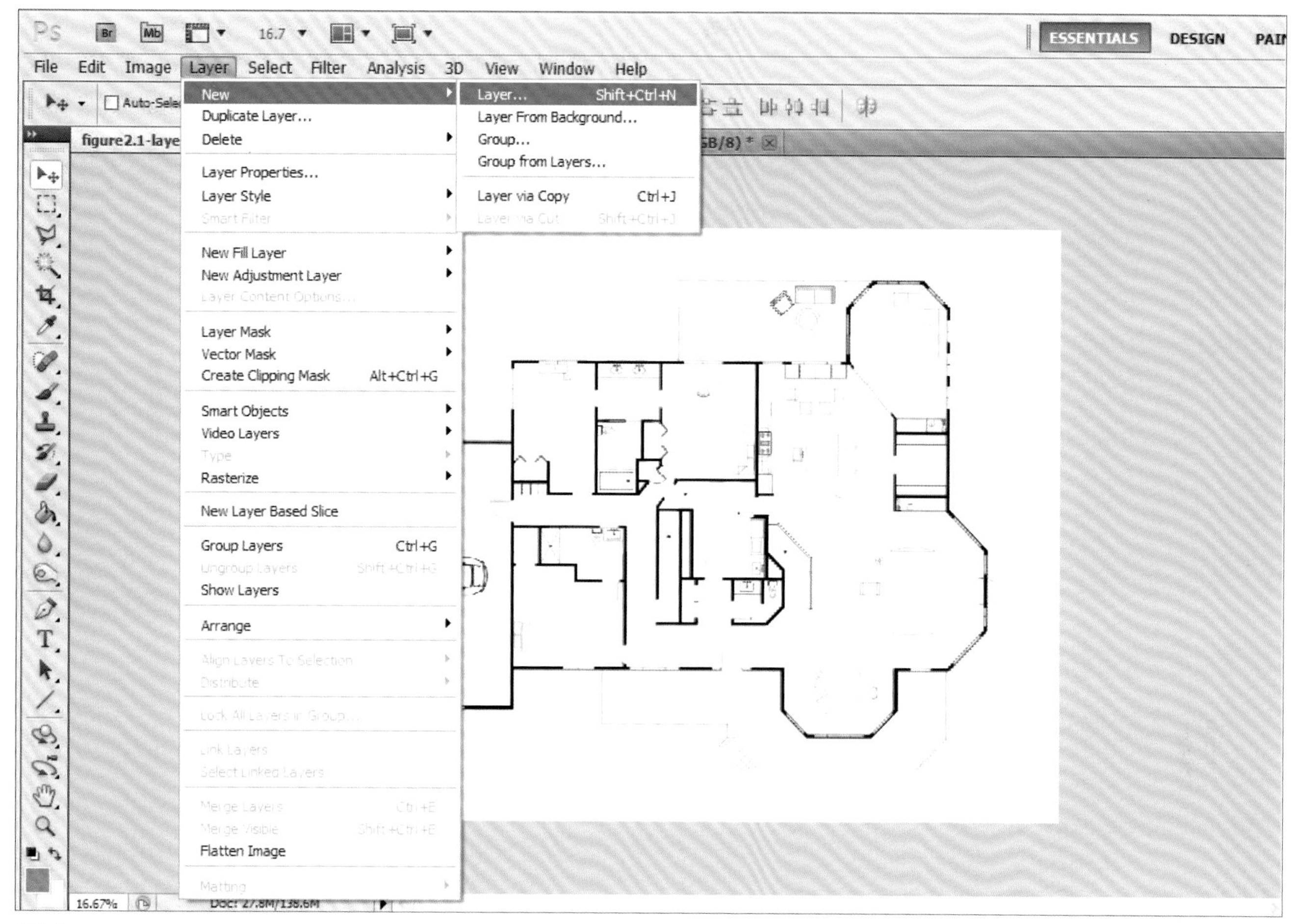

图2.2

使用Photoshop创建平面图

在使用参照图进行创作之前，您还需要了解图层的概念。

图层

图层在Photoshop的操作中发挥着重要的作用。使用图层，可以在设计中保留各种元素，并能彼此区分开。而且也可以将单个图层打开和关闭，让特定的图像可见或不可见。使用图层，还可以分阶段创建图像，并保持修改的灵活性，可以在之后阶段根据需要进行编辑和更改。在绘图过程中，将每个对象放在独立的图层中是非常重要的。例如，您可能需要为每个对象添加阴影，如果对象已经分层，这就很容易实现了。

若要重命名Photoshop中的图层，只需双击图层名称，然后在编辑框中输入新的名称。

1. 在Photoshop中打开AutoCAD绘图文件，在Photoshop中打开后为PDF格式。为背景创建一个新图层。执行Layer（图层）> New（新建）> Layer（图层）命令，如图2.2所示。
2. 弹出如图2.3所示的对话框。创建一个名为Background-fill（背景填充）的新图层。

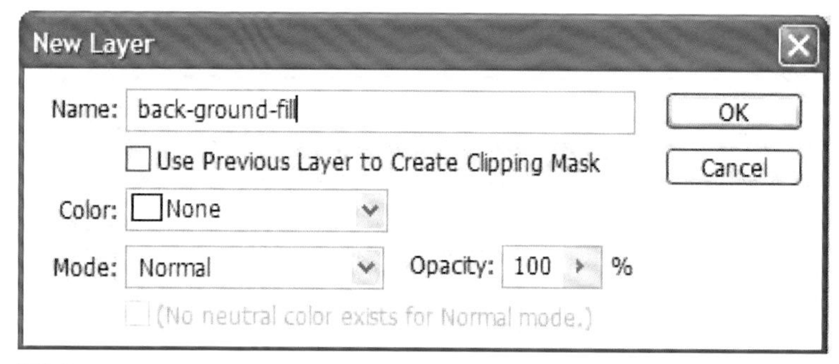

图2.3

3. 单击OK（确定）按钮。窗口右侧的“图层”面板中即显示一个新图层，如图2.4所示。若要编辑图层中的对象，必须先将图层激活，选中图层，注意图2.4中Background-fill（背景填充）图层已高亮显示，即表示处于激活状态。重命名Layer 1（图层1）为linedrawing（画线）。

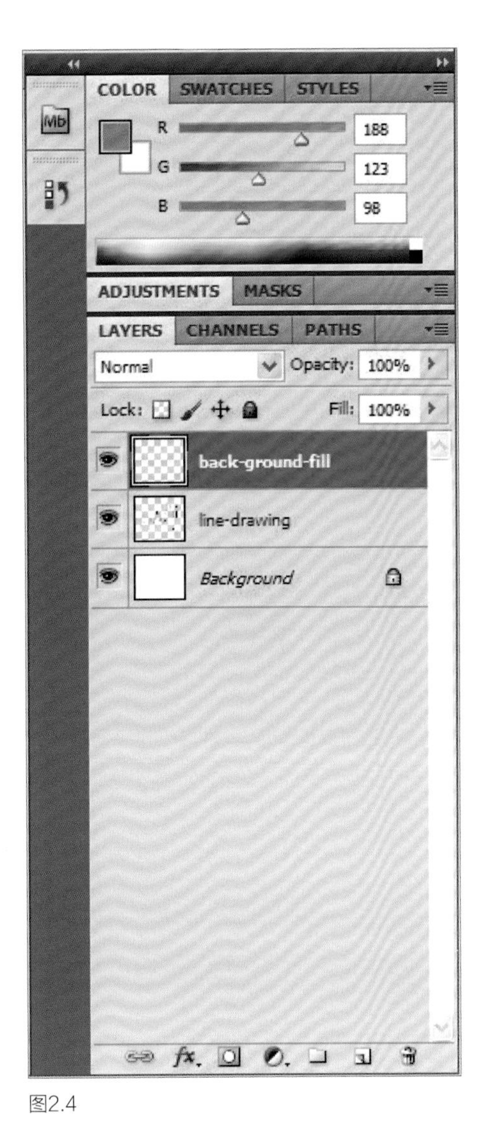

图2.4

Magic Wand（魔棒）工具

4. 使用Magic Wand（魔棒）工具选择需要填充为灰色的区域（魔棒工具是窗口左侧工具栏顶部的第四个按钮）。当使用魔棒工具单击时，该区域将以虚线形式突出显示出来，如图2.5所示。如果需要选择多个区域，则按住Shift键并单击多个区域。在选择区域时，要先将line-drawing（线条）图层激活。

Paint Bucket（油漆桶）工具

5. 使用Paint Bucket（油漆桶）工具填充灰色背景。该工具同样可以从工具栏中调用。在将颜色应用于需要的区域之前，要先通过单击 Foreground Color（前景色）/Background Color（背景色）图标，以指定所需的颜色，之后按照提示在对话框中进行设置，如图2.6所示。
6. 单击OK（确定）按钮。使用Paint Bucket（油漆桶）工具将灰色应用到选定区域。也可以使用不同颜色填充楼梯。要记得先将background-fill（背景填充）图层激活，这样设定的颜色才会填充到该图层上。得到的平面图效果如图2.7所示。

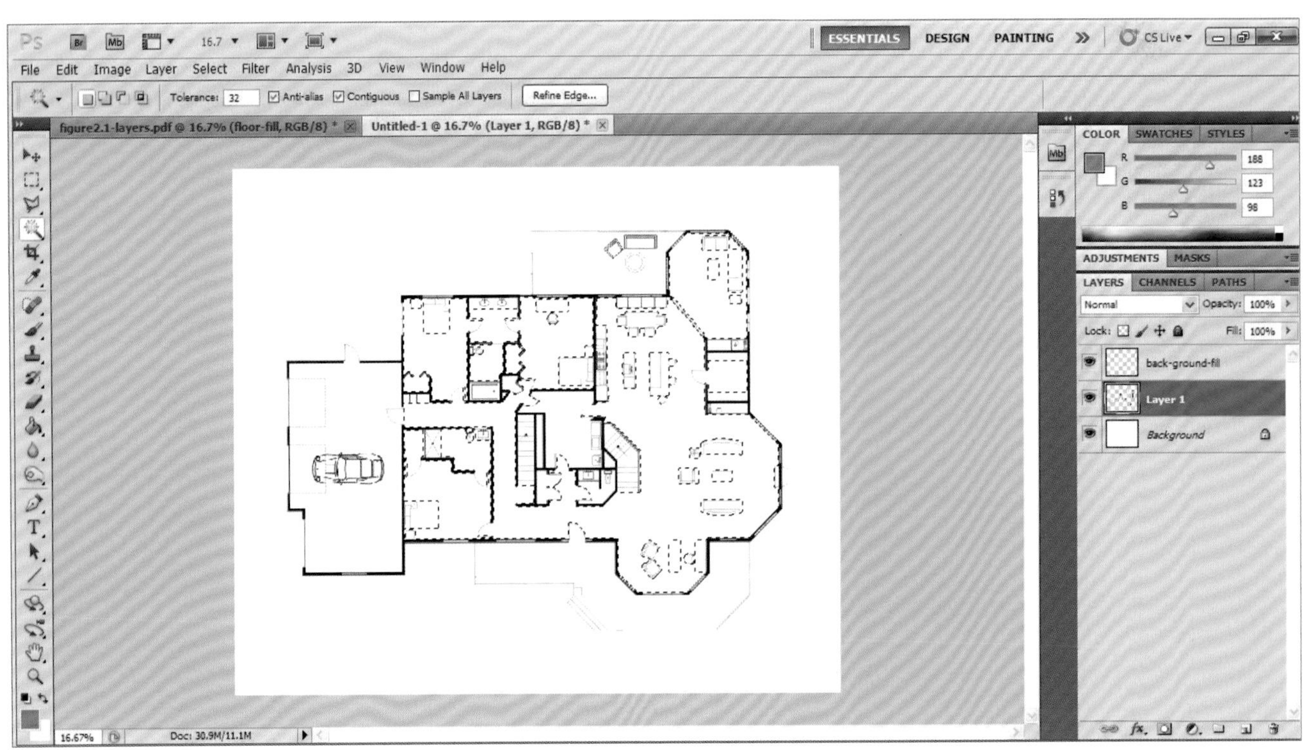

图2.5

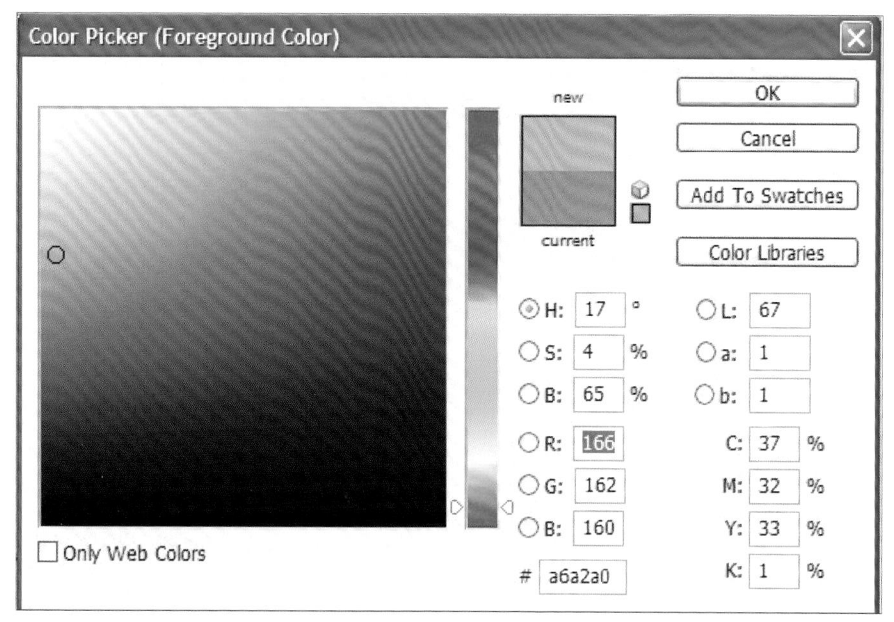

图2.6

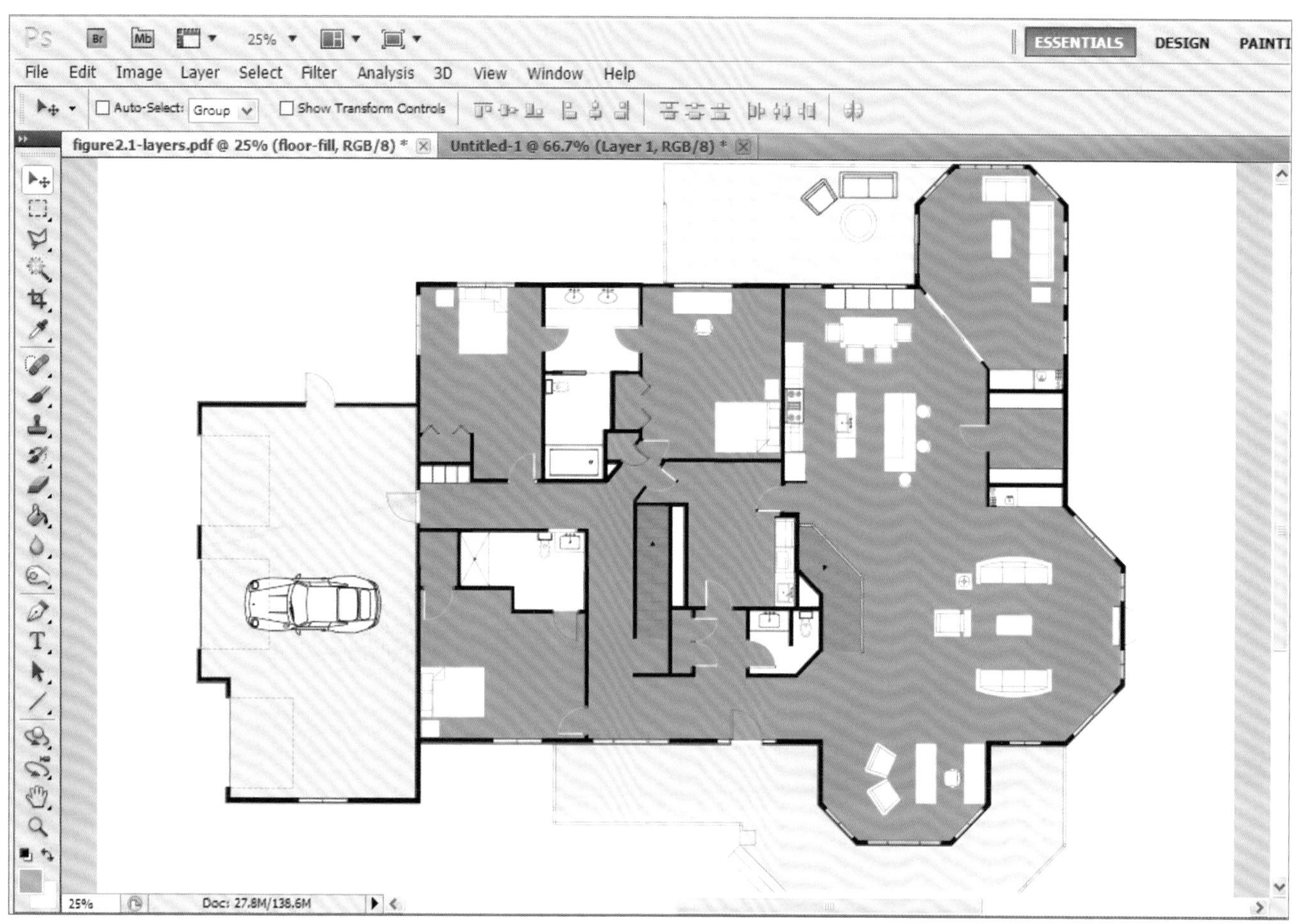

图2.7

Rectangular Marquee（矩形选框）工具

7.接下来，填充所有桌子的材质。我们可以从网上下载木材图像，然后执行Edit（编辑）>Transform（变换）>Scale（缩放）命令，更改木材图像的尺寸。使用Rectangular Marquee（矩形选框）工具（工具栏中第二个按钮）选择木材图像。然后执行Edit（编辑）>Transform（变换）>Scale（缩放）命令，如图2.8所示。

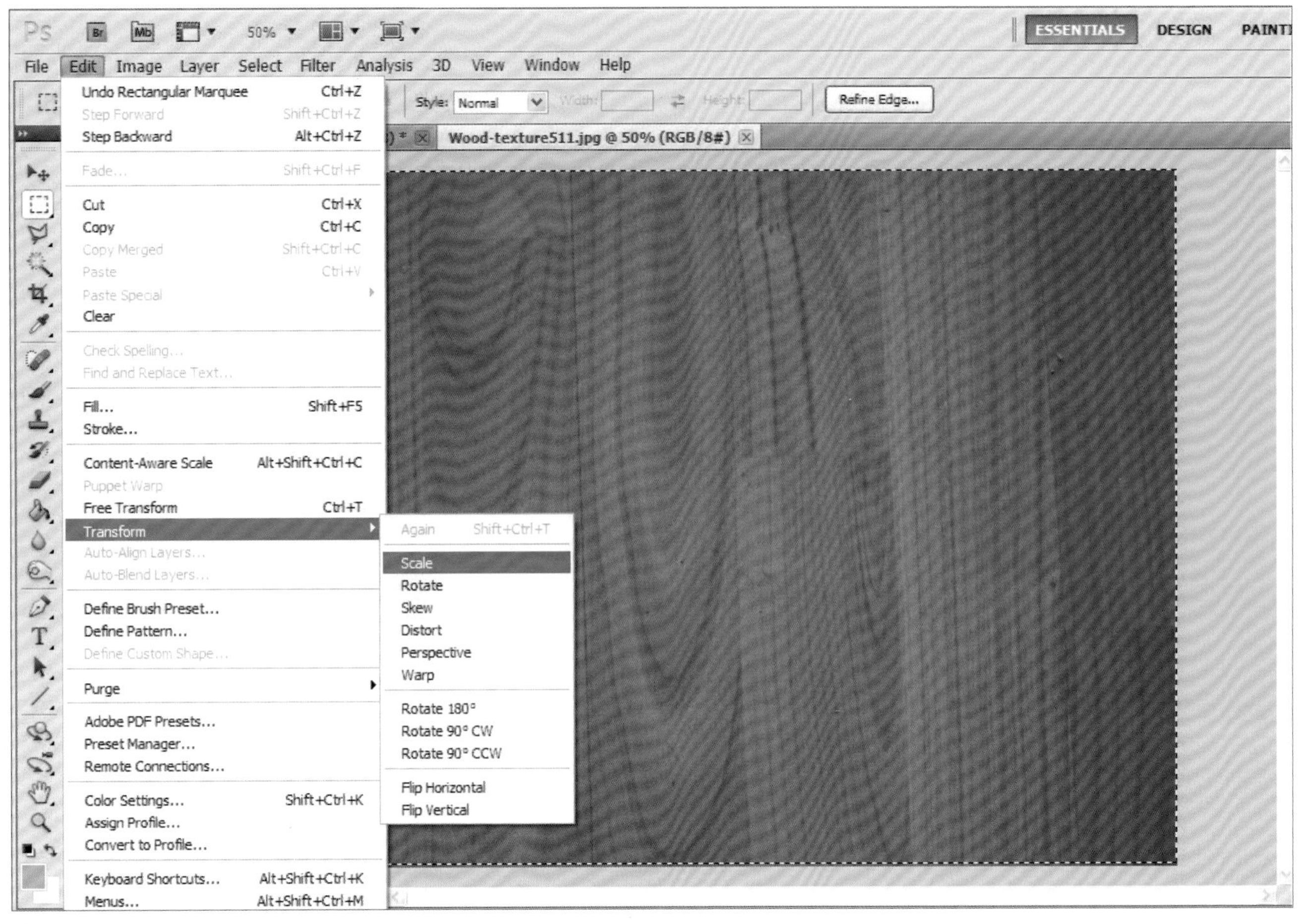

图2.8

Transform（变换）>Scale（缩放）命令

现在木材图像周围应该会出现8个小方框，可以拖动某一角的方框进行图像放大或缩小操作。在图2.9中，木材图像已经缩小为较小的尺寸。按下Enter键，即完成此命令操作。之后，可以按下Ctrl+D组合键取消木材图像的选择。这一操作对于控制将要应用于图形中的材质的尺寸和比例是非常重要的。例如，要通过缩放使木材的纹理尺寸适合于桌子的尺寸或者类似空间的尺寸。执行Transform（变换）>Scale（缩放）命令可以方便地调整所用材质的尺寸。

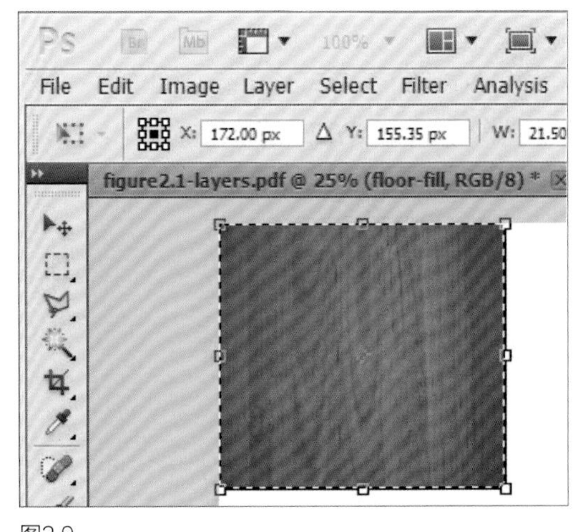

图2.9

8. 在木材图像文件中，使用Rectangular Marquee（矩形选框）工具选中已经缩小的木材图像。然后执行Edit>Copy（拷贝）命令。
9. 打开平面图，使用Magic Wand（魔棒）工具选择一个桌子图像区域。然后执行Edit（编辑）>Paste Special（选择性粘贴）>Paste Into（贴入）命令，如图2.10所示。
10. 将木材图像粘贴到桌子区域后，“图层”面板中将会添加一个新的图层。将新图层重命名为wood-1（木材-1），如图2.11所示。
11. 重复上述操作，为所有桌子应用木材材质。也可以使用相同的方法，在平面图中应用浴室地板砖材质。得到的平面图如图2.12所示。
12. 不仅可以缩放材质图像，还可以缩放照片，例如，放置在此图形中的床、植物、汽车和沙发等图像都是已经缩放的照片。操作方法与上述相同。

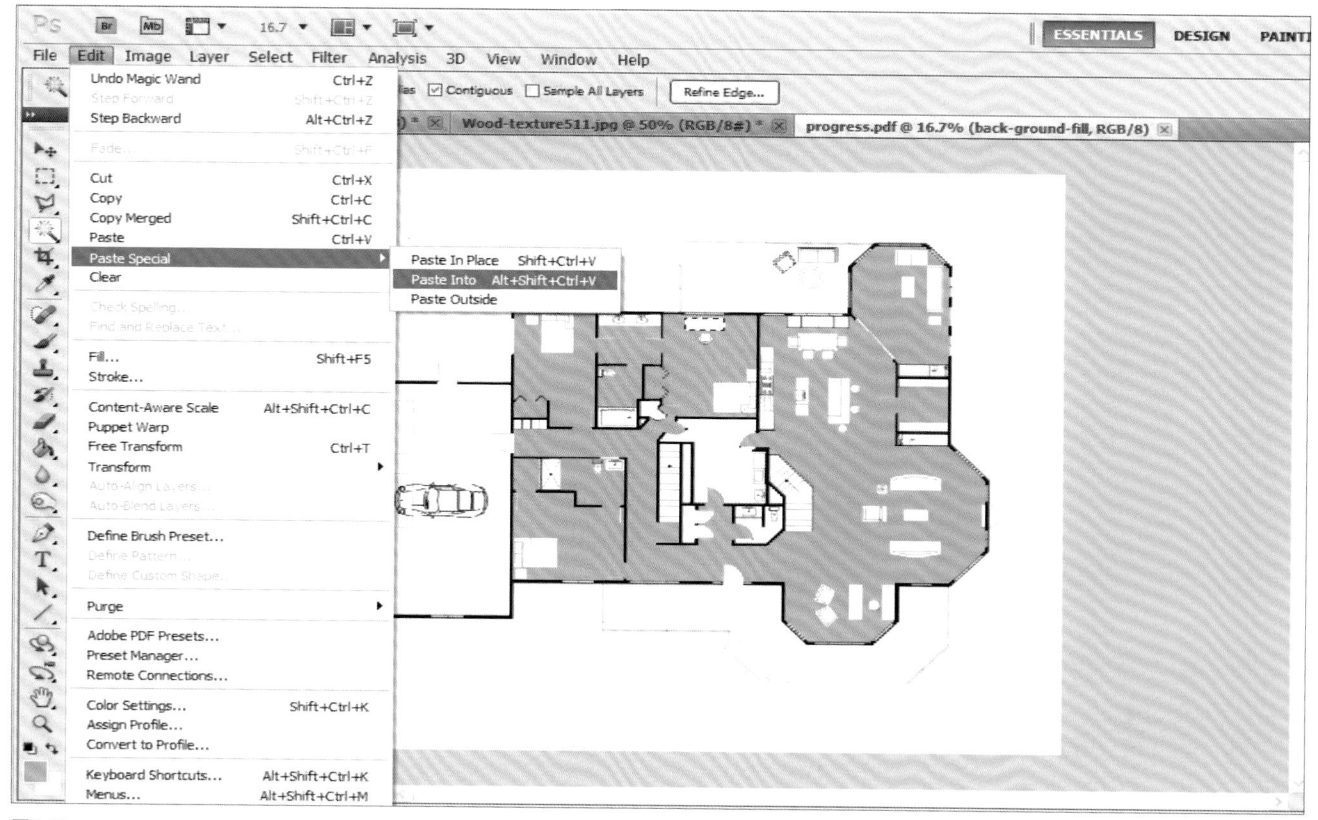

图2.10

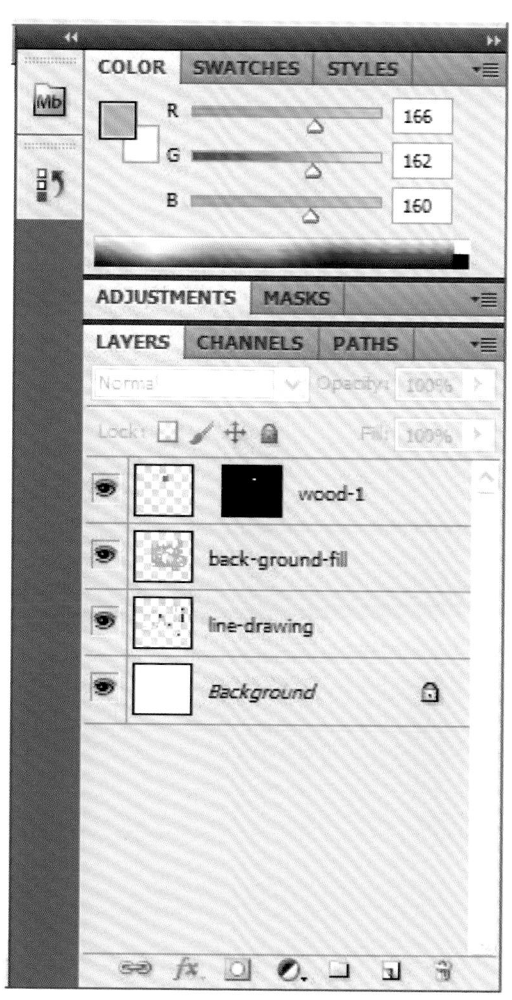

图2.11

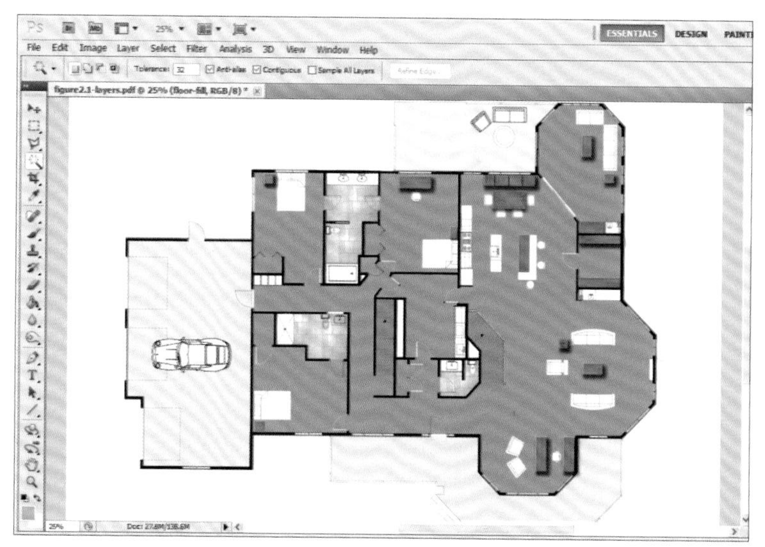

图2.12

Select Inverse（选择反向）命令

13. 现在把照片导入到平面图中。在 Photoshop 中打开 bed（床）照片。然后使用 Magic Wand（魔棒）工具单击背景（白色区域）。也可以按住 Shift 键选择多个区域。在选择了所有需要选中的区域后，右键单击床照片，弹出一个快捷菜单。选择 Select Inverse（选择反向）命令，如图 2.13 所示。此时即选中了床和枕头图像，如图 2.14 所示。

图2.13

14. 执行Edit（编辑）>Copy（拷贝）命令。然后打开平面图，在平面图上单击，执行Edit（编辑）>Paste（粘贴）命令。可以采用前面介绍的方法来缩放床照片以适合平面图尺寸。
15. 在平面图中添加了床照片后，将新图层重命名为double-bed-1（双人床-1）。将三张床都粘贴到平面图中后，可以使用Move（移动）工具将床移动到所需的位置。在使用Move（移动）工具时，一定要确保先激活要移动的对象所在的图层。此时，图形效果如图2.15所示。注意，图2.15中显示的图层。

图2.14

Drop Shadows（投影）图层样式

16. 要注意，平面图中的床和桌子下方会有投影效果。若要添加投影，则执行Layer（图层）>Layer Style（图层样式）>Drop

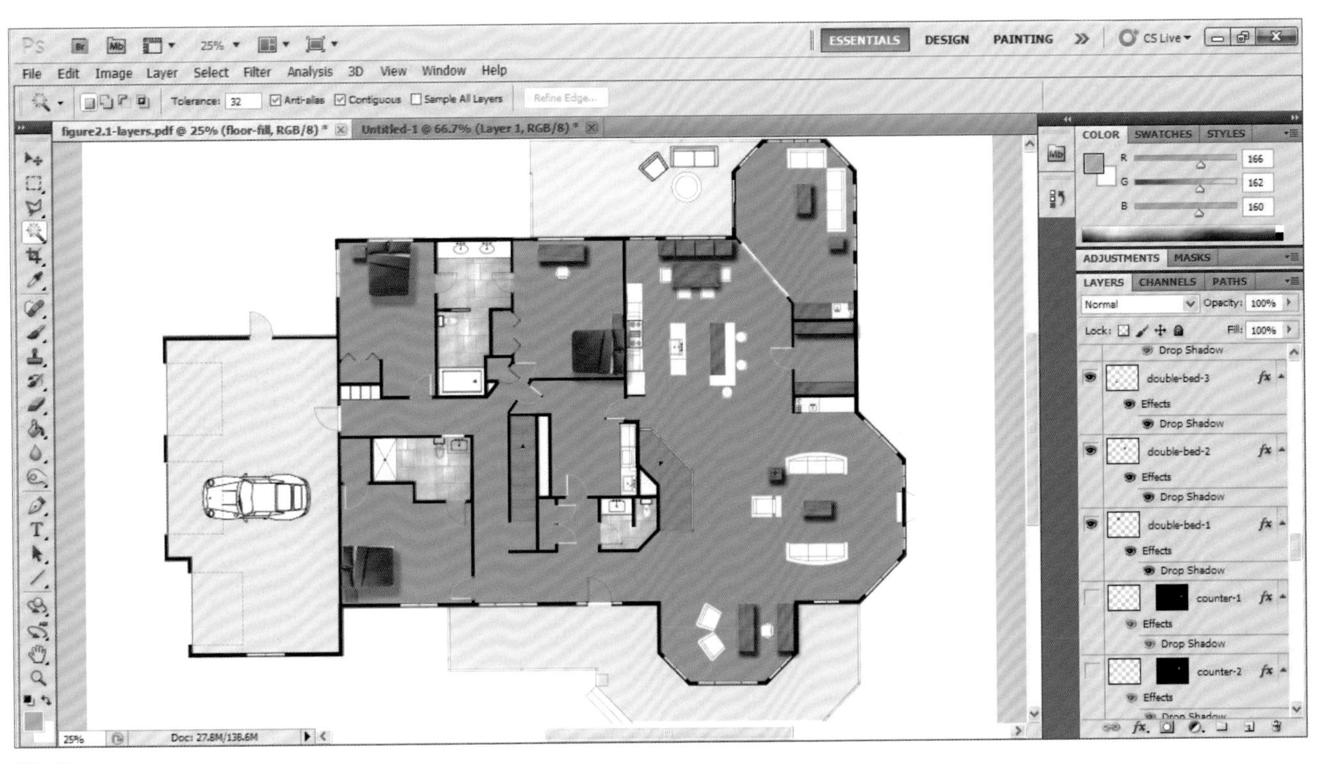

图2.15

图2.16

Shadow（投影）命令，如图2.16所示。在应用投影图层样式之前，要确保包含该对象的图层处于激活状态。需要注意的是，在添加投影之前，要先了解照明光源的方向。通常情况下，图形中只有一个照明光源，不会有多个光源。例如，如果决定让光源从左上角位置照射，则阴影应该出现在对象的右下角，或者同时出现在右侧和底部。

17. 选择Drop Shadow（投影）命令后，即弹出对话框，如图2.17所示。Opacity（不透明度）用于控制投影的明暗；Distance（距离）用于指定阴影的偏移距离；Size（大小）用于指定阴影或模糊的半径和大

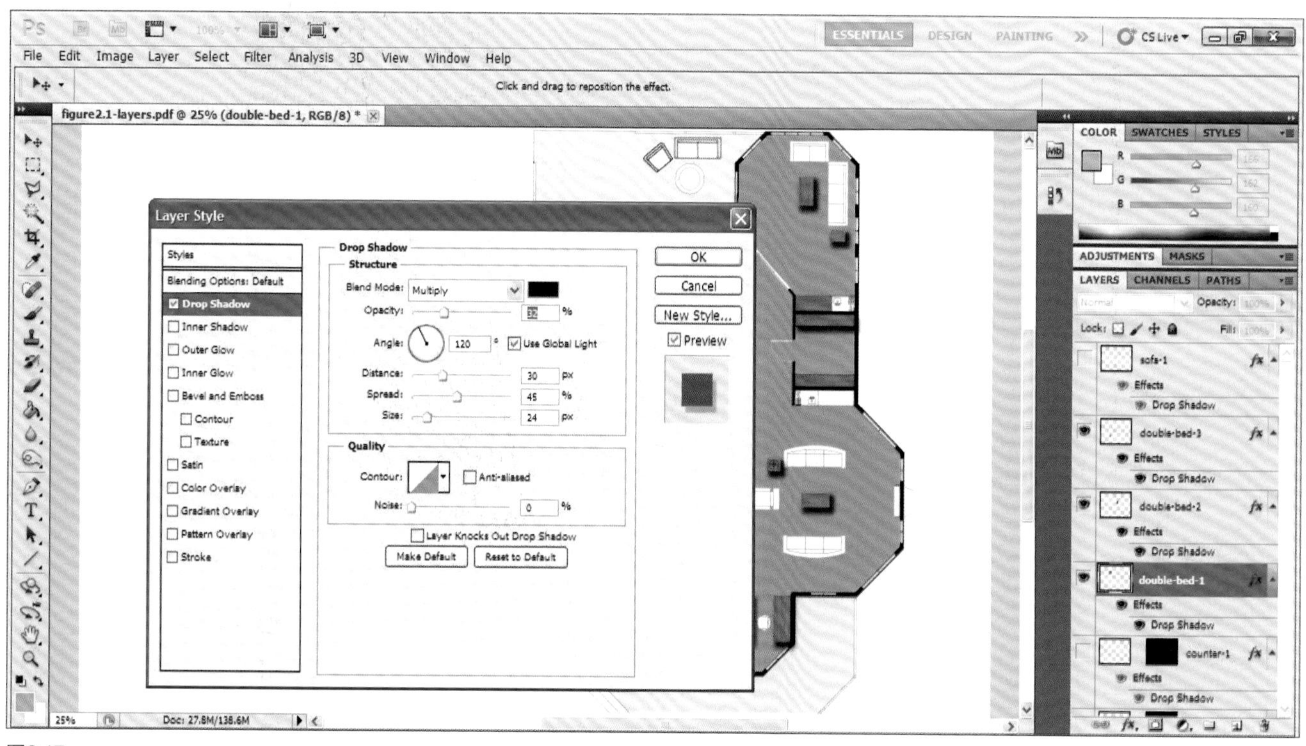

图2.17

小；Spread（扩展）用于扩展阴影或模糊的边界。分别拖动滑块调整为需要的数值，然后单击OK（确定）按钮即可。添加的图层样式会显示在Layers（图层）面板中；在图层名称下，出现effects（效果）和drop shadow（投影）。

环境对象（汽车和植物）

18. 采用同样的方法在平面图中添加环境对象。在Photoshop中打开黄色的汽车照片，使用Magic Wand（魔棒）工具选择白色区域。右键单击背景，在弹出的快捷菜单中选择Select Reverse（选择反向）命令，如图2.18所示。
19. 现在，只选中了黄色的车。执行Edit（编辑）>Copy（复制）命令，如图2.19所示。
20. 打开并选中平面图，执行Edit（编辑）>Paste（粘贴）命令，将黄色的汽车粘贴到平面图中。执行Edit（编辑）>Transform（变换）>Scale（缩放）命令缩小黄色车的图像。然后使用Move（移动）工具将其移动到需要的位置。
21. 重复步骤20，添加所有其他环境对象以及家具。此时，平面图效果如图2.1所示。

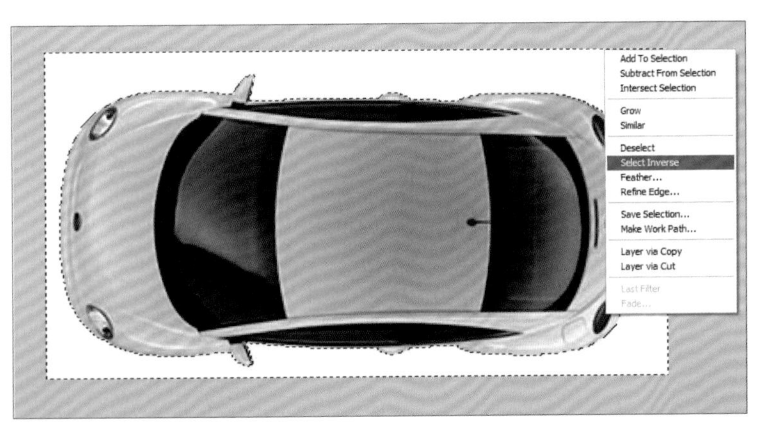

图2.18

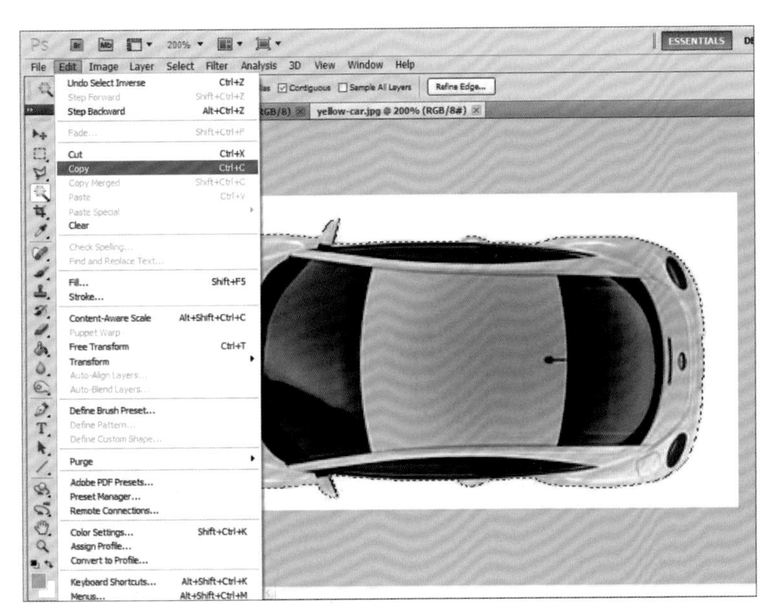

图2.19

应用立面图

室内立面图是展示图纸或演示板中另一个必需的可视化组件。展示图纸中的室内立面图与其他建筑文件不同，它们用于展示空间关系，表达设计理念、配色方案和设计风格，但不一定要标注尺寸。因此，立面图更需要应用材质和颜色效果。图2.20为采用不同材质和颜色的休息室室内立面图。环境对象，如人物，也已添加到室内立面图中，便于感受尺寸的大小。

Photoshop中的立面图简介

从图2.1中，可以看出视觉传达原理的应用。为了增强三维空间的立体感，为每个对象应用了Photoshop中的Drop Shadow（投影）效果。所有的家具和配件，如书籍和灯具，都采用了能表现实际材质和纹理效果的照片。纹理的区分，比如壁炉和书架之间的石墙，更加突显了重要对象。在下一步制作立面图之前，需要了解以下一些重要的概念和技巧。

Gradient Fill（渐变填充）工具

Gradient Fill（渐变填充）工具用于创建混合多种颜色的渐变，可以从预设的渐变填充中进行选择，也可以自定义新的渐变。在工具栏中可以应用此工具。在将颜色应用于所需区域之前，先单击Foreground Color（前景色）/ Background Color（背景色）图标，将弹出对话框，指定需要的颜色，如图2.6所示。

1. 若要填充图像中的一部分，则先选中所需的区域。否则，渐变填充将应用于整个激活的图层中。使用Magic Wand（魔棒）工具选择需要的区域。
2. 选择Gradient Fill（渐变填充）工具。
3. 选择一种渐变类型，以确定起始点和终点影响渐变外观的方式。
4. 将指针放在图像中作为渐变起点的位置，

图2.20

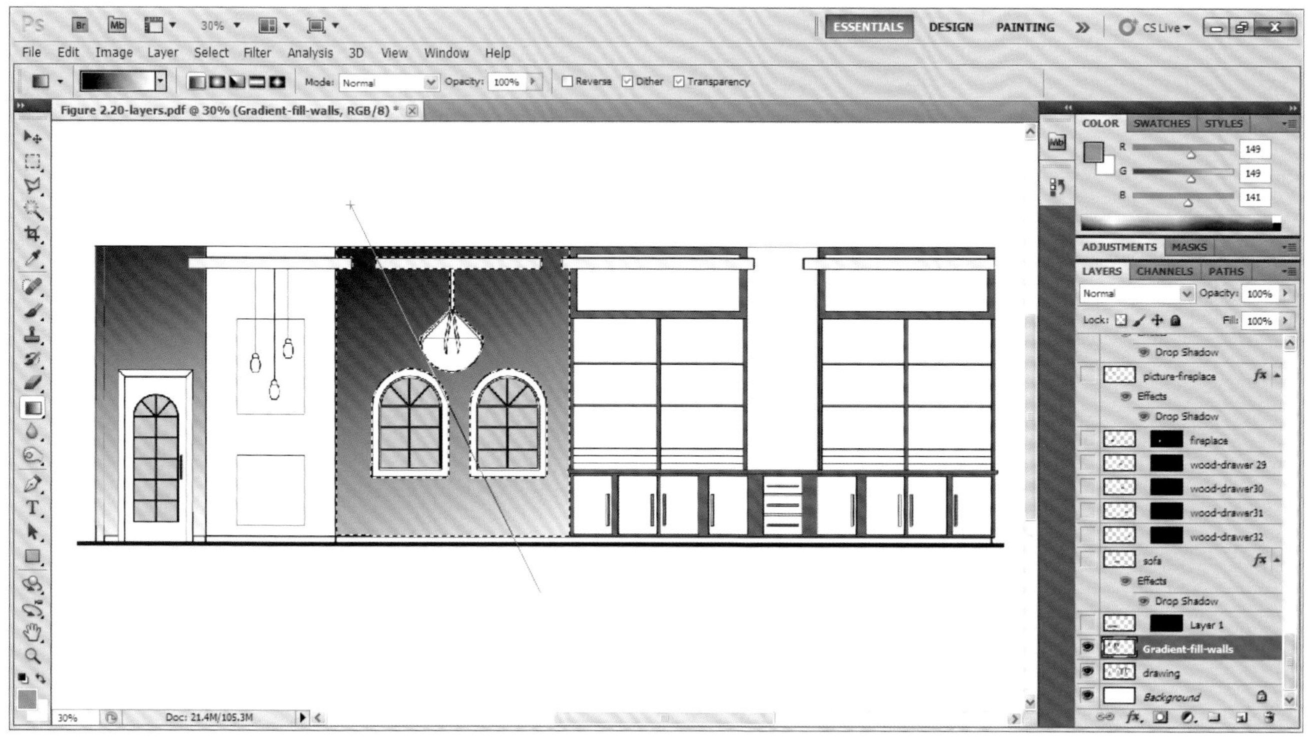

图2.21

单击并拖动至渐变的终点。例如，在图2.20中，墙壁左上角比右下方更暗，为了形成平滑的渐变填充，可以单击左上角，并拖动到右下角填充渐变，如图2.21所示。

在图形中导入真实照片

在此休息室室内立面图中，使用了一些照片来表现真实的材质和纹理效果，例如墙壁上的壁炉和装饰画，以及书籍和书架上的花瓶。以下是在立面图中导入照片的操作步骤。

1. 首先我们在Photoshop中打开壁炉照片。使用Rectangular Marquee（矩形选框）工具选择整个照片。执行Edit（编辑）>Copy（复制）命令，如图2.22所示。
2. 在Photoshop中打开室内立面图。执行Edit（编辑）>Paste（粘贴）命令，将壁炉照片粘贴到休息室室内立面图中，使用Rectangular Marquee（矩形选框）工具选择室内立面图中的壁炉。然后执行Edit（编辑）>Transform（变换）>Scale（缩放）命令，如图2.23所示。
3. 壁炉图像周围出现8个小方框，如图2.24所示。根据需要向上或向下拖动照片周围的小方框以缩放壁炉图像。
4. 使用Move（移动）工具重新调整壁炉照片在休息室室内立面图中的位置，如图2.25所示。
5. 重复前面的步骤，将装饰画、照明灯具、书

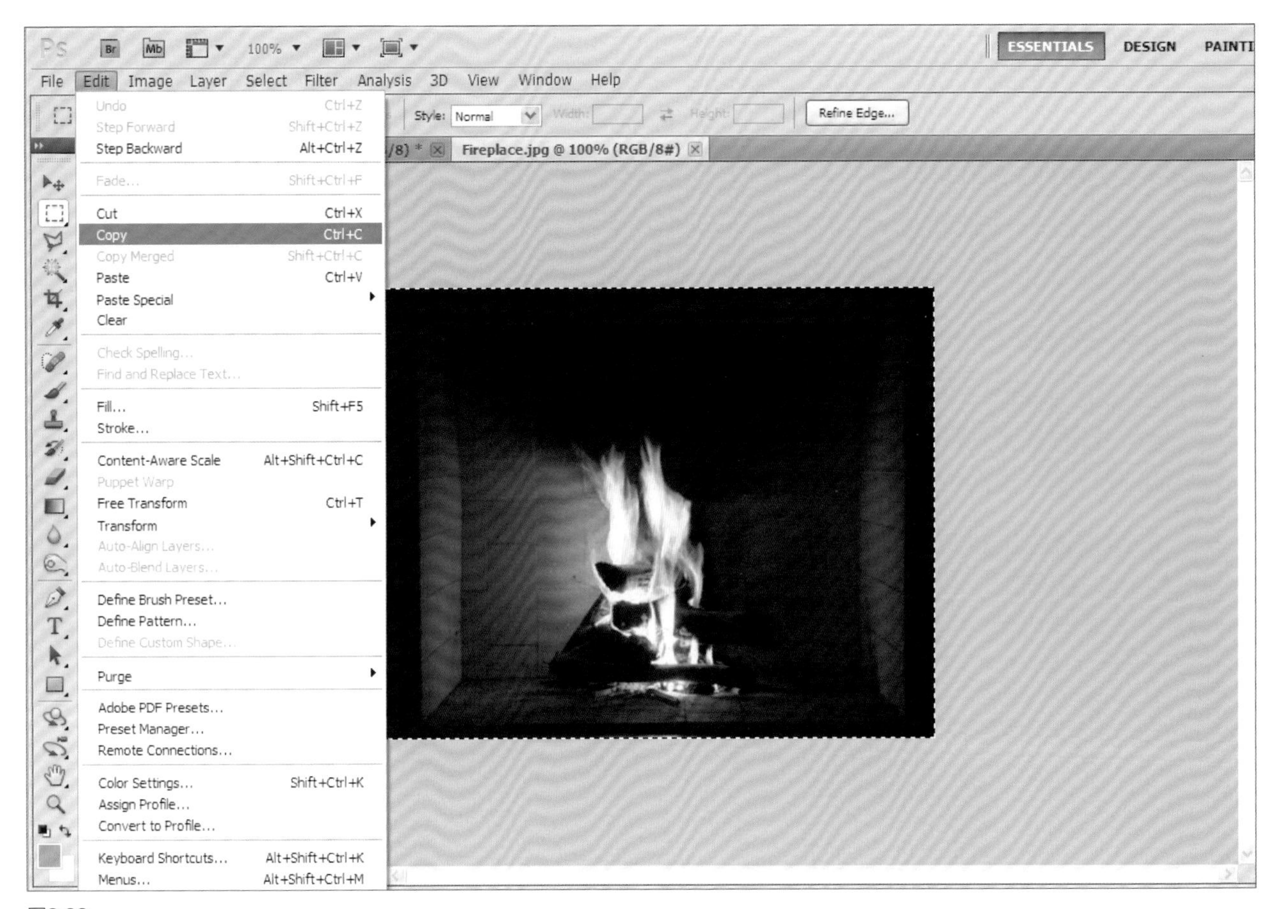
ESSENTIALS
DESIGN
PAINTI
File
Edit
Image
Layer
Select
Filter
Analysis
3D
View
Window
Help
Undo Ctrl+Z
Step Forward Shift+Ctrl+Z
Step Backward Alt+Ctrl+Z
Fade... Shift+Ctrl+F
Cut Ctrl+X
Copy Ctrl+C
Copy Merged Shift+Ctrl+C
Paste Ctrl+V
Paste Special
Clear
Check Spelling...
Find and Replace Text...
Fill... Shift+F5
Stroke...
Content-Aware Scale Alt+Shift+Ctrl+C
Puppet Warp
Free Transform Ctrl+T
Transform
Auto-Align Layers...
Auto-Blend Layers...
Define Brush Preset...
Define Pattern...
Define Custom Shape...
Purge
Adobe PDF Presets...
Preset Manager...
Remote Connections...
Color Settings... Shift+Ctrl+K
Assign Profile...
Convert to Profile...
Keyboard Shortcuts... Alt+Shift+Ctrl+K
Menus... Alt+Shift+Ctrl+M
Style: Normal
Refine Edge...
Fireplace.jpg @ 100% (RGB/8#)

图2.22

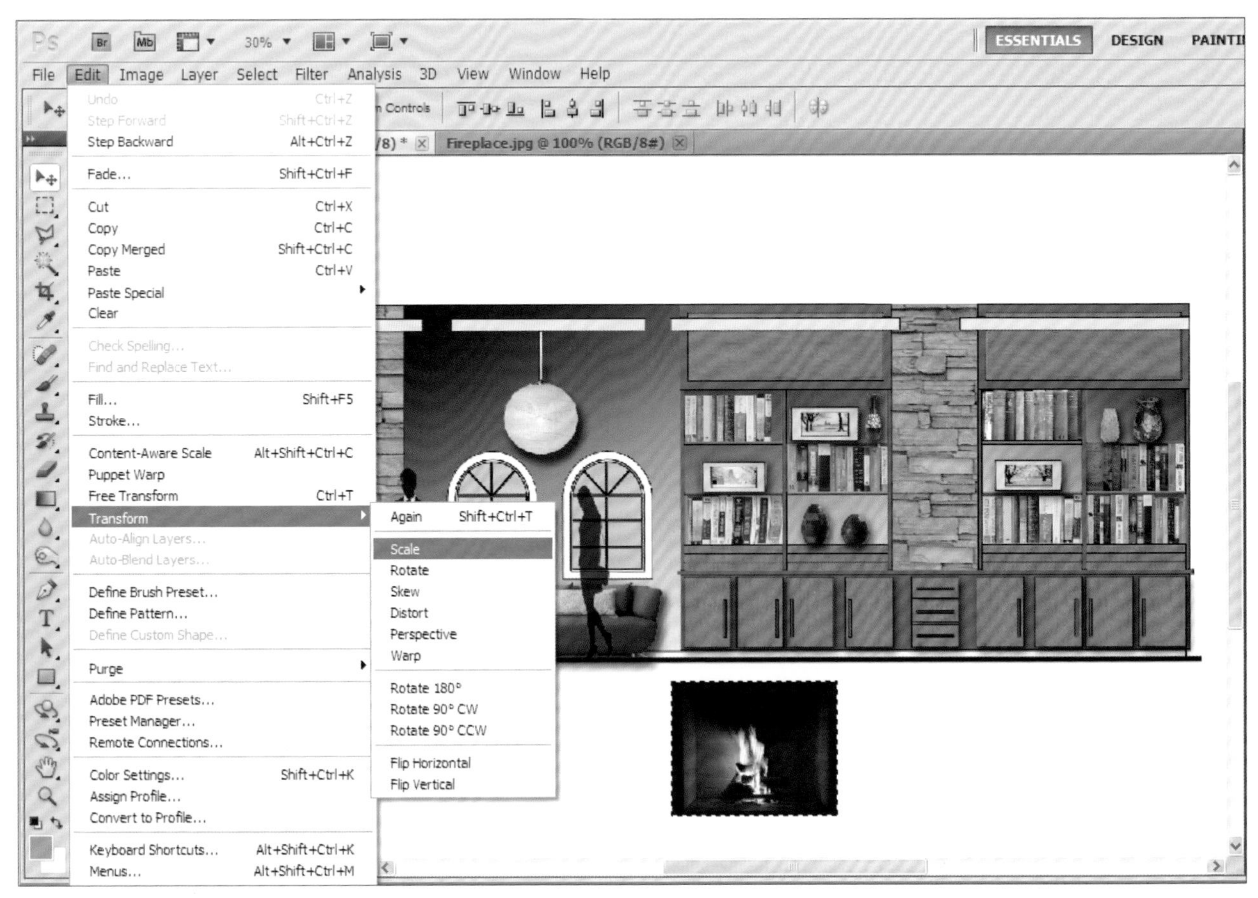
ESSENTIALS
DESIGN
PAINTI
File
Edit
Image
Layer
Select
Filter
Analysis
3D
View
Window
Help
Undo Ctrl+Z
Step Forward Shift+Ctrl+Z
Step Backward Alt+Ctrl+Z
Fade... Shift+Ctrl+F
Cut Ctrl+X
Copy Ctrl+C
Copy Merged Shift+Ctrl+C
Paste Ctrl+V
Paste Special
Clear
Check Spelling...
Find and Replace Text...
Fill... Shift+F5
Stroke...
Content-Aware Scale Alt+Shift+Ctrl+C
Puppet Warp
Free Transform Ctrl+T
Transform
Auto-Align Layers...
Auto-Blend Layers...
Define Brush Preset...
Define Pattern...
Define Custom Shape...
Purge
Adobe PDF Presets...
Preset Manager...
Remote Connections...
Color Settings... Shift+Ctrl+K
Assign Profile...
Convert to Profile...
Keyboard Shortcuts... Alt+Shift+Ctrl+K
Menus... Alt+Shift+Ctrl+M
Again Shift+Ctrl+T
Scale
Rotate
Skew
Distort
Perspective
Warp
Rotate 180°
Rotate 90° CW
Rotate 90° CCW
Flip Horizontal
Flip Vertical
Fireplace.jpg @ 100% (RGB/8#)

图2.23

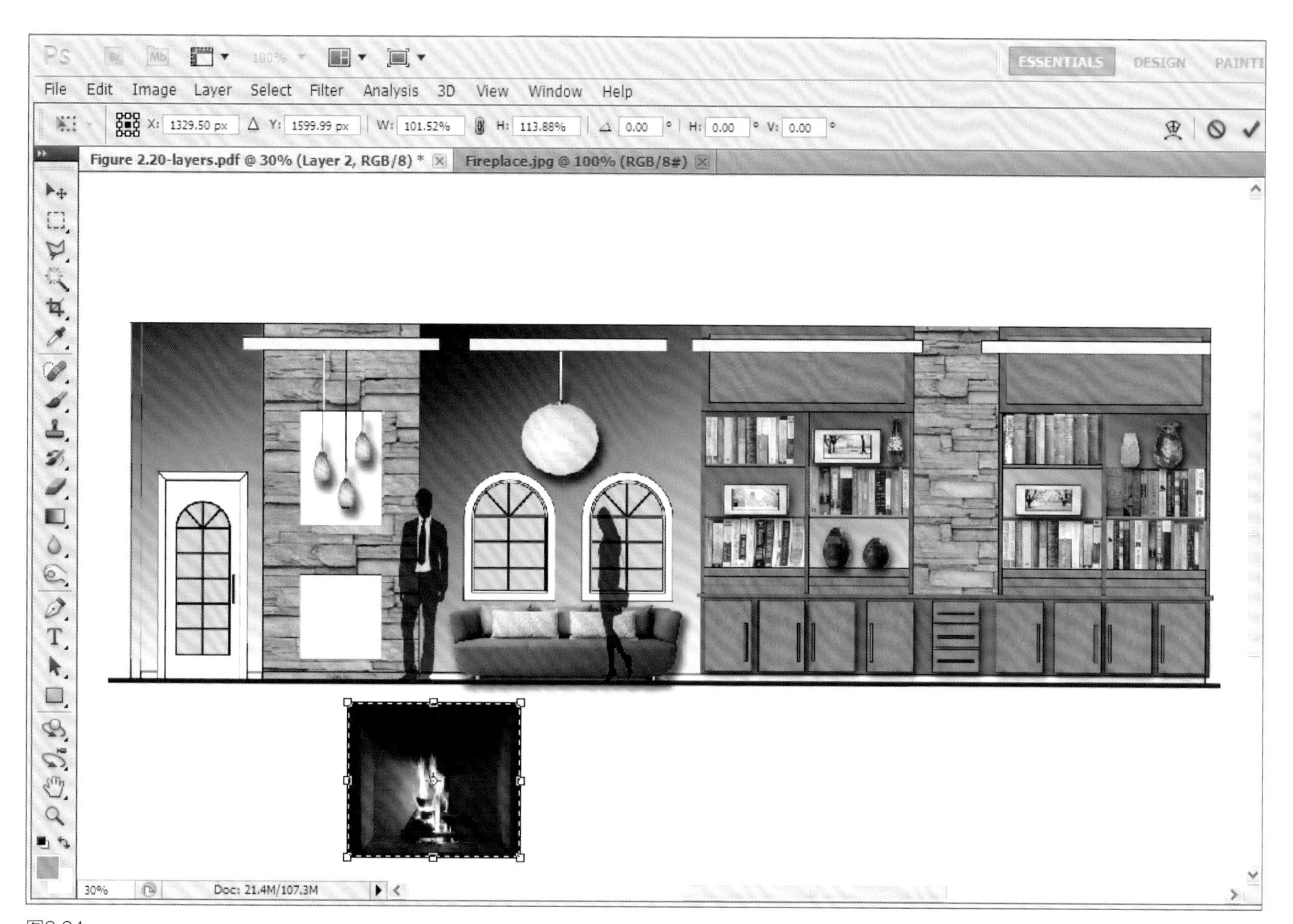

图2.24

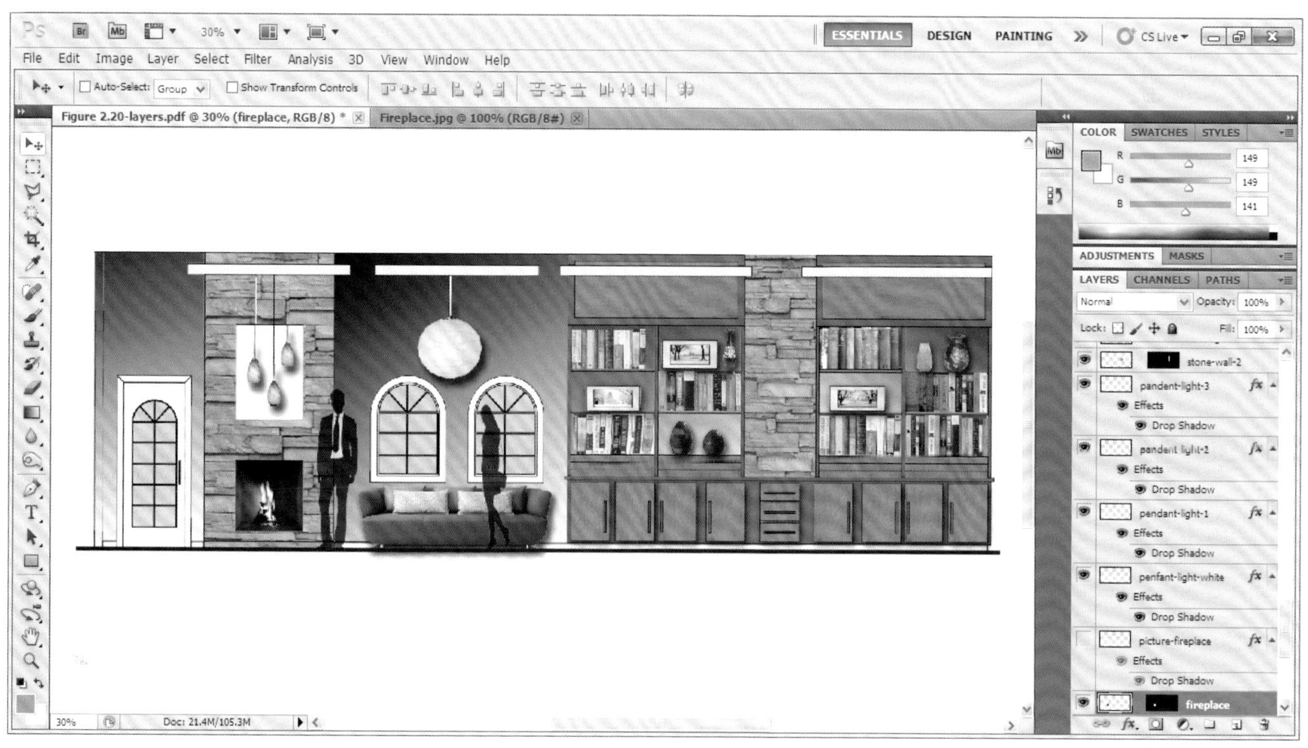

图2.25

籍、沙发和花瓶导入到室内立面图中。确保每个对象在单独的图层中，因为之后还需要在图形中为各对象创建投影效果。

在图形中导入人物图像

1. 首先需要在Photoshop中打开人物图像。使用Rectangular Marquee（矩形选框）工具选择需要使用的人物图像，执行Edit（编辑）>Paste（复制）命令，如图2.26所示。
2. 在Photoshop中打开休息室室内立面图。然后执行Edit（编辑）>Paste（粘贴）命令，将人物图像粘贴到图形中，如图2.27所示。
3. 使用Rectangular Marquee（矩形选框）工具选择室内立面图中的人物。然后执行Edit（编辑）>Transform（变换）>Scale（缩放）命令，对立面图中人物图像进行缩放操作，

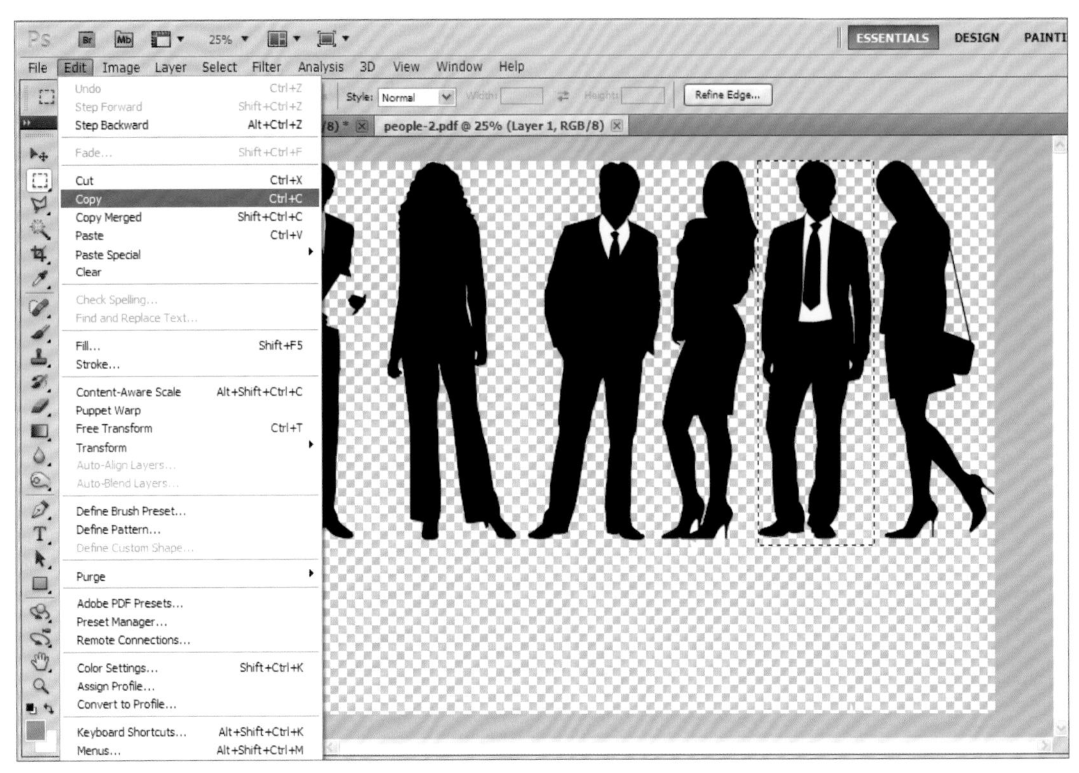

图2.26

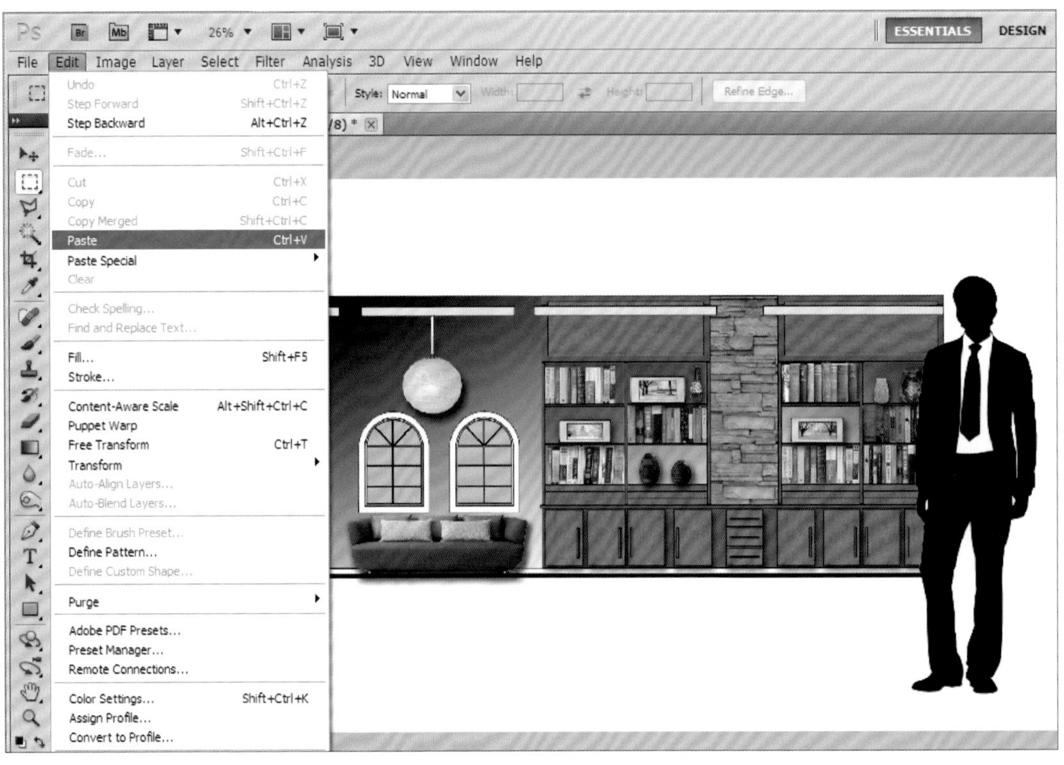

图2.27

如图2.28所示。

4. 人物图像周围出现8个小方框。拖动拐角处的方框缩放至合适的大小。然后使用Move（移动）工具调整图像至需要的位置，如图2.29所示。

5. 通过图层面板中的Opacity（不透明度）选项调整图像的明暗，如图2.30所示。此选项位于右侧Layers（图层）面板的顶部。Opacity（不透明度）值为一个百分比。在调整不透明度值的时候，要确保human-figure（人物图像）图层处于激活状态。

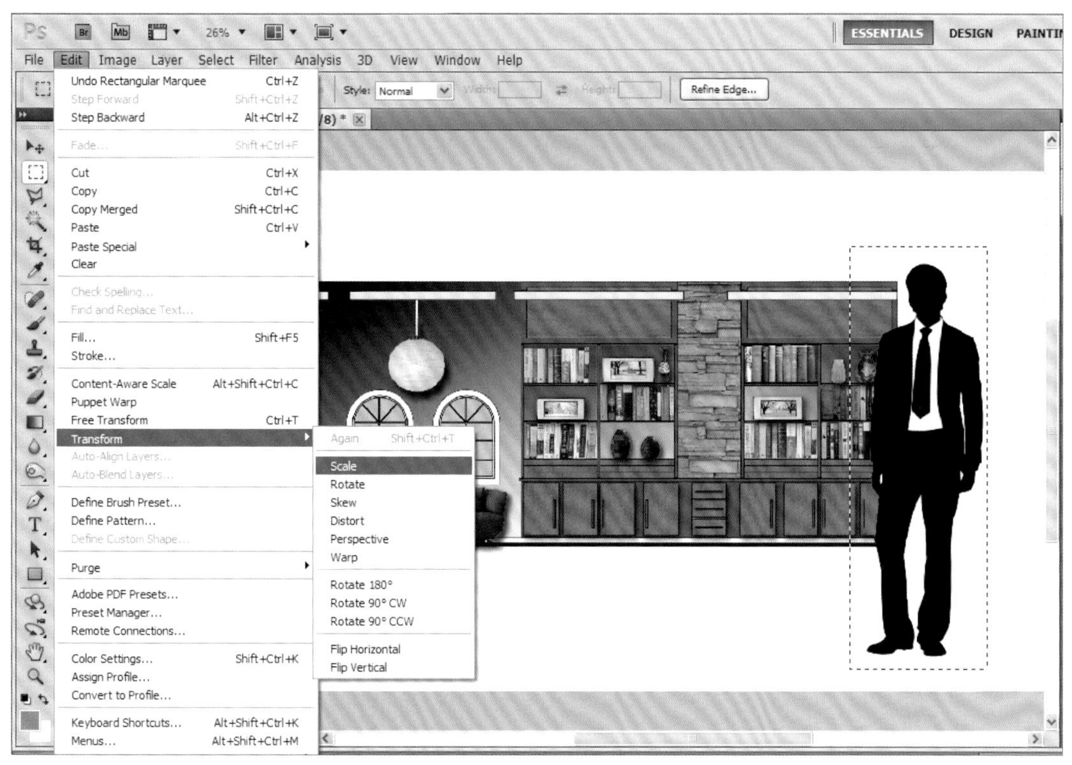

图2.28

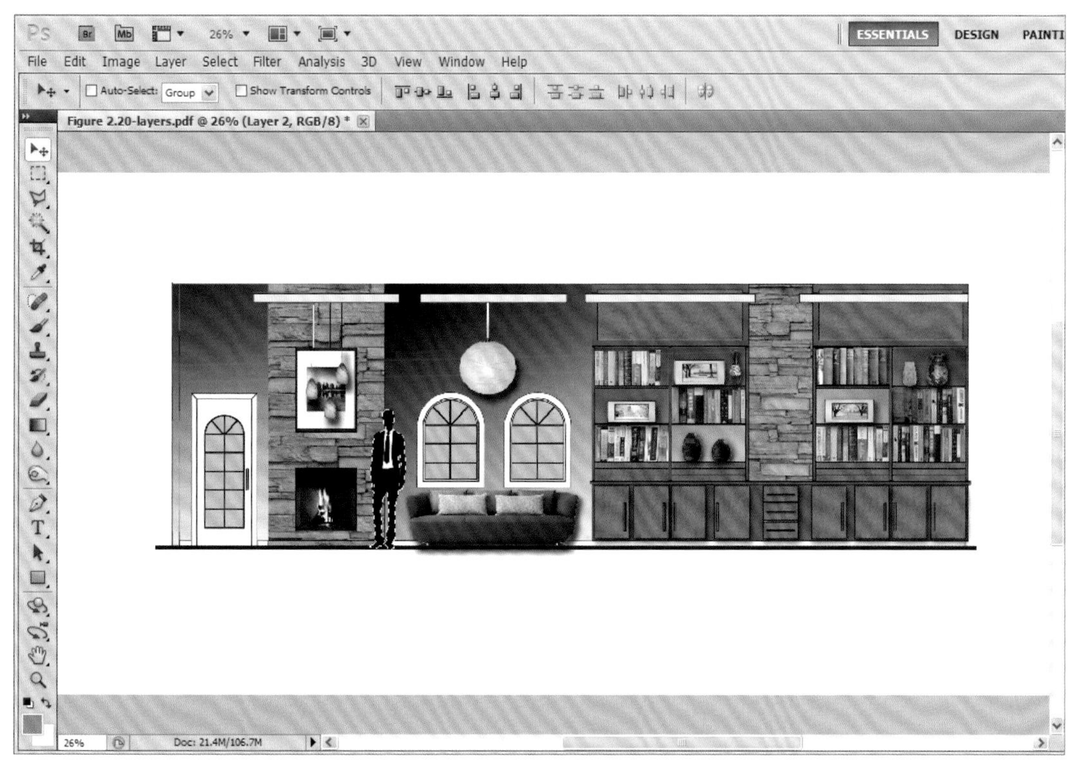

图2.29

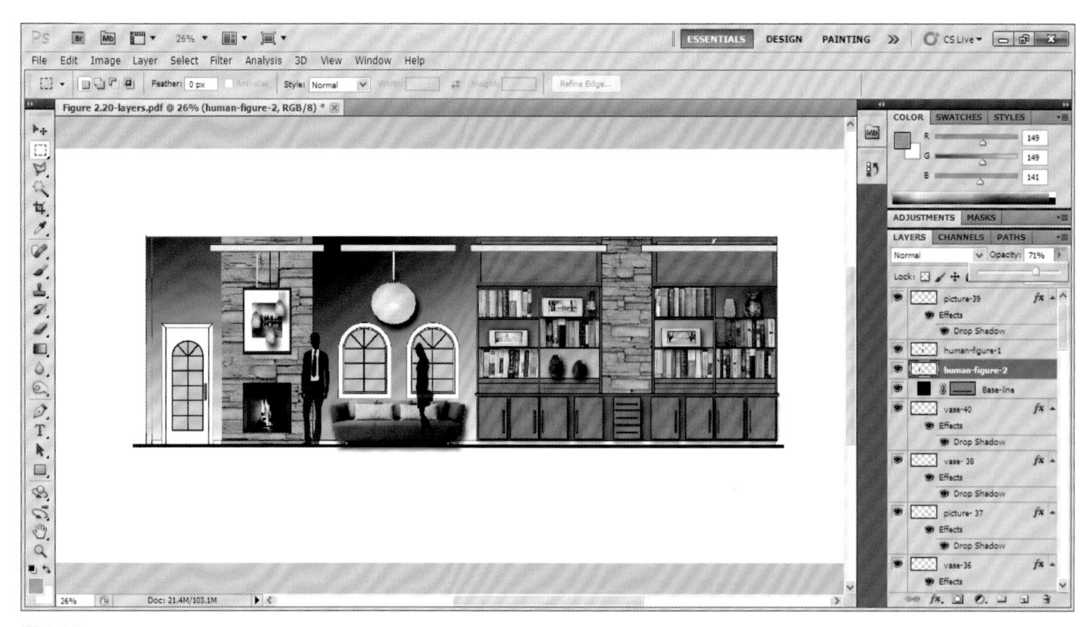

图2.30

创建室内立面图

1. 休息室室内立面图的线条图已使用AutoCAD软件创建完成了，并保存为EPS格式。
2. 使用Paint Bucket（油漆桶）工具填充窗户、书架和天花板上灯具的颜色，效果如图2.31所示。
3. 使用Gradient Fill（渐变填充）工具填充墙壁的颜色，如图2.32所示。要确保为每个对象都创建了单独的图层，为每个渐变填充也都单独创建图层，比如Gradient-fill-walls（墙壁渐变填充）图层。
4. 使用Gradient Fill（渐变填充）工具填充书架后墙的颜色，如图2.33所示。要确保为每个对象都创建了单独的图层，比如book-shelf-background（书架背景）图层，也要为每个渐变填充单独创建图层。

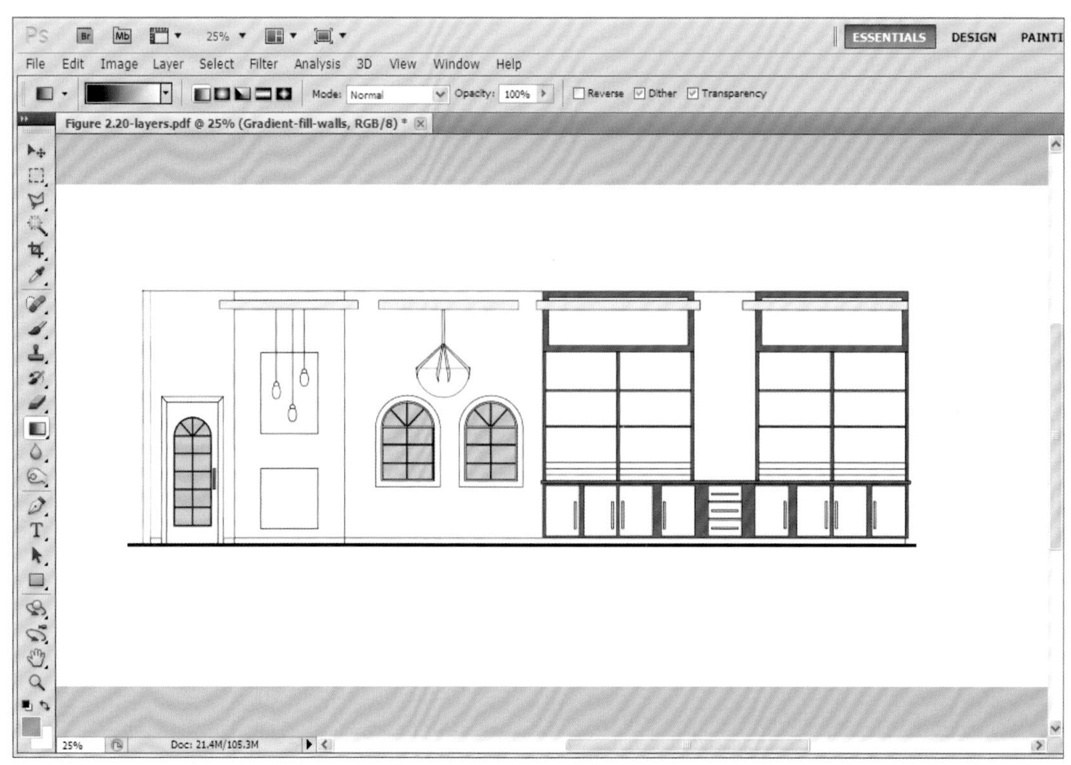

图2.31

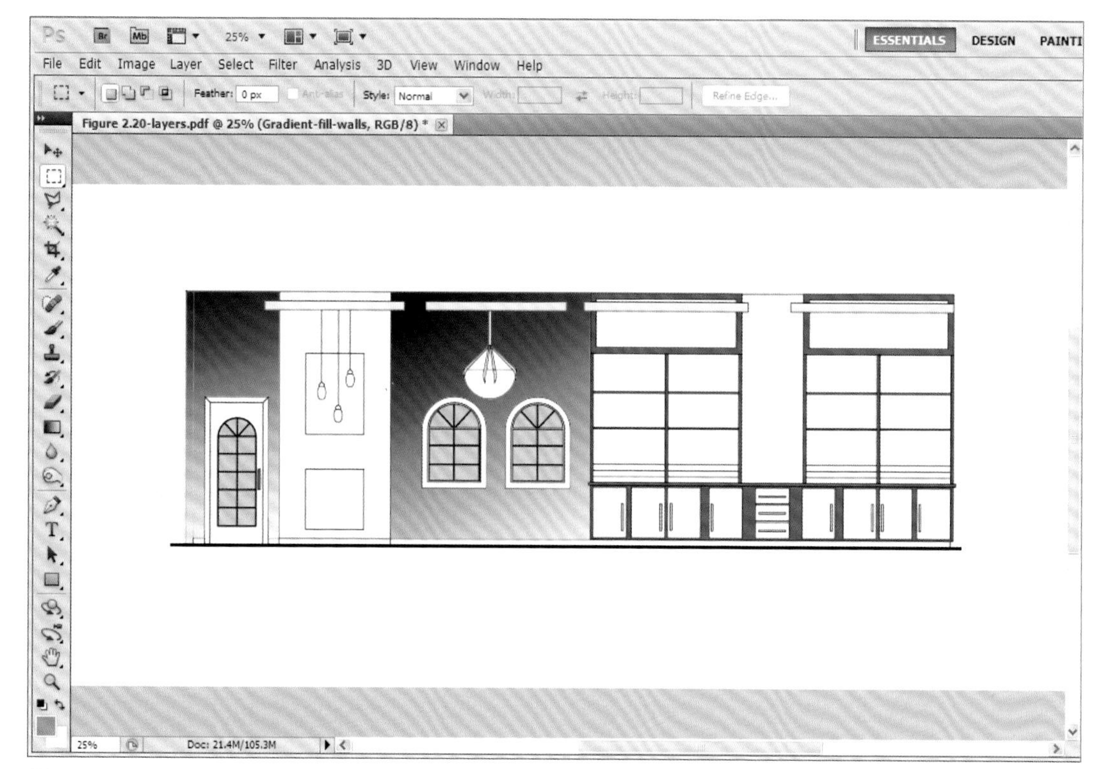

图2.32

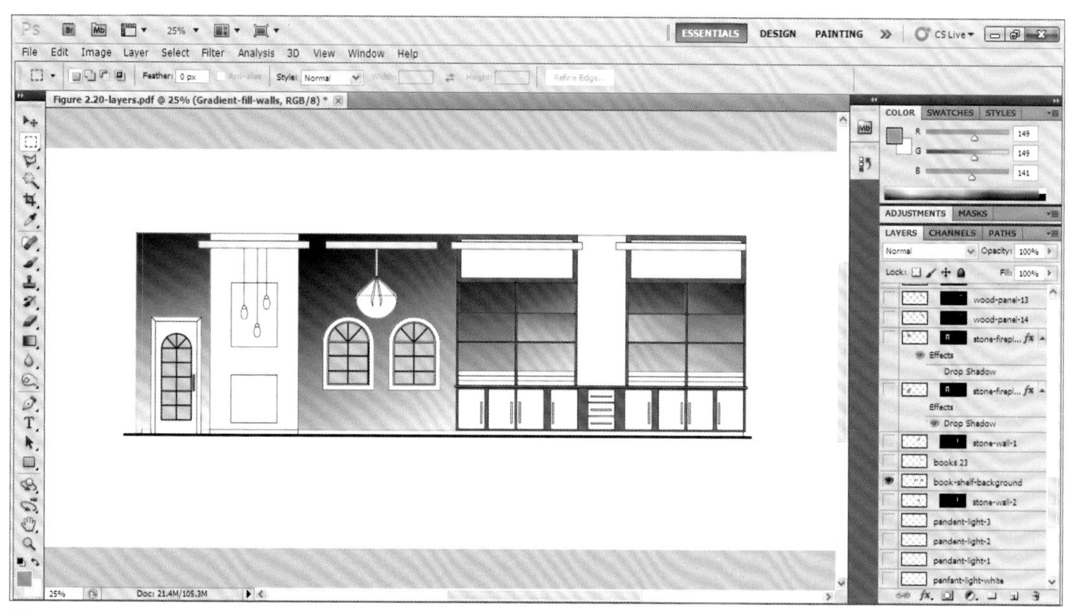

图2.33

5. 找到各个对象对应的照片，比如书籍、花瓶、装饰画和吊灯，以及用于书架上木制柜门的木材图像。
6. 分别创建名为wood-panel-1（木制柜门1）、wood-panel-2（木制柜门2）、wood-panel-3（木制柜门3）等图层。应用Copy（拷贝）、Paste Into（贴入）命令，将木材图像添加到书架的木制柜门上，如图2.34所示。
7. 分别创建名为wood-drawer-1（木制抽屉1）、wood-drawer-2（木制抽屉2）、wood-drawer-3（木制抽屉3）等图层。应用Copy（拷贝）、Paste Into（贴入）命令，将木材图像添加到书架的木制抽屉上，如图2.35所示。

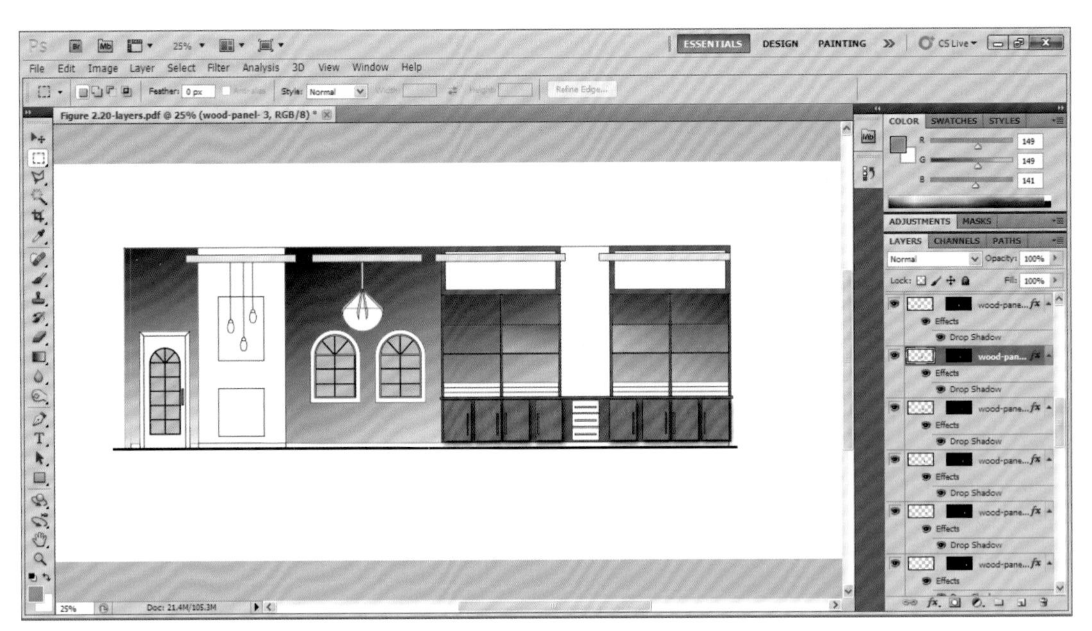

图2.34

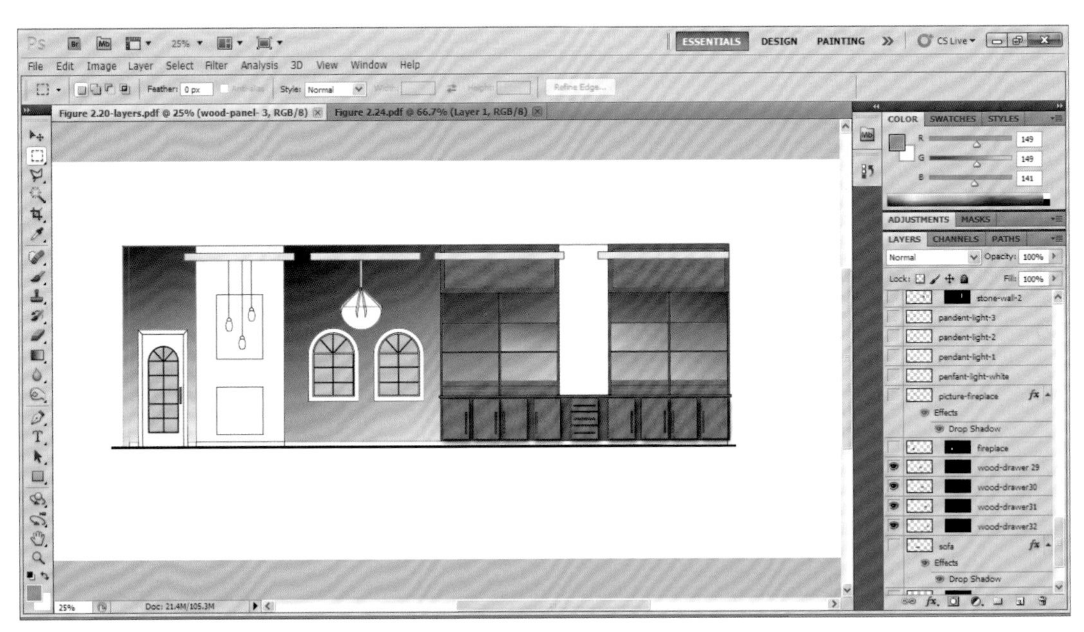

图2.35

8. 分别创建名为stone-fireplace-1（石制壁炉1）、stone-fireplace-2（石制壁炉2）、stone-wall-1（石制墙壁1）等图层。应用Copy（拷贝）、Paste Into（贴入）命令，为书架处的壁炉和墙壁添加材质效果，如图2.36所示。
9. 分别创建名为fireplace（壁炉）、picture-on-fireplace（壁炉装饰画）图层。应用Copy（拷贝）、Paste（粘贴）命令，添加壁炉和装饰画照片，如图2.37所示。
10. 分别创建名为pendant-light-1（吊灯1）、pendant-light-2（吊灯2）、pendant-light-white（白色吊灯）等图层。应用Copy（拷贝）、Paste（粘贴）命令，在图形中添加吊灯照片，如图2.38所示。执行Edit（编辑）>Transform（变换）>Scale（缩放）命令，更改照片尺寸，以适合图形。

11. 分别创建 books-1（书籍 1）、books-2（书籍 2）、vase-1（花瓶 1）、picture-1（装饰画 1）等图层。应用 Copy（拷贝）、Paste（粘贴）命令，添加书架中的书籍、花瓶和装饰画照片，如图 2.39 所示。执行 Edit（编辑）> Transform（变换）>Scale（缩放）命令，调整各个对象的尺寸，以便适合图形。
12. 单独创建一个图层，命名为 sofa（沙发）。应用 Copy（拷贝）、Paste（粘贴）命令，添加沙发照片，如图 2.40 所示。执行 Edit(编辑）>Transform（变换）>Scale（缩放）命令，更改沙发尺寸，以适合图形。
13. 添加环境对象，比如人物图像。分别创建名为human-figure-1（人物图像1）和human-figure-2（人物图像2）图层。应用Copy（拷贝）、Paste（粘贴）命令，添加人物图像，如图2.41所示。执行Edit（编辑）>Transform（变换）>Scale（缩放）命令，更改图像尺寸，以适合图形。
14. 为各对象创建阴影效果，以增强空间立体感。添加阴影时，执行 Layer（图层）> Layer Style（图层样式）>Drop Shadow（投影）命令，在本章介绍创建平面图的部分已经介绍过。还可以分别调整各个对象的参数值，以创建出不同的阴影效果。

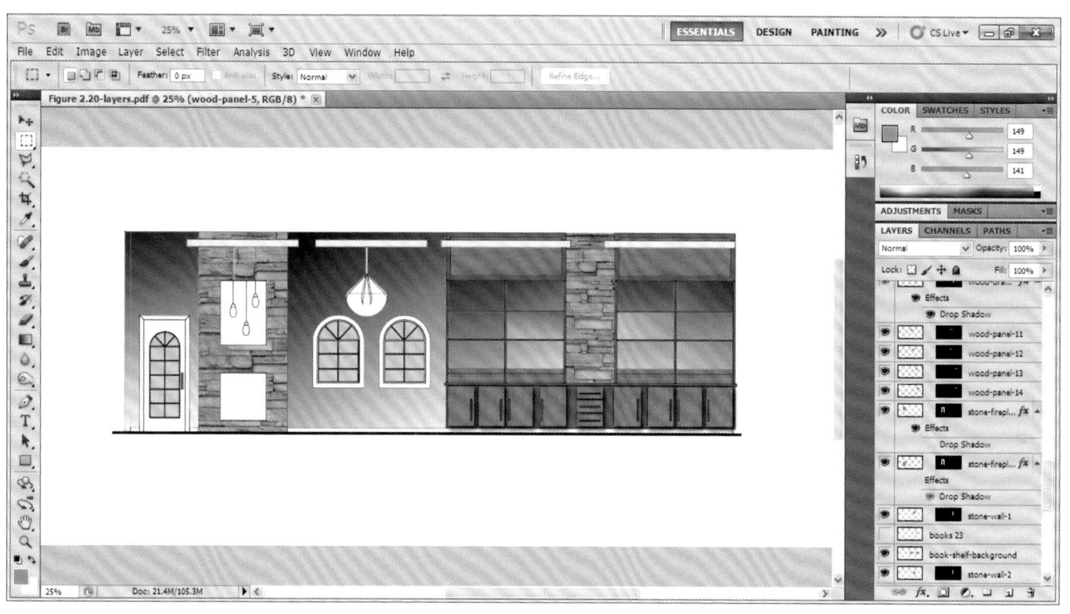

图2.36

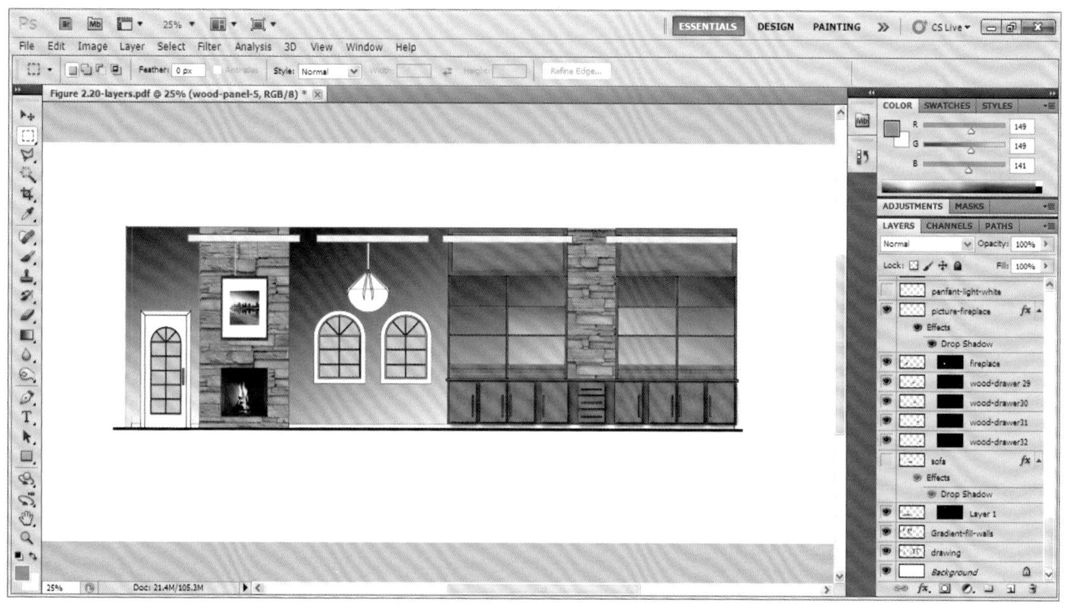

图2.37

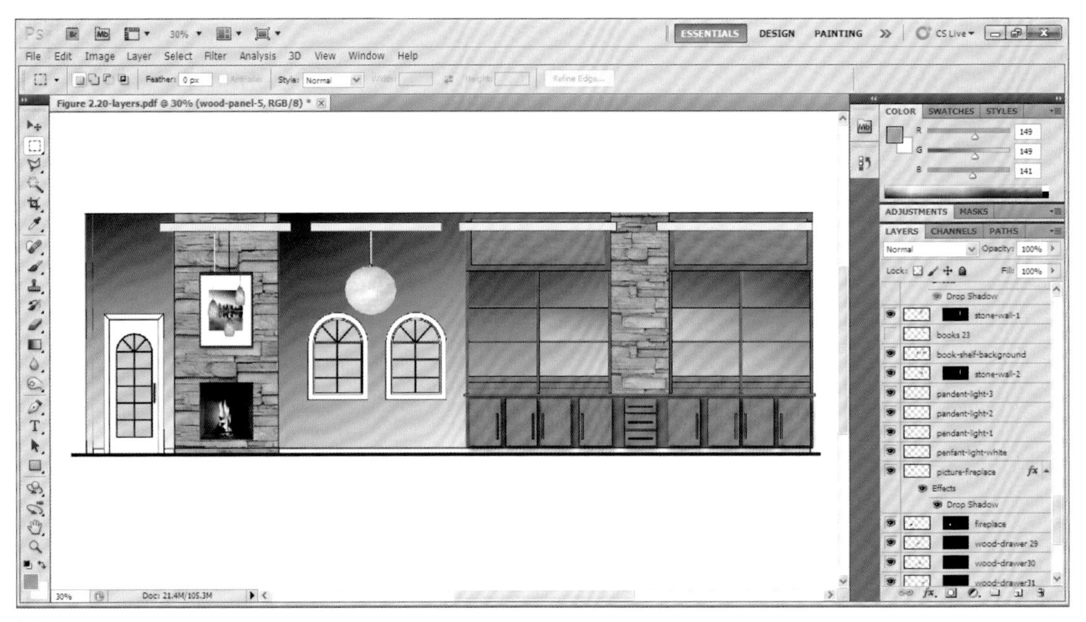

图2.38

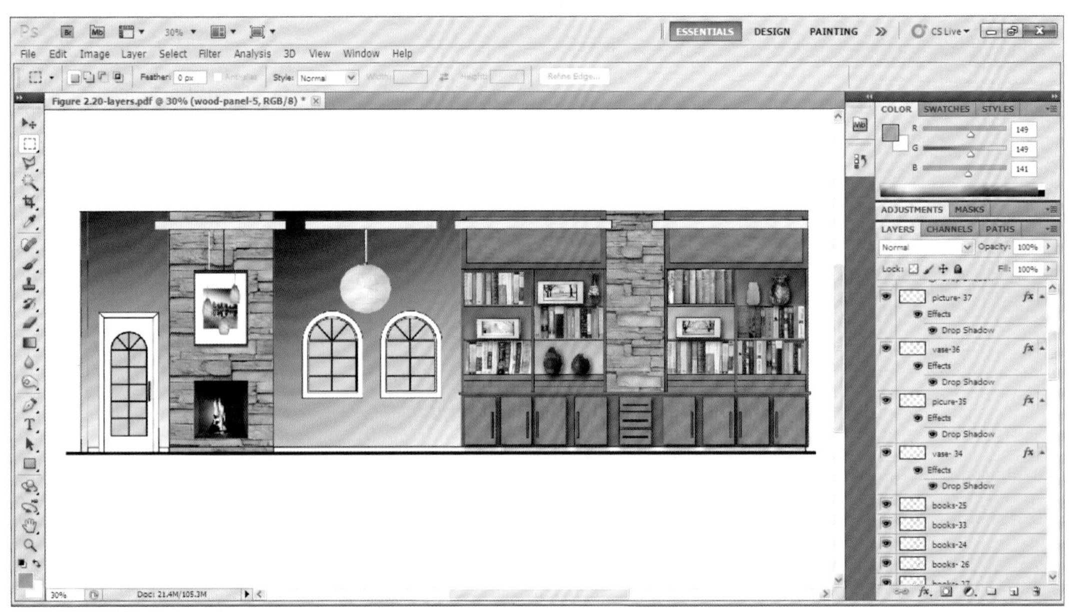

图2.39

概要

在本章中，介绍的平面图和立面图都是使用 Photoshop 软件创建的。除了基本的技巧和工具，比如 Paint Bucket（油漆桶）工具、Gradient Fill（渐变填充）工具等，还讲解了在图形中添加材质和纹理的方法，具体内容如下：

- 在图形中导入照片。
- 使用Transform（变换）>Scale（缩放）命令缩放照片。
- 应用Copy（拷贝）和Paste Into（贴入）命令将照片级材质导入图形中。
- 导入环境对象至图形中，比如人物和汽车。

关键术语

- Copy（拷贝）
- Paste（粘贴）
- Paste Into（贴入）
- Drop Shadow（投影）
- 环境对象
- Gradient Fill（渐变填充）工具
- Layers（图层）
- Layer Style（图层样式）
- Magic Wand（魔棒）工具
- Move（移动）工具
- Paint Bucket（油漆桶）工具

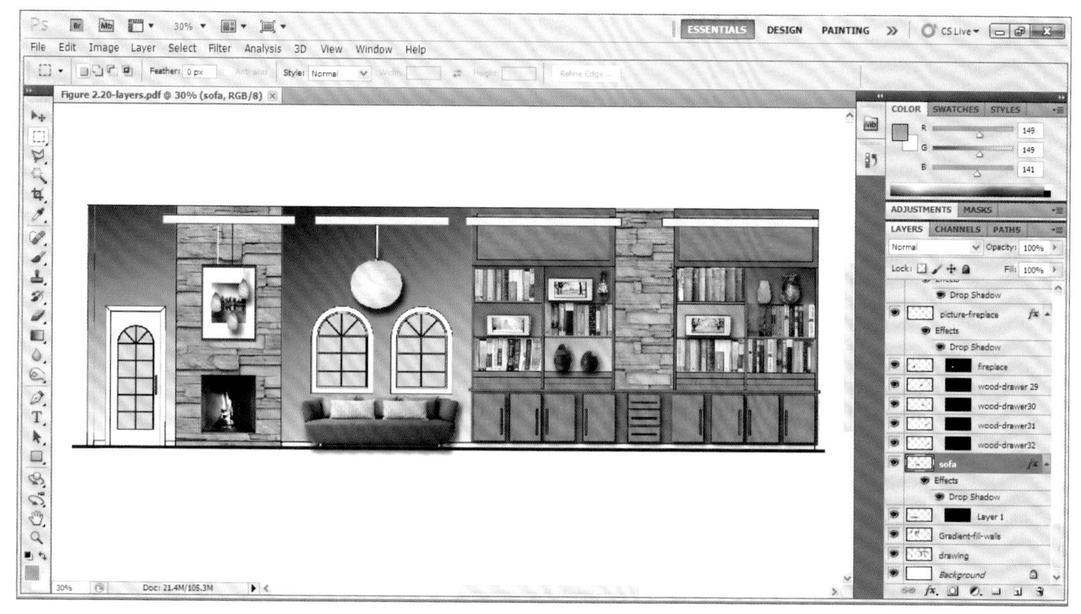

图2.40

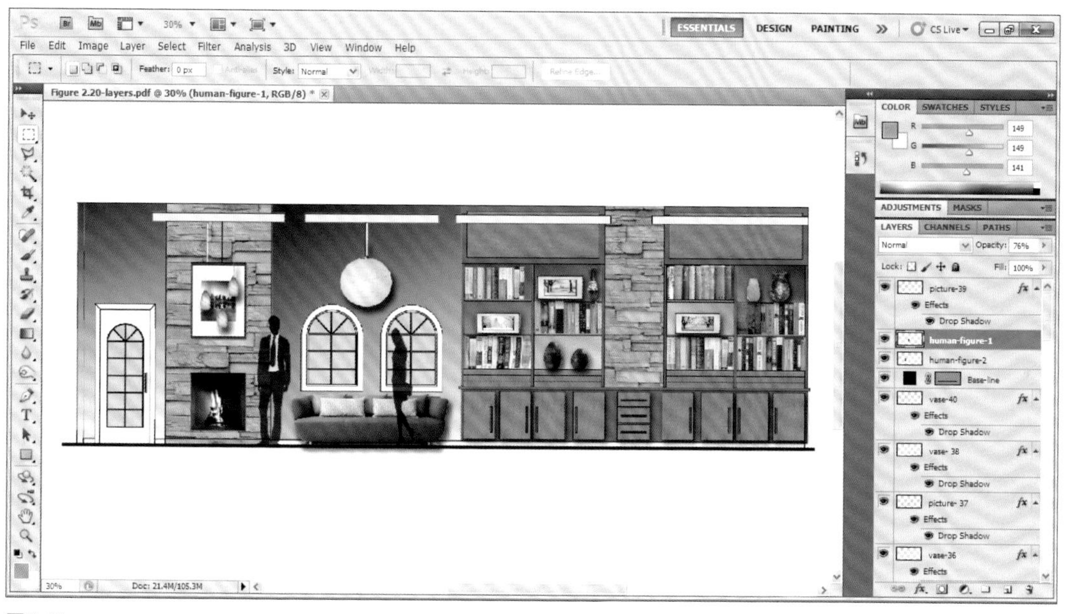

图2.41

- Rectangular Marquee（矩形选框）工具
- Select Inverse（选择反向）
- Transform（变换）>Scale（缩放）

项目练习

1. 使用与本书配套的网站中提供的平面图 http://www.bloomsbury.com/us/Photoshop-for-interior-designers-9781609015442/（相关资源请加封底读者QQ群下载获取），在Photoshop中为平面图添加颜色、材质和纹理。将环境对象也添加到平面图中。
2. 使用与本书配套的网站中提供的立面图，在Photoshop中为立面图添加材质和颜色。将环境对象也添加到立面图中。

3

应用透视图和等轴视图

本章将介绍在Photoshop中创建透视图和等轴视图的技巧，将按照步骤一步一步地描述图形创建的过程。透视图和等轴视图是呈现空间的三维视图，有助于观众理解空间关系。这些图纸有时会包含配色方案和材质效果，以及设计风格。本章将介绍综合使用多种软件的方法，帮助设计师快速制作透视图和等轴视图。如前面所提到的，综合使用多种软件是指首先使用AutoCAD、3D Studio Max、Trimble SketchUp、Revit或其他3D软件生成初步的3D模型，然后在Photoshop中通过添加材质、阴影、灯光和家具、配件等，进一步完善这些模型。

读者需要先掌握一些透视的知识，包括一点透视、两点透视、消失点，理解基本的透视概念，才能在导入家具和配件等对象后将放置到初始模型中正确的位置。

应用透视图

图3.1是一幅已用Photoshop进行完善优化的零售空间的透视图。该视图最初是在Trimble SketchUp中创建的，如图3.2所示。使用这个软件，将部分材质和家具添加到了图形中。在图3.2中，地板上的线条表示导入的家具的布局，这些家具图形都是从AutoCAD文件中导入的。在使用Trimble SketchUp时，不需要从头开始绘制平面图，可以从AutoCAD文件中导入。需要注意的是，如果您使用的是较旧版本的SketchUp，则需要先将AutoCAD平面图文件保存为TIF或JPG格式才能导入。在较新版本的SketchUp中，则可以直接以DWG格式导入AutoCAD文件。在导入之前，一定要在AutoCAD中整理好平面图，并将未使用的图层、块和参考图清理掉。

在SketchUp中创建透视图

创建这个零售空间的透视图步骤如下：

1. 在Trimble SketchUp中导入AutoCAD平面图文件。导入方法将在第10章详细讲解。
2. 在Trimble SkerchUp中建立垂直墙壁，引入3D Warehouse（3D模型库）中的家具模型，为墙壁应用材质库中的材质。这一操作过程也将在第10章中详细介绍。
3. 在Trimble SketchUp中使用Position Camera（设定相机位置）命令来创建零售空间的透视图。
4. 在Trimble SketchUp中使用Export-2D Graphics（导出2D图形）功能，将透视图保存为TIF或JPG文件格式，如图3.2所示。
5. 在Photoshop中打开图3.2。使用Clone Stamp（仿制图章）工具清理地板（比如将导入AutoCAD平面图时产生的线条全部擦除，或者虽然已经在AutoCAD中清理了文件，但可能还有一些需要去除的残留物）。
6. 为不同的对象创建不同的图层，比如track-lighting-1（轨道灯具1）、track-lighting-2（轨道灯具2）、picture-1（装饰画1）等。
7. 找到并准备好轨道灯具、照明灯具、画框以及其他需要导入的家具和配件的图像。
8. 执行Edit（编辑）>Copy（拷贝）和Edit（编辑）>Paste（粘贴）命令，将这些图像导入到Photoshop图形中。再执行Edit（编辑）>Transform（变换）>Scale（缩放）或Edit（编辑）>Transform（变换）>Perspective（透视）命令缩放图像以适合透视图。
9. 执行Filter（滤镜）>Render（渲染）>Lighting Effects（光照效果）命令，在墙壁上添加光照效果。
10. 使用Drop Shadow（投影）图层样式、Lasso（套索）工具和Paint Bucket（油漆桶）工具，或者使用Gradient Fill（渐变填充）工具，创建阴影效果。
11. 执行Edit（编辑）>Copy（拷贝）命令和Edit（编辑）>Paste（粘贴）命令，将人物图像导入图形中，以增强尺寸感。然后执行Edit（编辑）>Transform（变换）>Scale（缩放）或Edit（编辑）>Transform（变换）>Perspective（透视）命令缩放图像以适合透视图。

图3.1

图3.2

使用Photoshop创建透视图

如前一章所述，为不同对象创建单独的图层是必不可少的，因为这样便于分别修改、删除各个对象，也便于为各个对象添加效果，

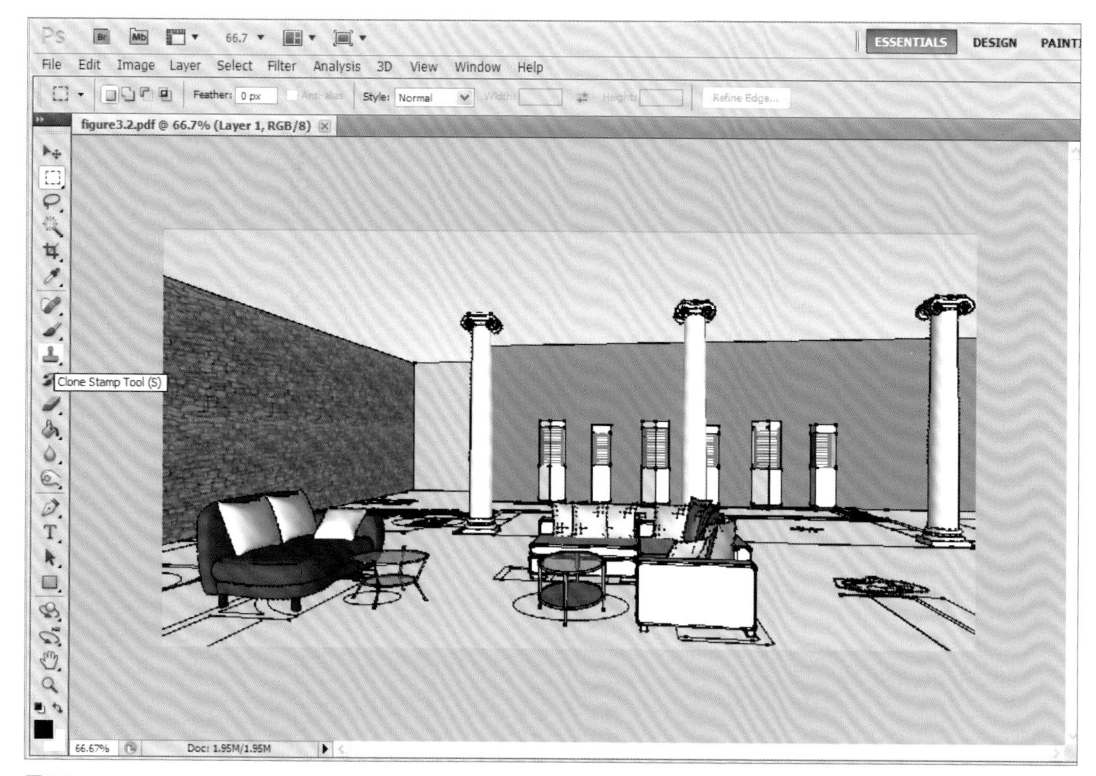

图3.3

例如阴影效果。下面介绍如何将画框图片导入Photoshop透视图中，以及如何为墙壁添加光照效果。（注意：第5章将更加详细地介绍灯光的内容。）

使用Clone Stamp（仿制图章）工作

由于透视图是在Trimble SketchUp中创建的，而平面图是从AutoCAD文件中导入的，因此在Photoshop中优化完善透视图之前，需要先将一些线条清除掉（参见图3.2）。不能直接使用Eraser（橡皮擦）工具来擦除线条，因为橡皮擦工具将擦除掉灰色像素，留下白色背景。这里需要使用Clone Stamp（仿制图章）工具来复制灰色的平面图，将线条覆盖掉。Clone Stamp（仿制图章）工具位于左侧工具栏中，如图3.3所示。

Clone Stamp（仿制图章）工具能够使用图像中的一块区域覆盖填充同一图像中的另一块区域，或者使用一张图像中的一块区域覆盖填充另一张具有相同颜色模式的图像中的区域。也可以用一个图层中的图像区域覆盖填充另一个图层中的图像区域。这个工具在复制对象或移除图像中的污点时很有用。在使用Clone Stamp（仿制图章）工具时，要先设定需要复制的像素区域的取样点，然后在另一块需要覆盖的区域进行填充。

在使用此工具时，可以配合使用各种画笔笔触，只要能精确控制填充区域的尺寸即可。若需要更改笔触或尺寸，打开图3.4所示的下拉列表选择即可。也可以使用Opacity（不透明度）和Flow（流量）选项控制复制像素应用到覆盖区域的方式。这些选项位于窗口顶部选项栏中，如图3.4所示。

下面介绍使用Clone Stamp（仿制图章）工具的操作步骤：

1. 选择Clone Stamp（仿制图章）工具。
2. 选择一种画笔笔触，并设置Options（选项）栏中的混合模式、不透明度和流量。
3. 按住Alt键，使用Clone Stamp（仿制图章）工具单击取样需要使用的像素。在本例中，要取样地板上的灰色像素。
4. 移动Clone Stamp（仿制图章）工具到需要覆盖的区域。在本例中，使用Clone Stamp（仿制图章）工具覆盖地板上的线条。

修正后的图像效果如图3.5所示。

将画框图片添加到透视图中

可以直接导入一张画框图片到 Photoshop 透视图中，而不需要专门创建画框的 3D 模型。直接导入画框图片能够更快捷地优化完善透视

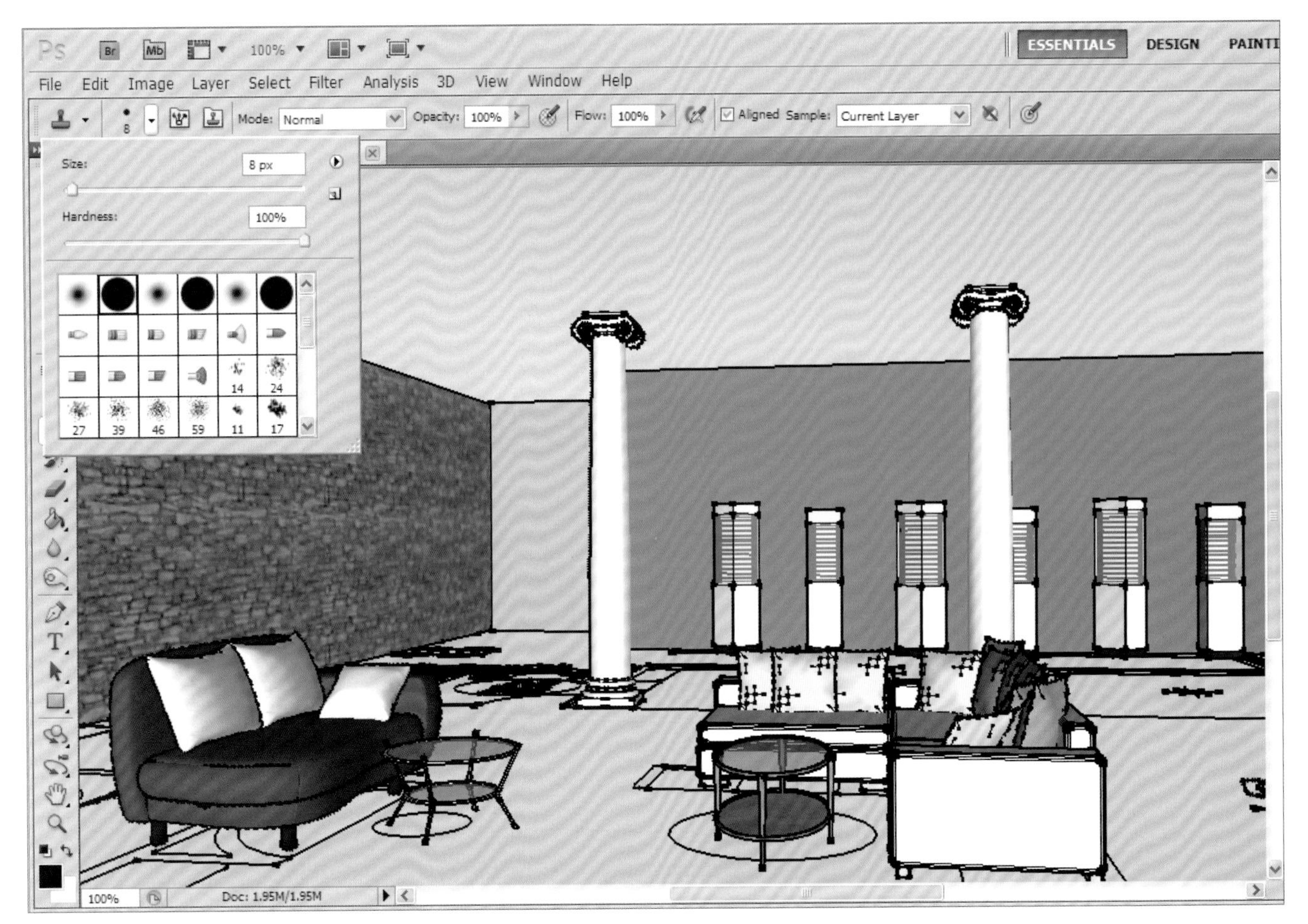

图3.4

图3.5

图。操作步骤如下：

1. 找到并准备好需要使用的画框图片。

2. 在Photoshop中打开图片，使用Rectangular Marquee（矩形选框）工具选中画框图像，执行Copy（拷贝）命令，如图3.6所示。

3. 在Photoshop中打开透视图，然后将画框图片粘贴到透视图中，如图3.7所示。将新图层重命名为picture-1（装饰画1）。

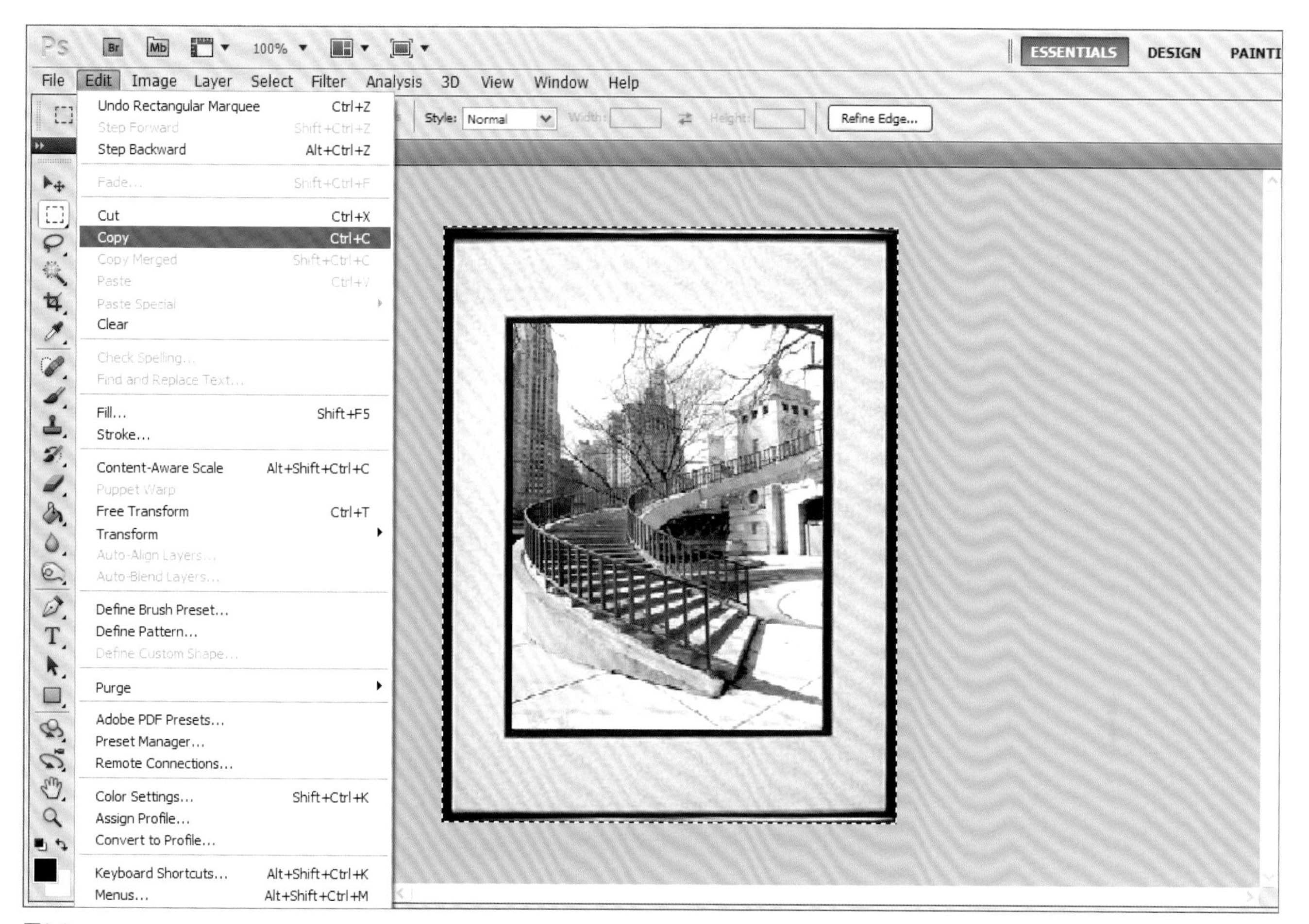

ESSENTIALS
DESIGN
PAINTI
File Edit Image Layer Select Filter Analysis 3D View Window Help
Style: Normal
Refine Edge...
Undo Rectangular Marquee Ctrl+Z
Step Forward Shift+Ctrl+Z
Step Backward Alt+Ctrl+Z
Fade... Shift+Ctrl+F
Cut Ctrl+X
Copy Ctrl+C
Copy Merged Shift+Ctrl+C
Paste Ctrl+V
Paste Special
Clear
Check Spelling...
Find and Replace Text...
Fill... Shift+F5
Stroke...
Content-Aware Scale Alt+Shift+Ctrl+C
Puppet Warp
Free Transform Ctrl+T
Transform
Auto-Align Layers...
Auto-Blend Layers...
Define Brush Preset...
Define Pattern...
Define Custom Shape...
Purge
Adobe PDF Presets...
Preset Manager...
Remote Connections...
Color Settings... Shift+Ctrl+K
Assign Profile...
Convert to Profile...
Keyboard Shortcuts... Alt+Shift+Ctrl+K
Menus... Alt+Shift+Ctrl+M

图3.6

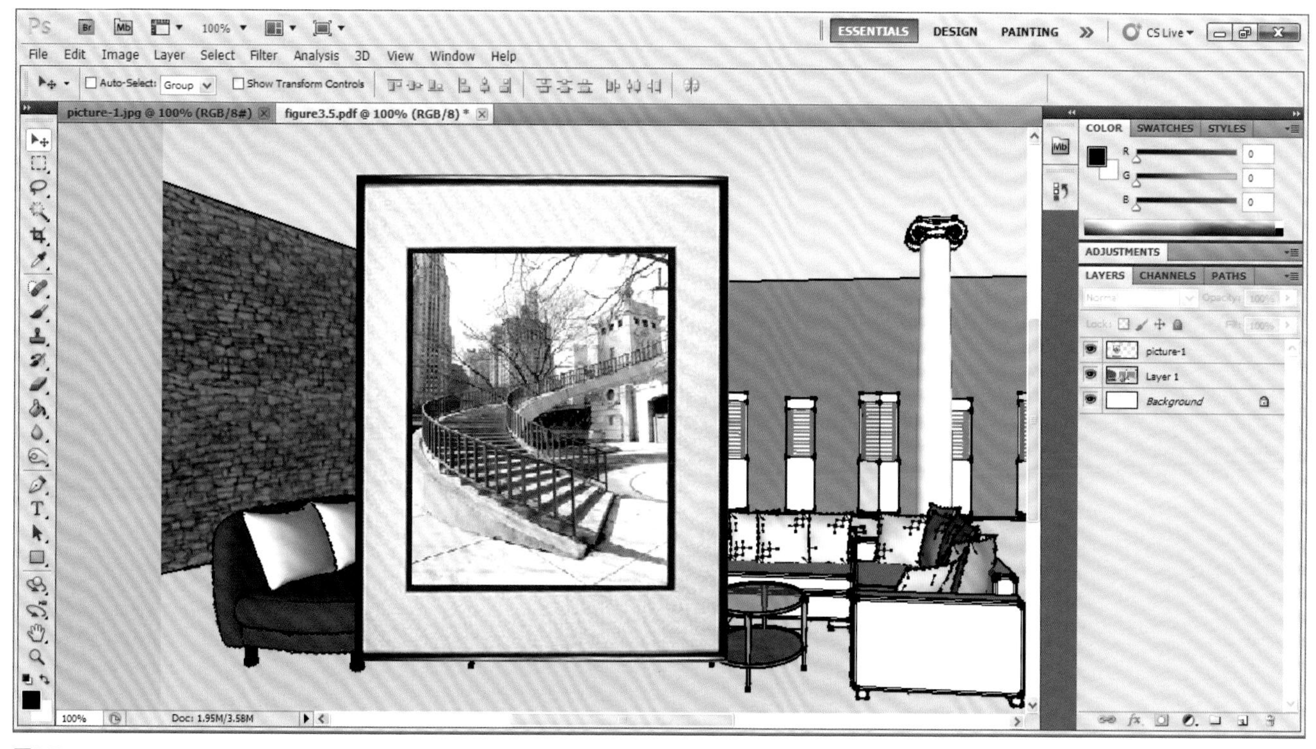

ESSENTIALS
DESIGN
PAINTING
CS Live
File Edit Image Layer Select Filter Analysis 3D View Window Help
Auto-Select: Group
Show Transform Controls
picture-1.jpg @ 100% (RGB/8#)
figure3.5.pdf @ 100% (RGB/8) *
COLOR SWATCHES STYLES
ADJUSTMENTS
LAYERS CHANNELS PATHS
picture-1
Layer 1
Background
100%
Doc: 1.95M/3.58M

图3.7

4. 使用Rectangular Marquee（矩形选框）工具选择画框图像，然后执行Edit（编辑）>Transform（变换）>Scale（缩放）命令，调整画框图像尺寸和比例。在本例中，缩小画框尺寸，并调整画框的纵横比例，如图3.8所示。

5. 执行Edit（编辑）>Transform（变换）>Perspective（透视）命令，创建画框透视图，如图3.9所示。执行Edit（编辑）>Transform（变换）>Distort（扭曲）命令，调整画框的透视和比例，如图3.10所示。

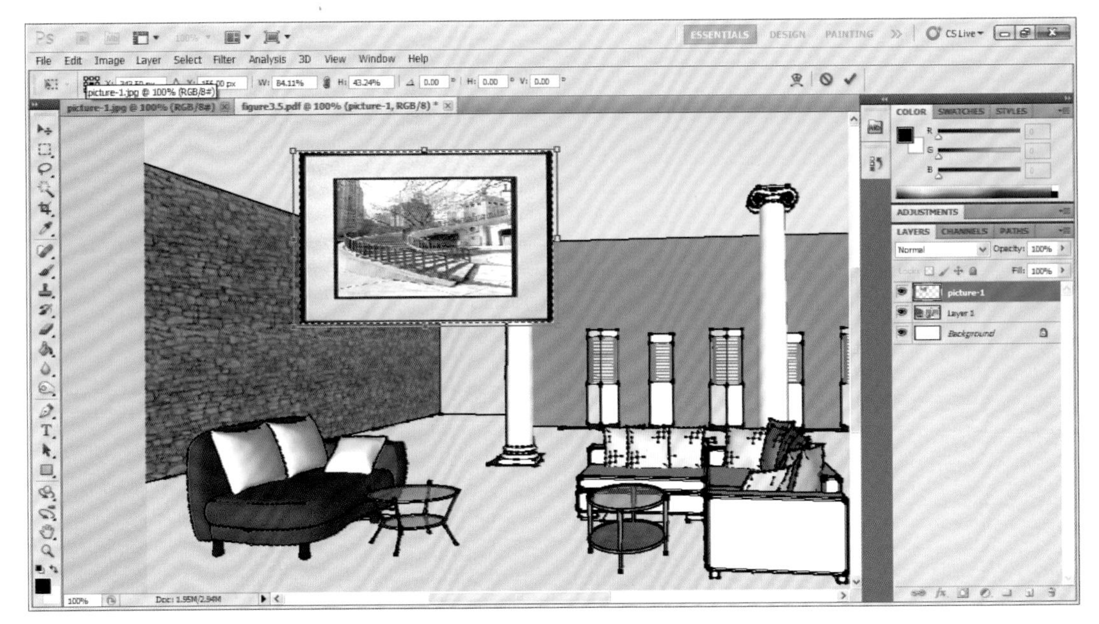

图3.8

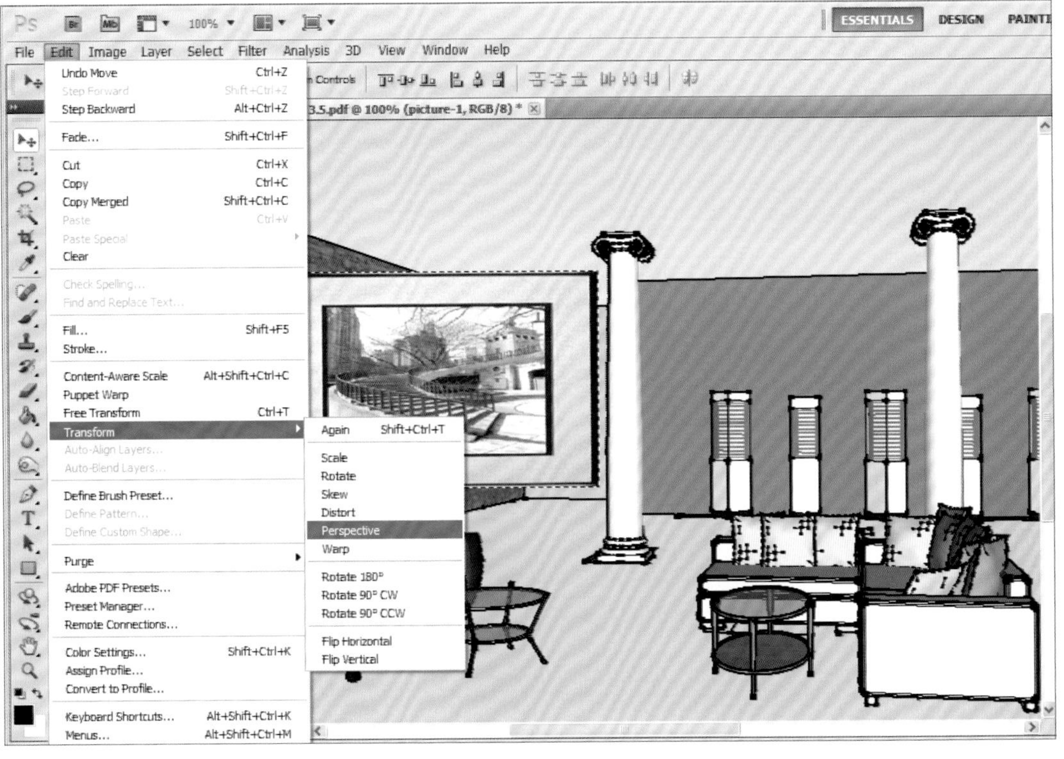

图3.9

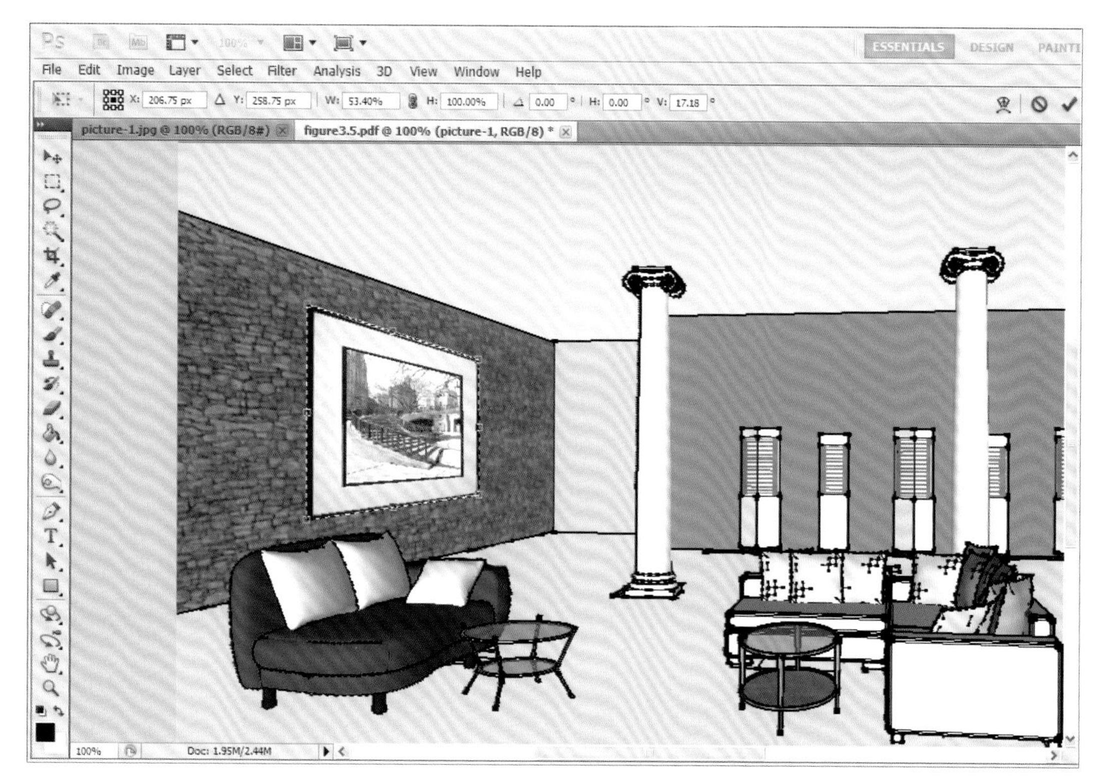

图3.10

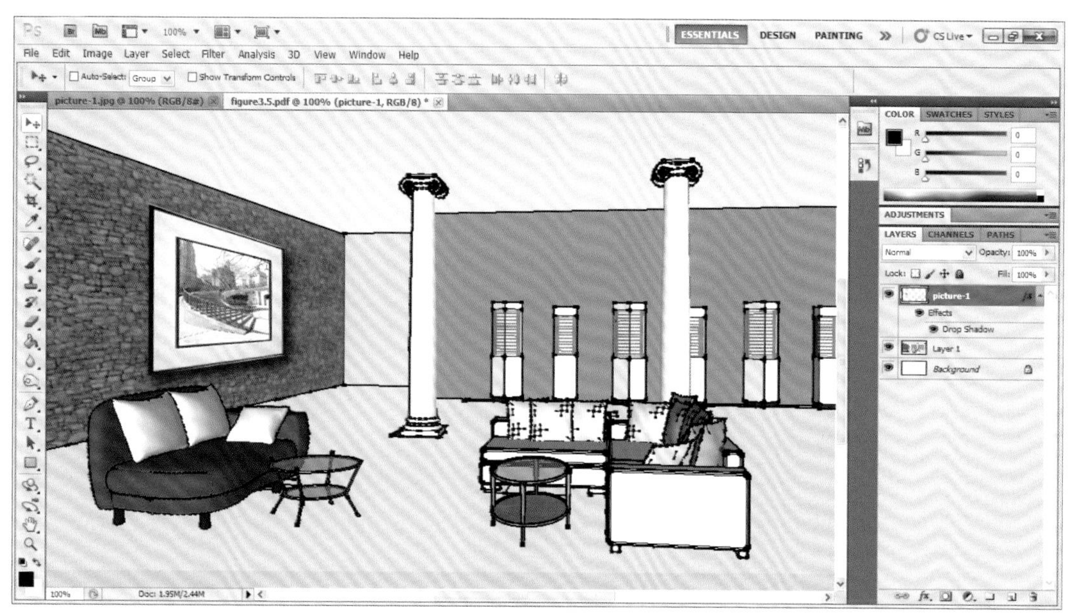

图3.11

6.执行Layer（图层）>Layer Style（图层样式）>Drop Shadow（投影）命令，为画框图像添加阴影效果。图形效果如图3.11所示。

添加轨道灯具至透视图中

在透视图中添加轨道灯具和第2章中在室内立面图中添加书籍和其他配件相类似。但是，在本例中，需要注意透视图中的透视效果。可以执行Edit（编辑）>Transform（变换）>Perspective（透视）或Edit（编辑）>Transform（变形）>Distort（扭曲）命令调整对象的大小、比例和位置。在Photoshop中选择轨道照明时，一定要右键单击并选择Select Inverse（选择反向）命令，确保只选中该对象，如图3.12所示。否则，将会把白色背景复制到透视图中。

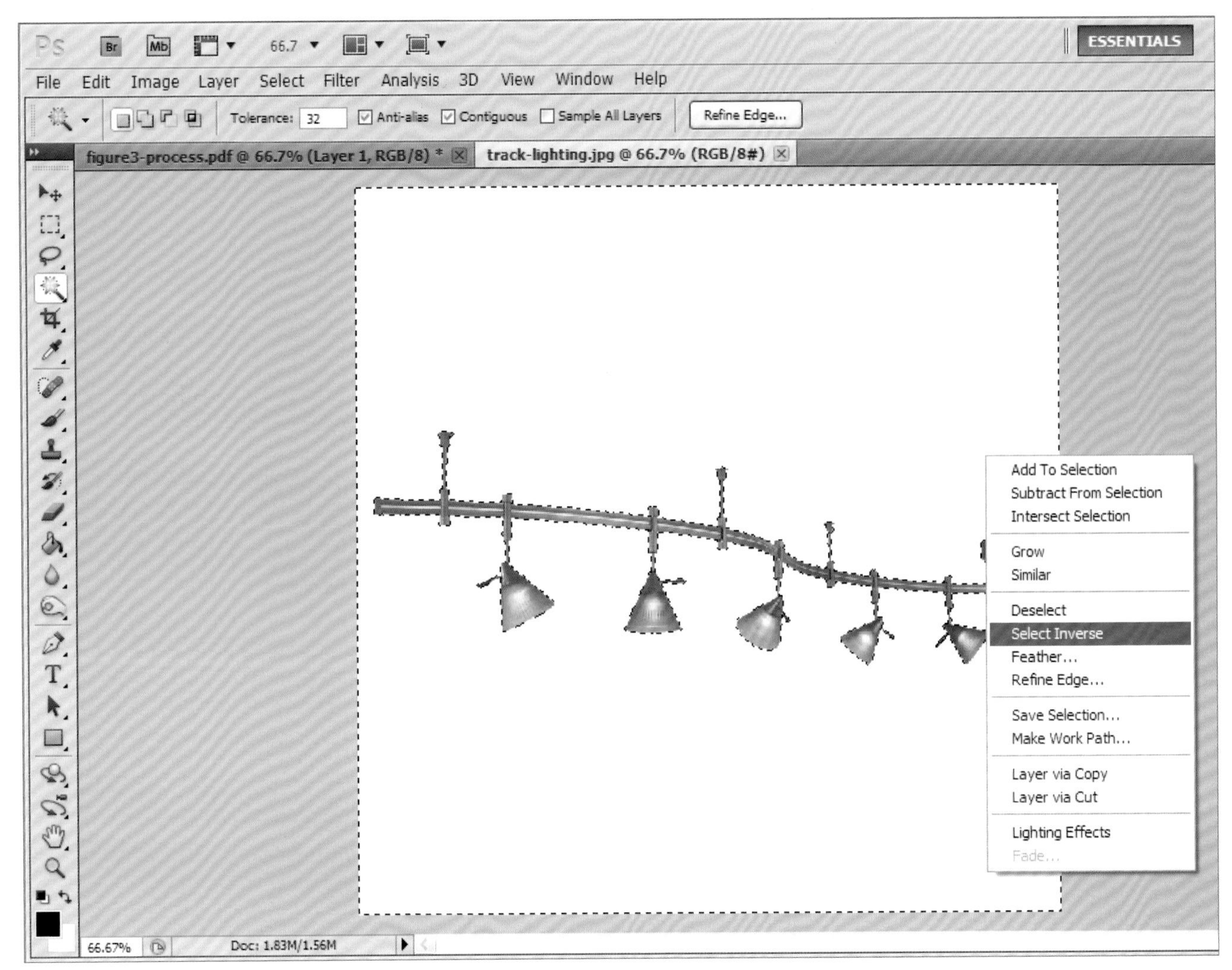
ESSENTIALS
File Edit Image Layer Select Filter Analysis 3D View Window Help
Tolerance: 32
Anti-alias
Contiguous
Sample All Layers
Refine Edge...
figure3-process.pdf @ 66.7% (Layer 1, RGB/8) *
track-lighting.jpg @ 66.7% (RGB/8#)
Add To Selection
Subtract From Selection
Intersect Selection
Grow
Similar
Deselect
Select Inverse
Feather...
Refine Edge...
Save Selection...
Make Work Path...
Layer via Copy
Layer via Cut
Lighting Effects
Fade...
66.67%
Doc: 1.83M/1.56M

图3.12

图3.13

在透视图中粘贴两个轨道灯具后，图形效果如图3.13所示。将图层重命名为track-lighting-1（轨道灯具1）和track-lighting-2（轨道灯具2），便于我们组织图形。

为墙壁添加光照效果

还可以为Photoshop图纸添加光照效果，使其看起来更加逼真。第5章将详细介绍这方面的知识以及相应的操作方法。

现在，按照下述步骤进行操作：

1. 在透视图中激活layer-1（图层1）。执行Filter（滤镜）>Render（渲染）>Lighting Effects（光照效果）命令，如图3.14所示。
2. 选择Lighting Effects（光照效果）命令后，即弹出一个对话框，如图3.15所示。

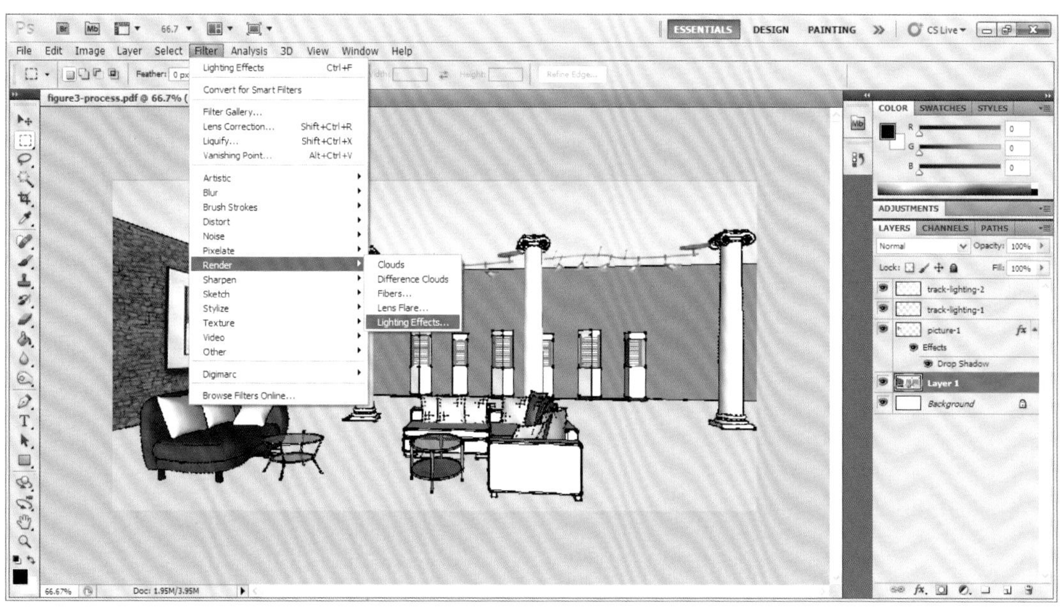

图3.14

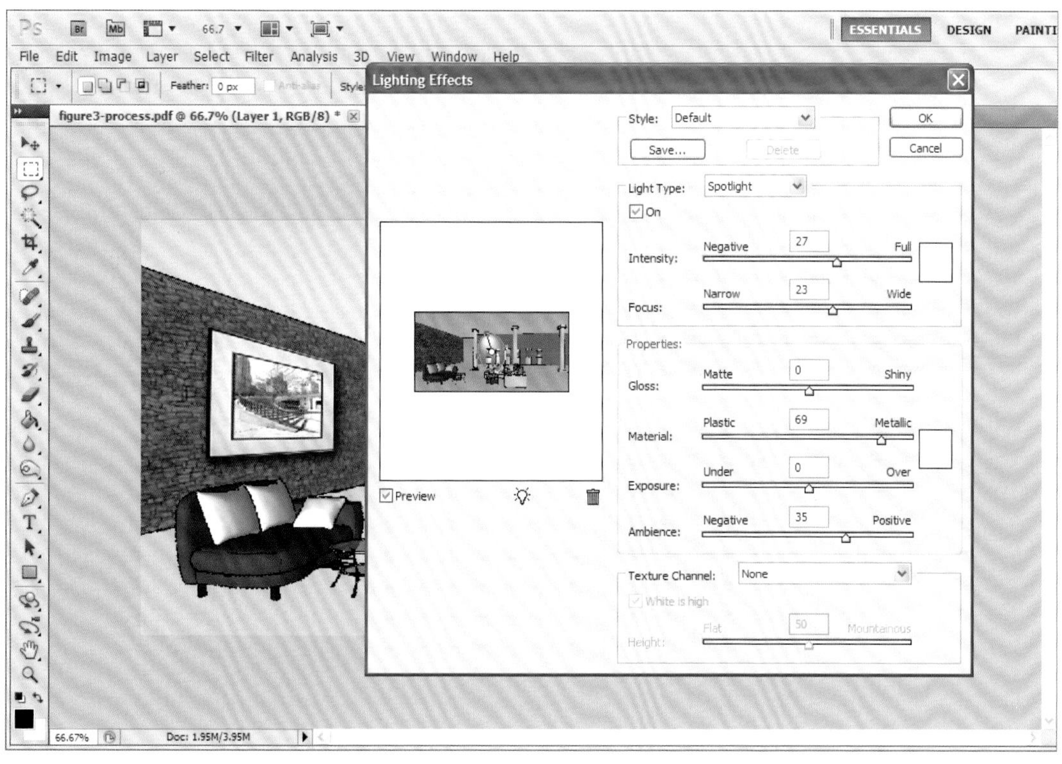

图3.15

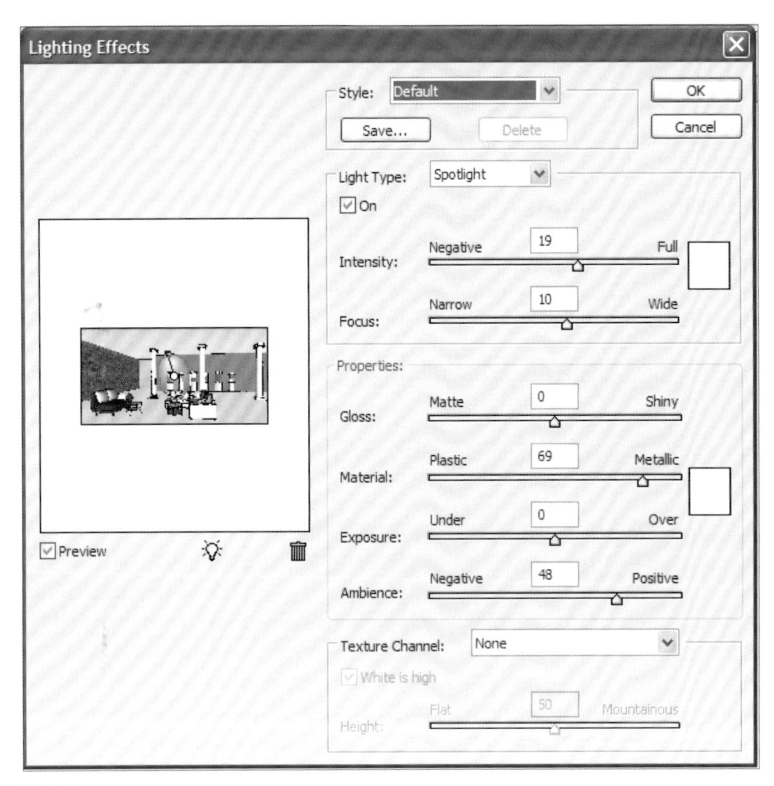

图3.16

3. 在对话框中，将Light Type（光照类型）设为Spotlight（点光）；调整Intensity（强度）、Focus（聚焦）和Ambience（环境）参数值如图3.16所示。预览窗口中，椭圆中心处的白色小圈（参见图3.17）为灯光的中心点，可以用来重新定位灯光。椭圆上的4个角点可以用来改变椭圆的大小和形状。下面介绍点光的参数含义。
   - Intensity（强度）：调整光源的发光量。向右拖动滑块，增加发光量，向左拖动则减小发光量。
   - Focus（聚焦）：定义椭圆范围内光线的填充量。向右拖动滑块，增加填充量，向左拖动则限制光的填充。
   - Ambience（环境）：设置场景中其他光源，如日光或人造灯，并用这些光源形成光线散射。向右拖动滑块，增加这种类型的光线，向左拖动则减少这种光线。
4. 单击OK（确定）按钮，效果如图3.17所示。
5. 对于墙壁上其他部分的光照效果，重复上述操作步骤添加即可。再添加3个以上的点光后，图形效果如图3.18所示。

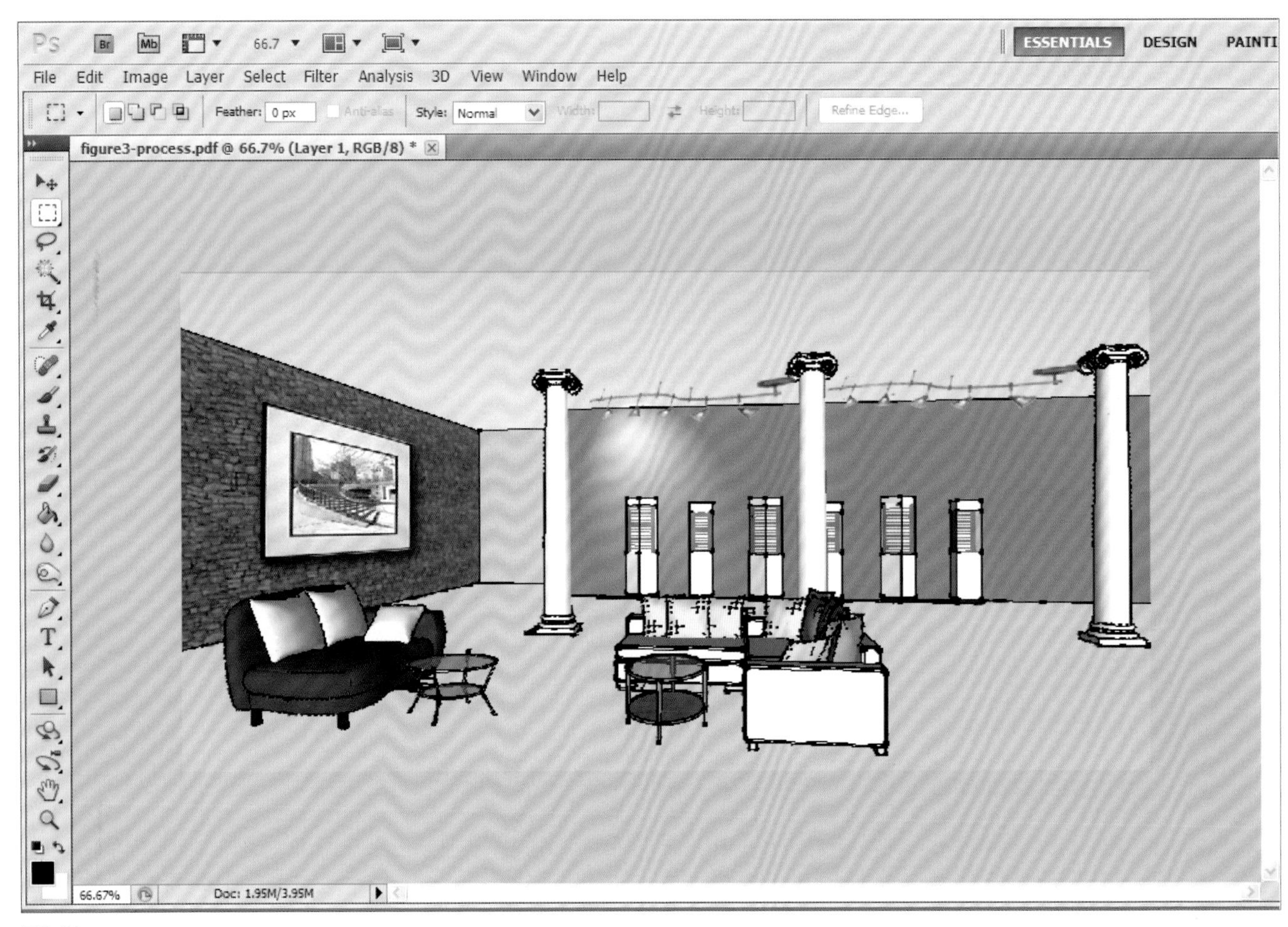

图3.17

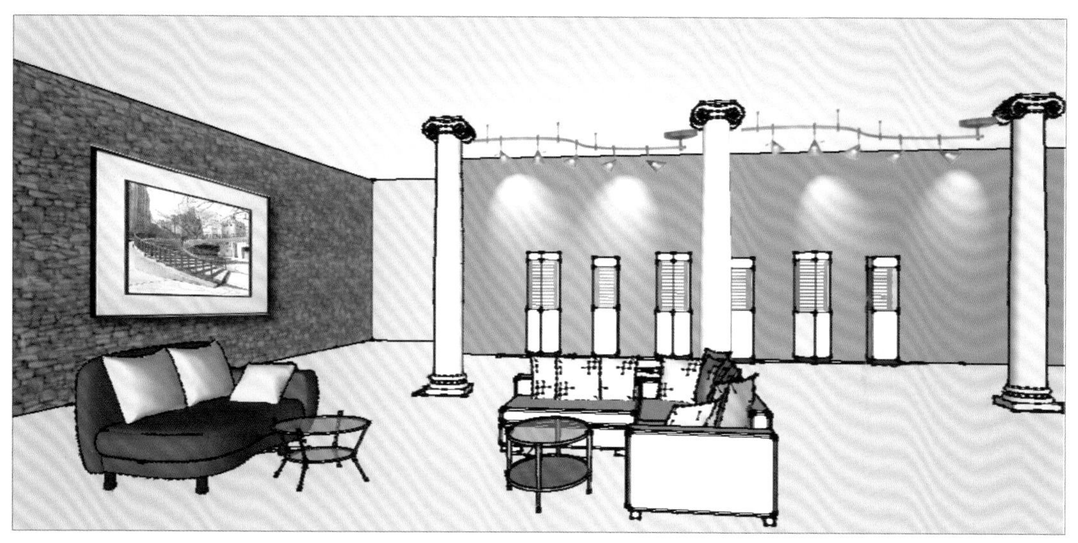

图3.18

在地板上创建阴影

阴影效果对于增强图形中的距离感、立体感是非常重要的。在Photoshop中添加了家具和其他对象后，可以使用Drop Shadow（投影）图层样式或软件中的其他功能轻松添加阴影效果。但是，在有些情况下我们只能手动创建阴影。关于这方面的更详细的内容将在第5章介绍。本章的重点内容是正在创建的透视图。家具模型已经在Trimble SketchUp中添加到图形中了。使用Lasso（套索）工具绘制阴影的轮廓，确保阴影轮廓和透视图中的透视效果。这意味着阴影轮廓的消失点应该与空间和对象的消失点相同。创建阴影效果的步骤如下：

1. 在透视图中创建一个名为Shadow（阴影）的图层。
2. 单击Lasso（套索）工具，如图3.19所示。
3. 使用Lasso（套索）工具绘制地板上阴影轮廓，如图3.20所示。按住Shift键不放可以依次绘制多个轮廓。

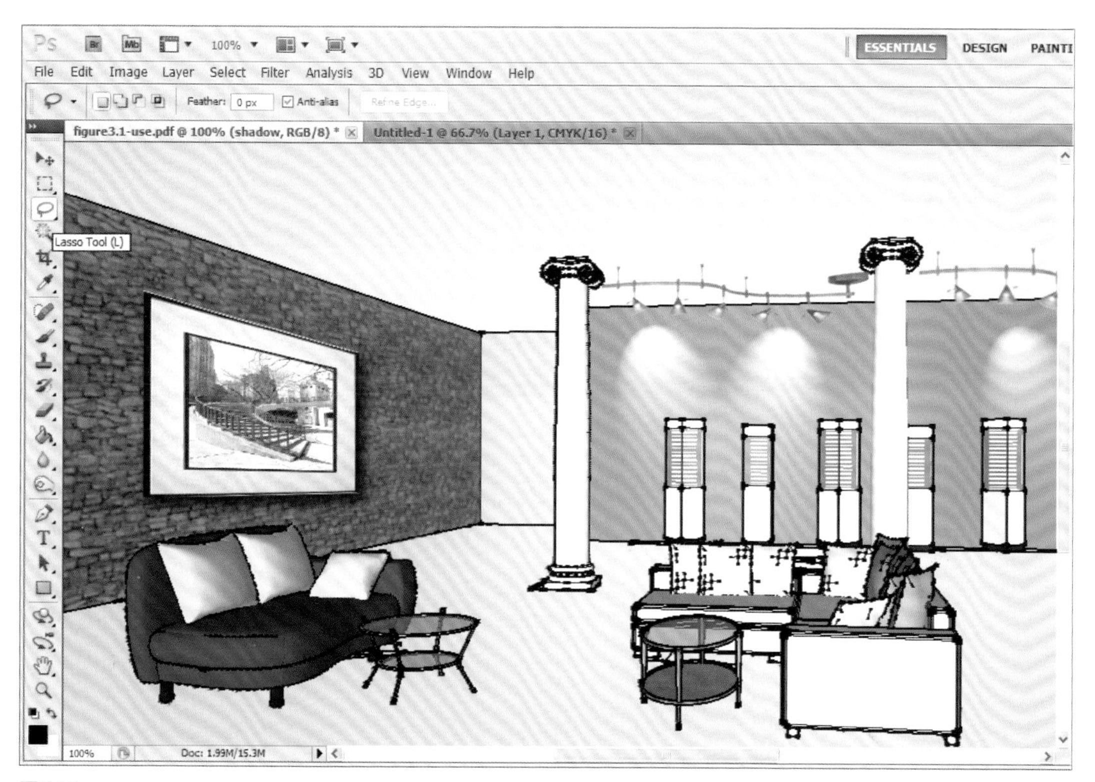

图3.19

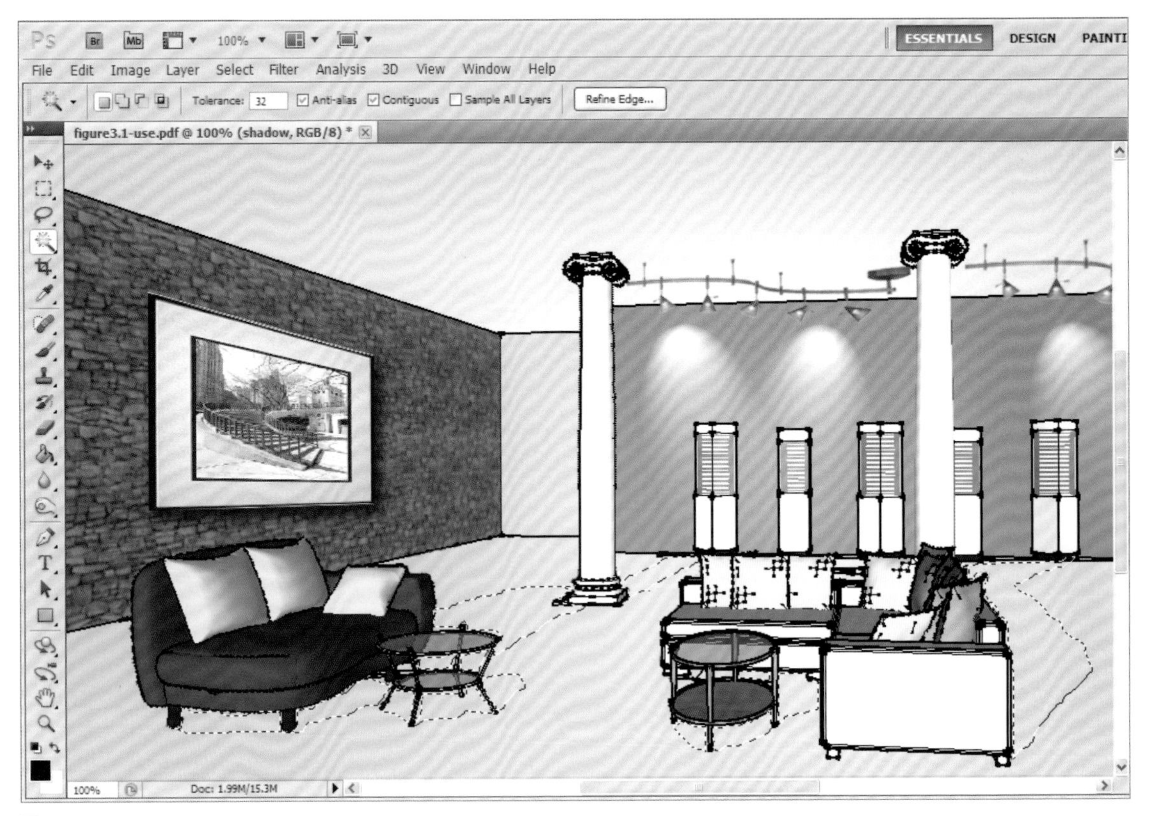
ESSENTIALS
DESIGN
File Edit Image Layer Select Filter Analysis 3D View Window Help
Tolerance: 32
Anti-alias
Contiguous
Sample All Layers
Refine Edge...
figure3.1-use.pdf @ 100% (shadow, RGB/8) *
100%
Doc: 1.99M/15.3M

图3.20

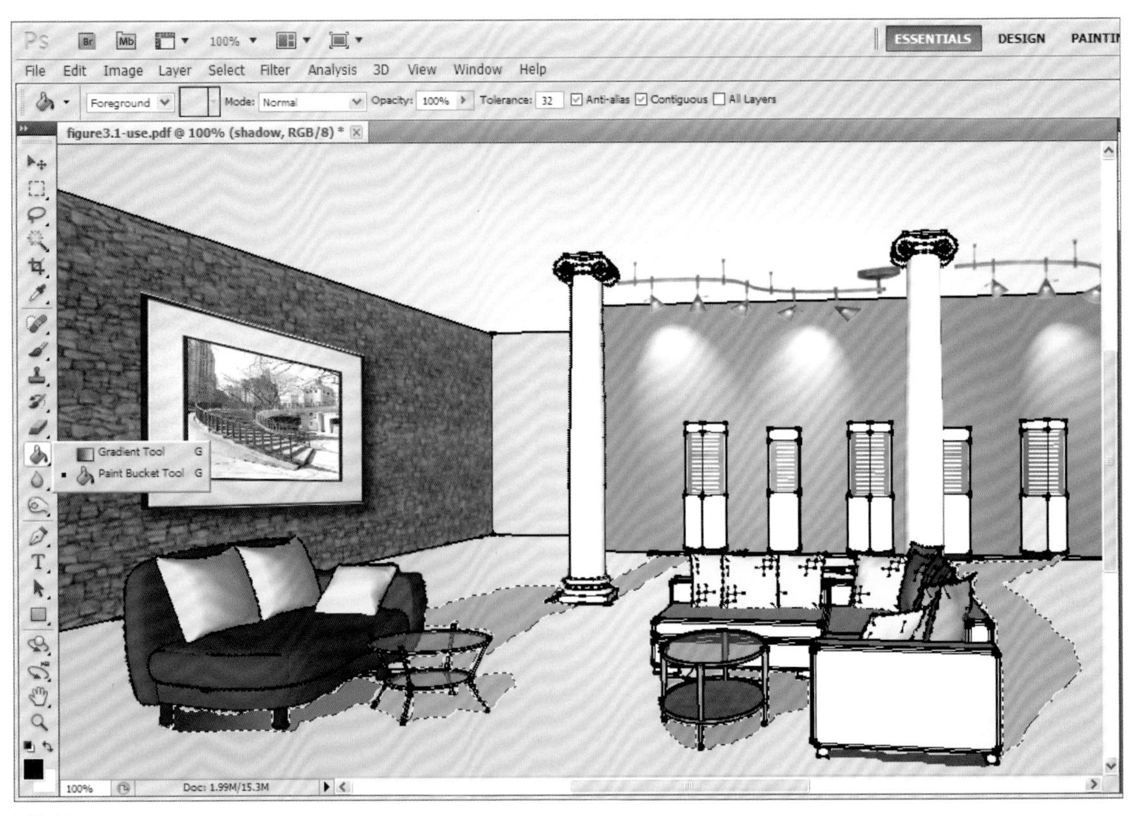
ESSENTIALS
DESIGN
File Edit Image Layer Select Filter Analysis 3D View Window Help
Foreground
Mode: Normal
Opacity: 100%
Tolerance: 32
Anti-alias
Contiguous
All Layers
figure3.1-use.pdf @ 100% (shadow, RGB/8) *
Gradient Tool G
Paint Bucket Tool G
100%
Doc: 1.99M/15.3M

图3.21

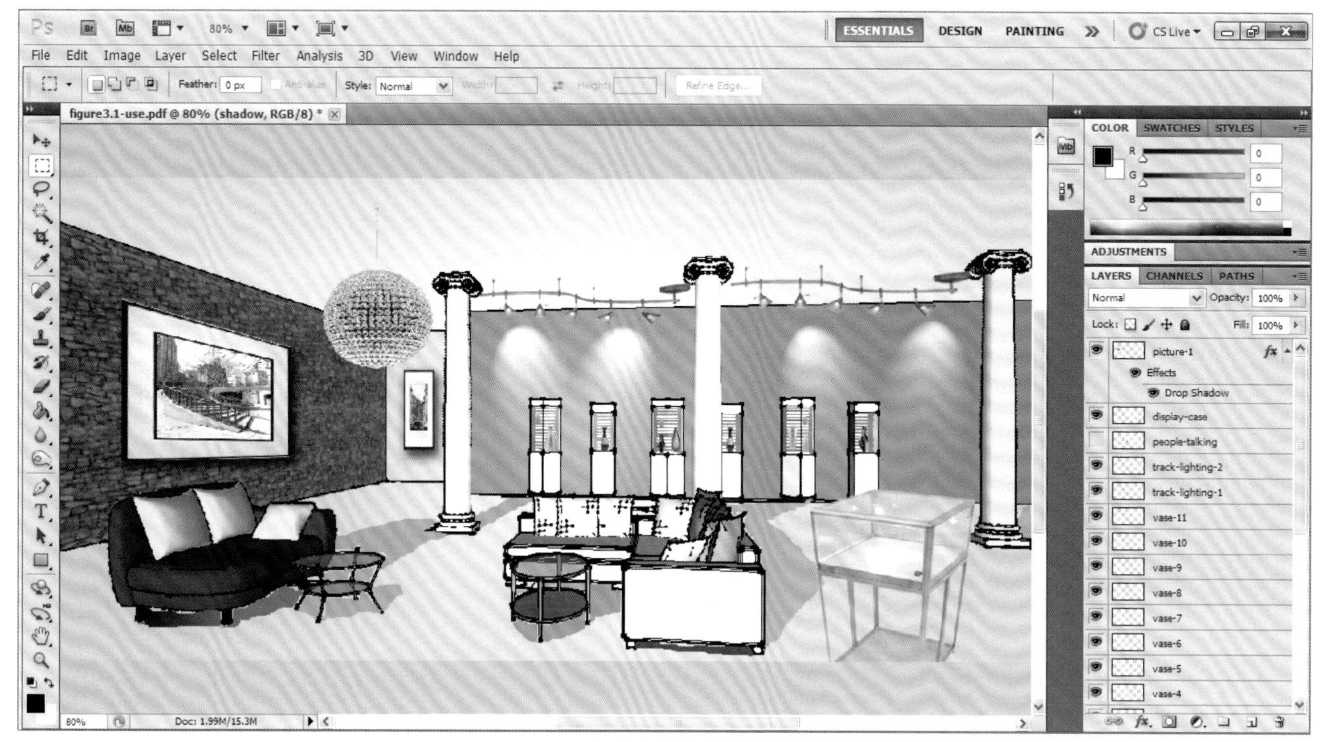

图3.22

4. 使用Paint Bucket（油漆桶）工具或Gradient Fill（渐变填充）工具在阴影轮廓中填充灰色，如图3.21所示。

添加其他对象至透视图

添加其他对象到透视图中时，要为各个对象创建单独的图层，如图3.22所示。可以将第二个画框，以及吊灯、花瓶和展示橱导入透视图中。添加所有对象后，图形效果如图3.22所示。

添加人物图像至透视图

在透视图中添加环境对象，不仅能增强图形的趣味性，而且便于感受图形中对象的尺寸和距离。通过添加不同尺寸的人物图像至不同位置，可以增强室内空间的纵深感和距离感，具体步骤如下：

1. 创建新图层，命名为people（人物）。
2. 在Photoshop中打开一张人物图像。使用Magic Wand（魔棒）工具单击背景。然后右键单击，选择Select Inverse（选择反向）命令，如图3.23所示。注意，此时将只选中两个人物图像，不包括白色背景，如图3.24所示。

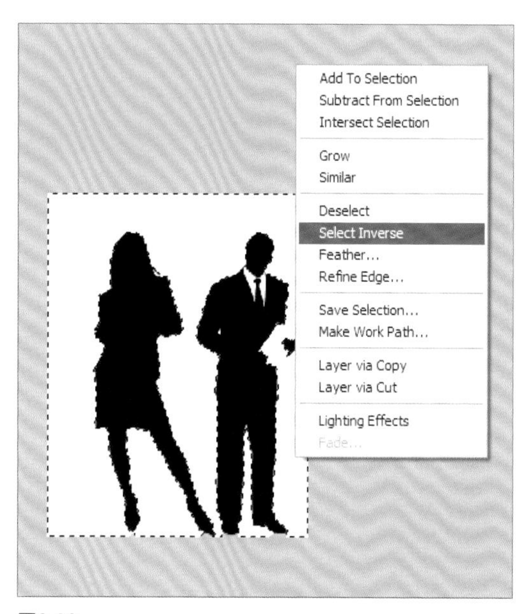

图3.23

3. 打开透视图，激活people（人物）图层。执行Edit（编辑）>Paste（粘贴）命令，将人物图像添加到透视图中。执行Edit（编辑>Transform（变换）>Scale（缩放）命令，调整图像大小。拖动滑块调整Opacity（不透明度）参数值，使人物图像形成灰色调效果，如图3.26所示。Opacity（不透明度）选项位于窗口右侧Layers（图层）面板的顶部，如图3.25所示。

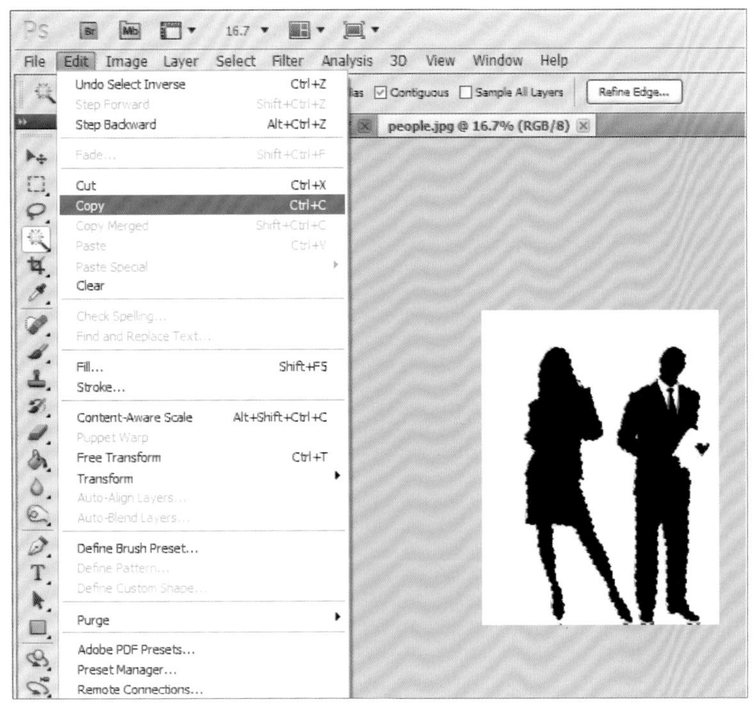

图3.24

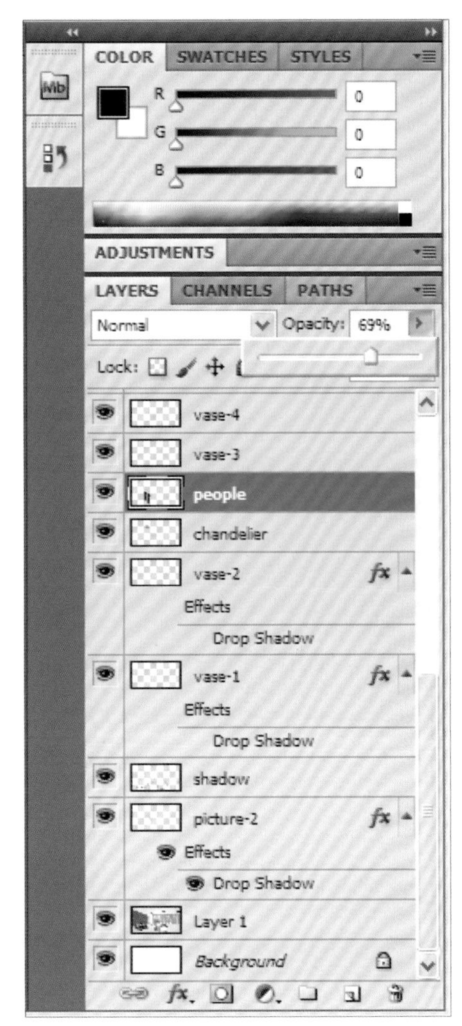

图3.25

4. 再创建一个图层，命名为people-talking（交谈的人）。采用与步骤3相同的方法将这两个人物图像添加到图形中。这两个人物距离观众的距离更远，因此，应当比之前的那两个人物图像更小，这样才能形成距离感，如图3.27所示。

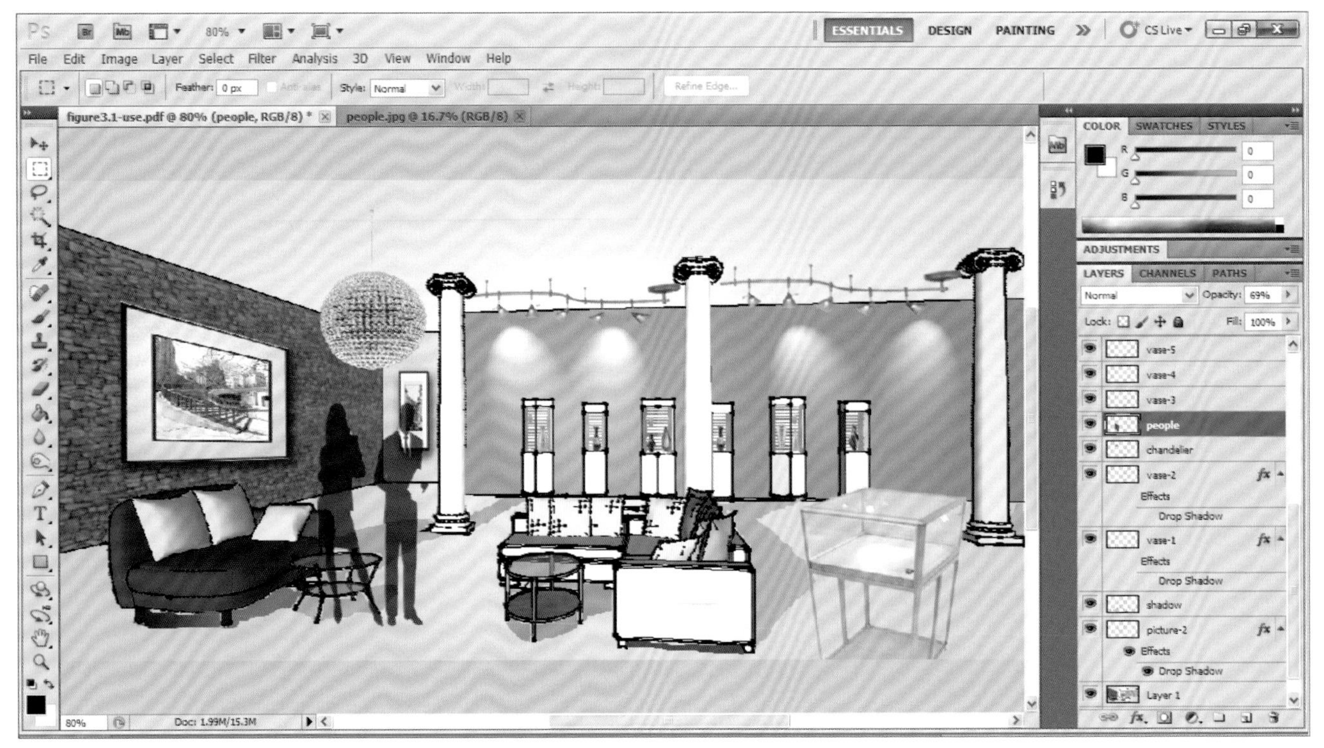

图3.26

图3.27

创建透视图中室外景观

在透视图中添加室外景观，是另一种优化透视图的方法。这样不仅能创建出距离感，而且能表现所设计的室内空间的户外环境。图3.28即表现了在室内透视图中添加了室外景观的效果。添加室外景观的步骤如下：

1. 这张室内透视图是在Trimble SketchUp中创建的，尚未添加家具对象到图形中，如图3.29所示。将文件保存为PDF格式文档。

图3.28

图3.29

2. 在Photoshop中打开图3.29。使用Clone Stamp（仿制图章）工具清理地板上的线条，图形效果如图3.30所示。
3. 在Photoshop中打开室外景观照片。使用Rectangular Marquee（矩形选框）工具选择图像，然后执行Edit（编辑）>Copy（拷贝）命令，复制图像，如图3.31所示。
4. 打开透视图。执行Edit（编辑）>Paste（粘贴）命令，将室外景观图像添加到透视图中。使用Rectangular Marquee（矩形选框）工具选择室外景观图像。执行Edit（编辑）>Transform（变换）>Scale（缩放）命令，缩放图像至合适的大小，如图3.32所示。
5. 执行Edit（编辑）>Transform（变换）>Distort（扭曲）命令，调整图像以匹配透视图中的消失点，如图3.33所示。
6. 应用Distort（扭曲）命令，调整室外景观图像，以匹配墙壁上的窗户，如图3.34所示。
7. 将图层重命名为Exterior-view（室外景观）。使用Square Shape（矩形）工具和Paint Bucket（油漆桶）工具绘制窗框。此时，透视图效果如图3.35所示。

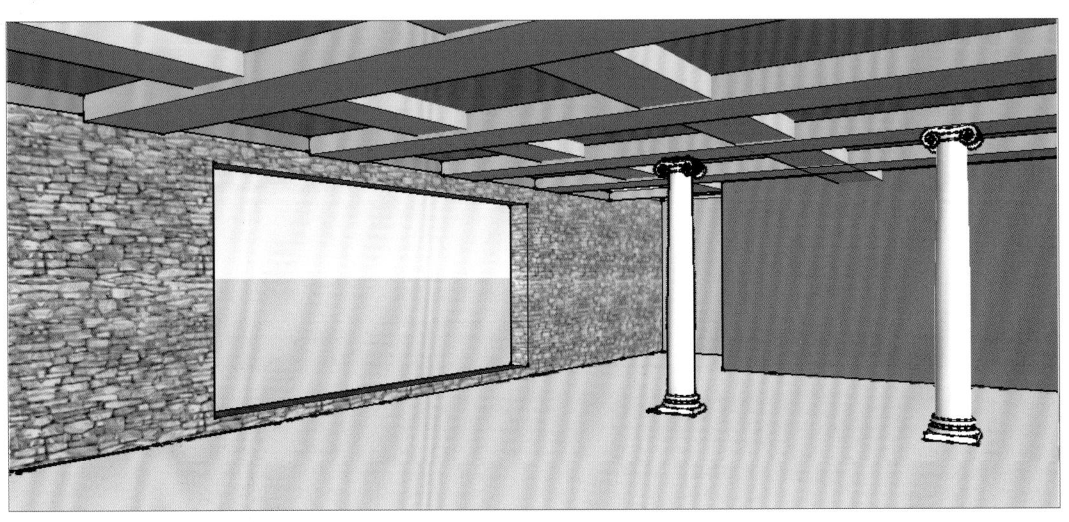
图3.30

图3.31

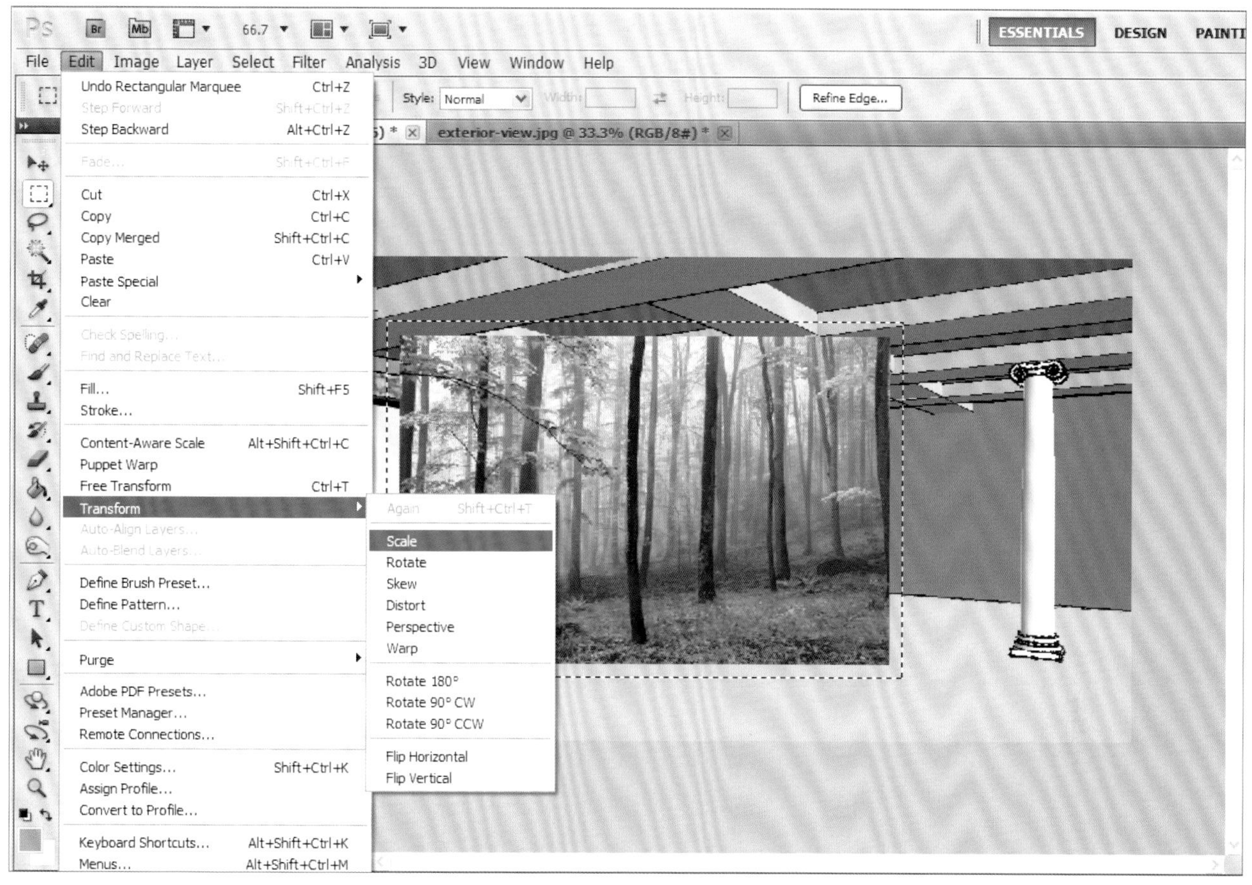

ESSENTIALS
DESIGN
File Edit Image Layer Select Filter Analysis 3D View Window Help
Undo Rectangular Marquee Ctrl+Z
Step Backward Alt+Ctrl+Z
Cut Ctrl+X
Copy Ctrl+C
Copy Merged Shift+Ctrl+C
Paste Ctrl+V
Paste Special
Clear
Fill... Shift+F5
Stroke...
Content-Aware Scale Alt+Shift+Ctrl+C
Puppet Warp
Free Transform Ctrl+T
Transform
Define Brush Preset...
Define Pattern...
Purge
Adobe PDF Presets...
Preset Manager...
Remote Connections...
Color Settings... Shift+Ctrl+K
Assign Profile...
Convert to Profile...
Keyboard Shortcuts... Alt+Shift+Ctrl+K
Menus... Alt+Shift+Ctrl+M
Scale
Rotate
Skew
Distort
Perspective
Warp
Rotate 180°
Rotate 90° CW
Rotate 90° CCW
Flip Horizontal
Flip Vertical
Style: Normal
Refine Edge...
exterior-view.jpg @ 33.3% (RGB/8#) *

图3.32

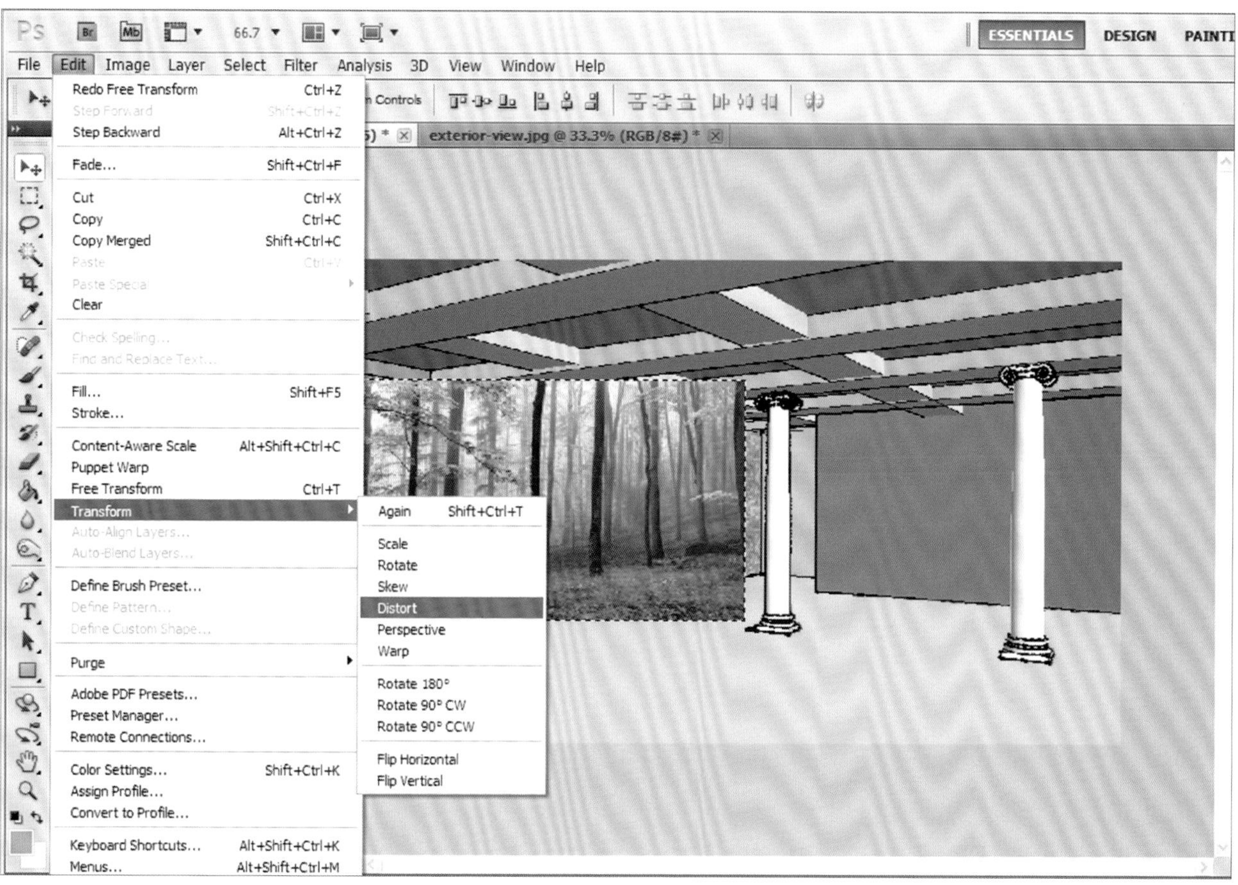

ESSENTIALS
DESIGN
File Edit Image Layer Select Filter Analysis 3D View Window Help
Redo Free Transform Ctrl+Z
Step Backward Alt+Ctrl+Z
Fade... Shift+Ctrl+F
Cut Ctrl+X
Copy Ctrl+C
Copy Merged Shift+Ctrl+C
Clear
Fill... Shift+F5
Stroke...
Content-Aware Scale Alt+Shift+Ctrl+C
Puppet Warp
Free Transform Ctrl+T
Transform
Define Brush Preset...
Purge
Adobe PDF Presets...
Preset Manager...
Remote Connections...
Color Settings... Shift+Ctrl+K
Assign Profile...
Convert to Profile...
Keyboard Shortcuts... Alt+Shift+Ctrl+K
Menus... Alt+Shift+Ctrl+M
Again Shift+Ctrl+T
Scale
Rotate
Skew
Distort
Perspective
Warp
Rotate 180°
Rotate 90° CW
Rotate 90° CCW
Flip Horizontal
Flip Vertical
exterior-view.jpg @ 33.3% (RGB/8#) *

图3.33

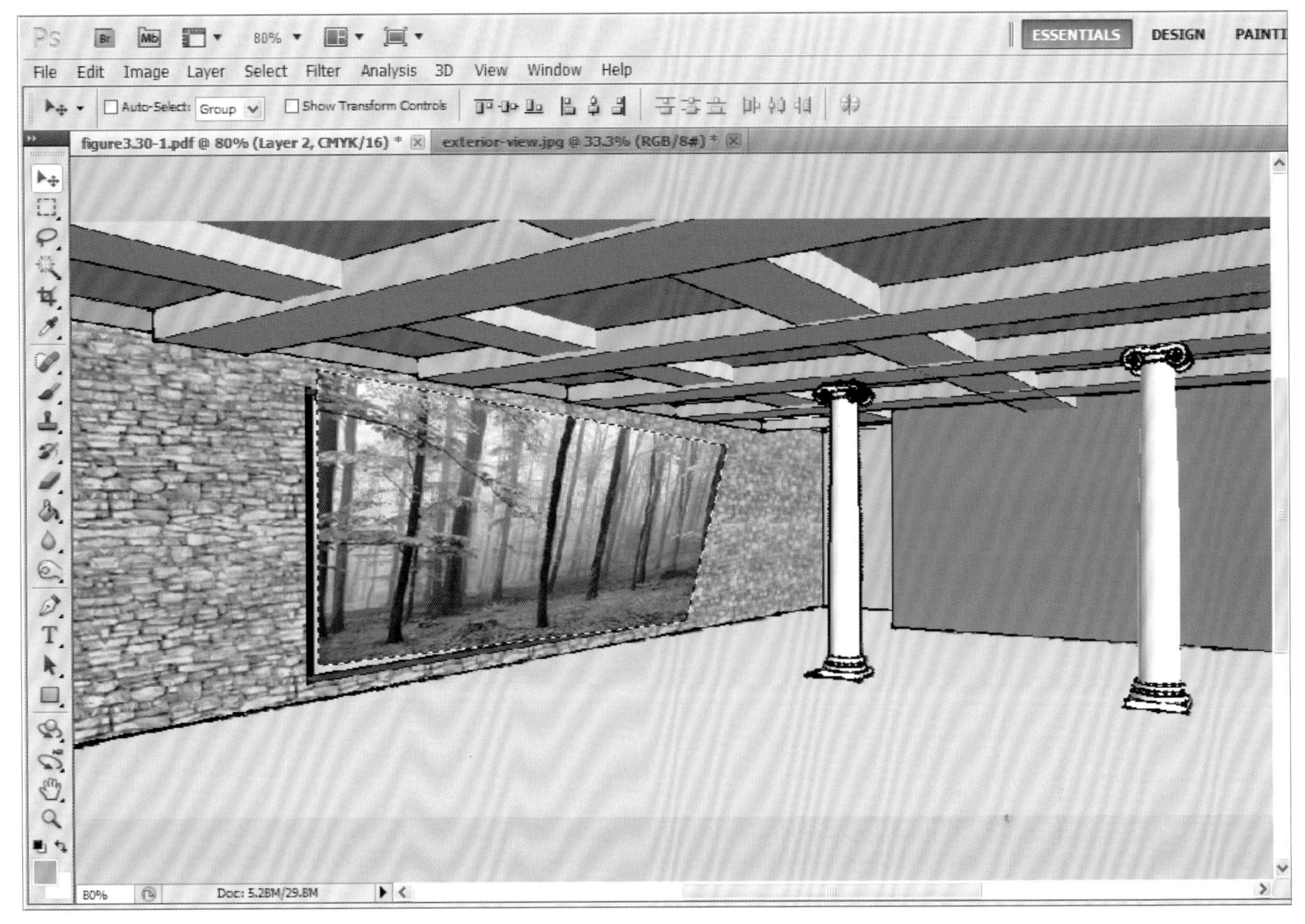
ESSENTIALS
DESIGN
File Edit Image Layer Select Filter Analysis 3D View Window Help
Auto-Select: Group
Show Transform Controls
figure3.30-1.pdf @ 80% (Layer 2, CMYK/16) *
exterior-view.jpg @ 33.3% (RGB/8#) *
80%
Doc: 5.28M/29.8M
图3.34

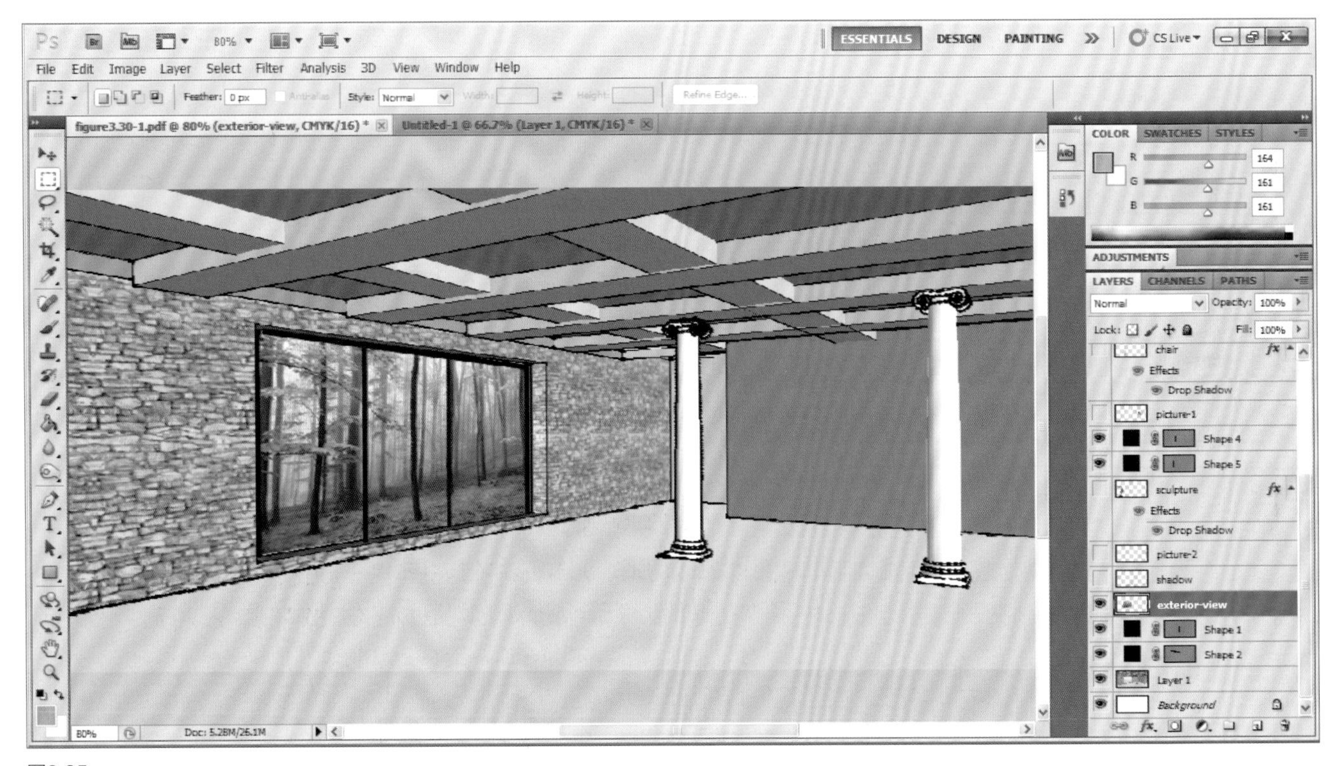
ESSENTIALS
DESIGN
PAINTING
CS Live
File Edit Image Layer Select Filter Analysis 3D View Window Help
Feather: 0 px
Style: Normal
Refine Edge...
figure3.30-1.pdf @ 80% (exterior-view, CMYK/16) *
Untitled-1 @ 66.7% (Layer 1, CMYK/16) *
COLOR SWATCHES STYLES
R 164
G 161
B 161
ADJUSTMENTS
LAYERS CHANNELS PATHS
Normal
Opacity: 100%
Lock:
Fill: 100%
chair
Effects
Drop Shadow
picture-1
Shape 4
Shape 5
sculpture
Effects
Drop Shadow
picture-2
shadow
exterior-view
Shape 1
Shape 2
Layer 1
Background
80%
Doc: 5.28M/26.1M
图3.35

添加家具至透视图

也可以使用Photoshop添加家具对象，具体步骤如下：

1. 找到并准备好需要使用的家具图像。在Photoshop中打开图像。使用Magic Wand（魔棒）工具选择背景区域，然后右键单击并选择Select Inverse（选择反向）命令，如图3.36所示。执行Edit（编辑）>Copy（拷贝）命令，复制沙发图像。
2. 打开透视图，然后执行Edit（编辑）>Paste（粘贴）命令，添加沙发图像，如图3.37所示。注意，当前沙发的透视效果与透视图并不匹配。
3. 使用Rectangular Marquee（矩形选框）工具选择沙发，然后执行Edit（编辑）>Transform（变换）>Distort（扭曲）命令，调整沙发的消失点，与空间的消失点相匹配，如图3.38所示。
4. 应用Distort（扭曲）命令后，透视图效果如图3.39所示。
5. 按下Enter键后，再按下Ctrl+D键取消选择。将图层重命名为sofa（沙发）。透视图效果如图3.40所示。
6. 添加画框、咖啡桌、椅子和雕塑至透视图中。确保各个对象位于单独的图层中。为各个对象添加投影效果，如图3.41所示。
7. 按照前面介绍的方法，使用Lasso（套索）工具和Paint Bucket（油漆桶）工具创建阴影效果，如图3.42所示。
8. 添加光照效果和人物图像至透视图中。在图3.43中，分别为后墙添加了两个Spotlight（点光），为天花板中心添加了一个Omni（全光源）。
9. 添加Omni light（全光源）的方法和添加Spotlight（点光）的方法相同。执行Filter

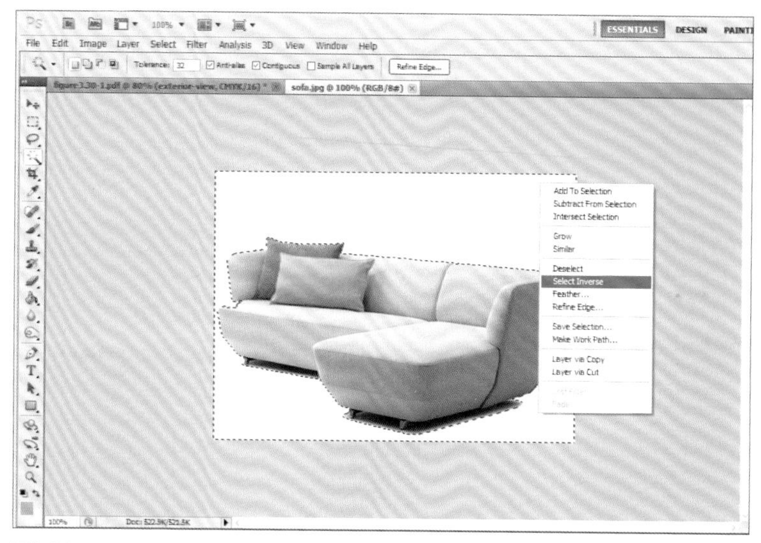

图3.36

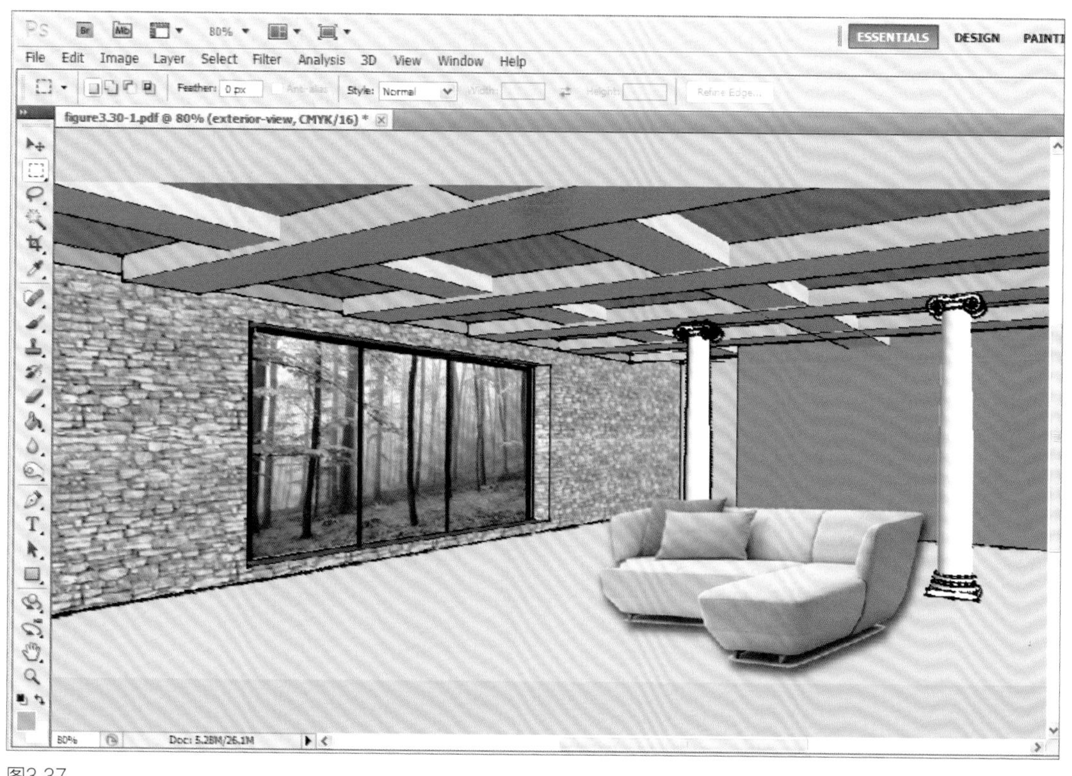

图3.37

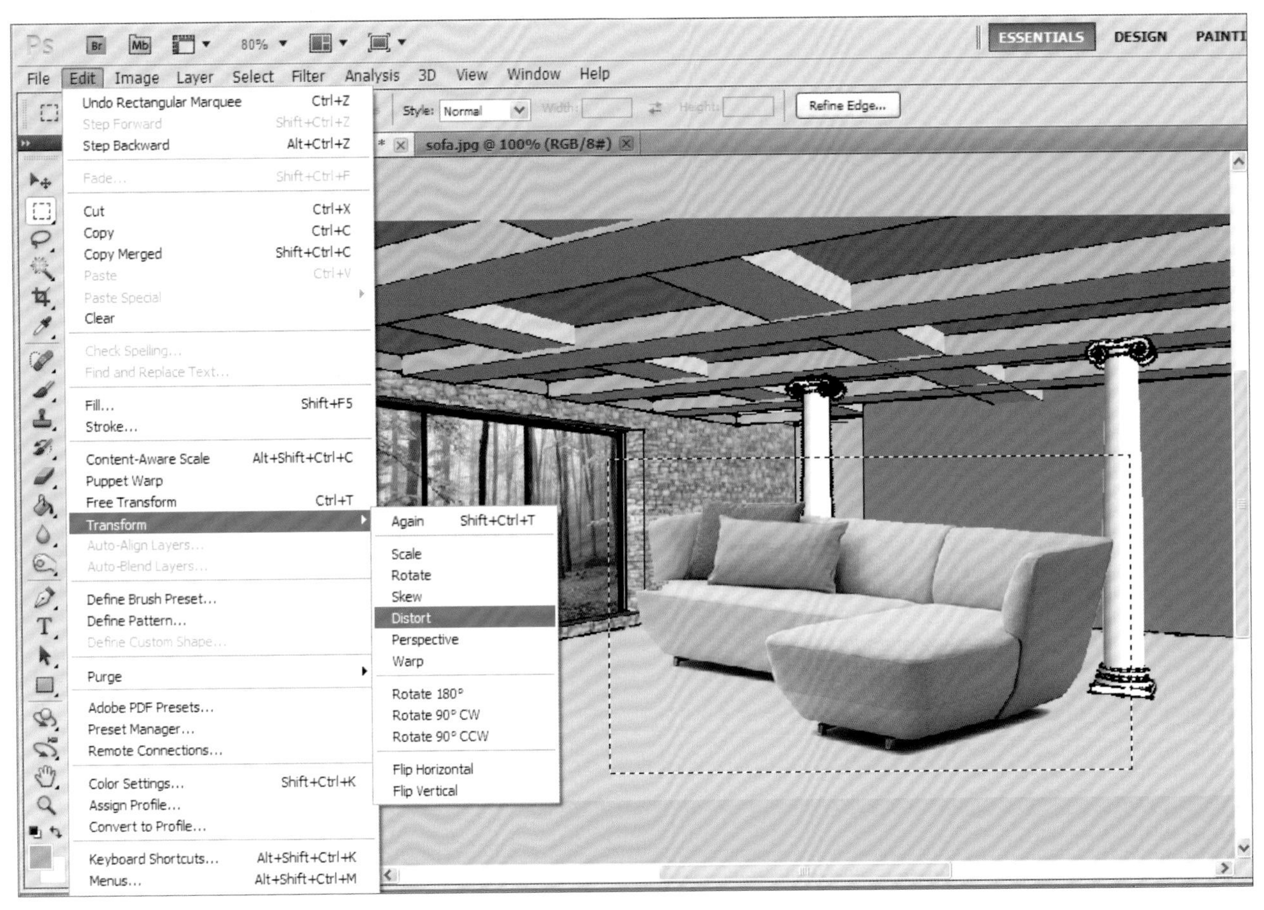

ESSENTIALS
DESIGN
PAINTI
File
Edit
Image
Layer
Select
Filter
Analysis
3D
View
Window
Help
Style: Normal
Refine Edge...
sofa.jpg @ 100% (RGB/8#)
Undo Rectangular Marquee Ctrl+Z
Step Forward Shift+Ctrl+Z
Step Backward Alt+Ctrl+Z
Fade... Shift+Ctrl+F
Cut Ctrl+X
Copy Ctrl+C
Copy Merged Shift+Ctrl+C
Paste Ctrl+V
Paste Special
Clear
Check Spelling...
Find and Replace Text...
Fill... Shift+F5
Stroke...
Content-Aware Scale Alt+Shift+Ctrl+C
Puppet Warp
Free Transform Ctrl+T
Transform
Auto-Align Layers...
Auto-Blend Layers...
Define Brush Preset...
Define Pattern...
Define Custom Shape...
Purge
Adobe PDF Presets...
Preset Manager...
Remote Connections...
Color Settings... Shift+Ctrl+K
Assign Profile...
Convert to Profile...
Keyboard Shortcuts... Alt+Shift+Ctrl+K
Menus... Alt+Shift+Ctrl+M
Again Shift+Ctrl+T
Scale
Rotate
Skew
Distort
Perspective
Warp
Rotate 180°
Rotate 90° CW
Rotate 90° CCW
Flip Horizontal
Flip Vertical

图3.38

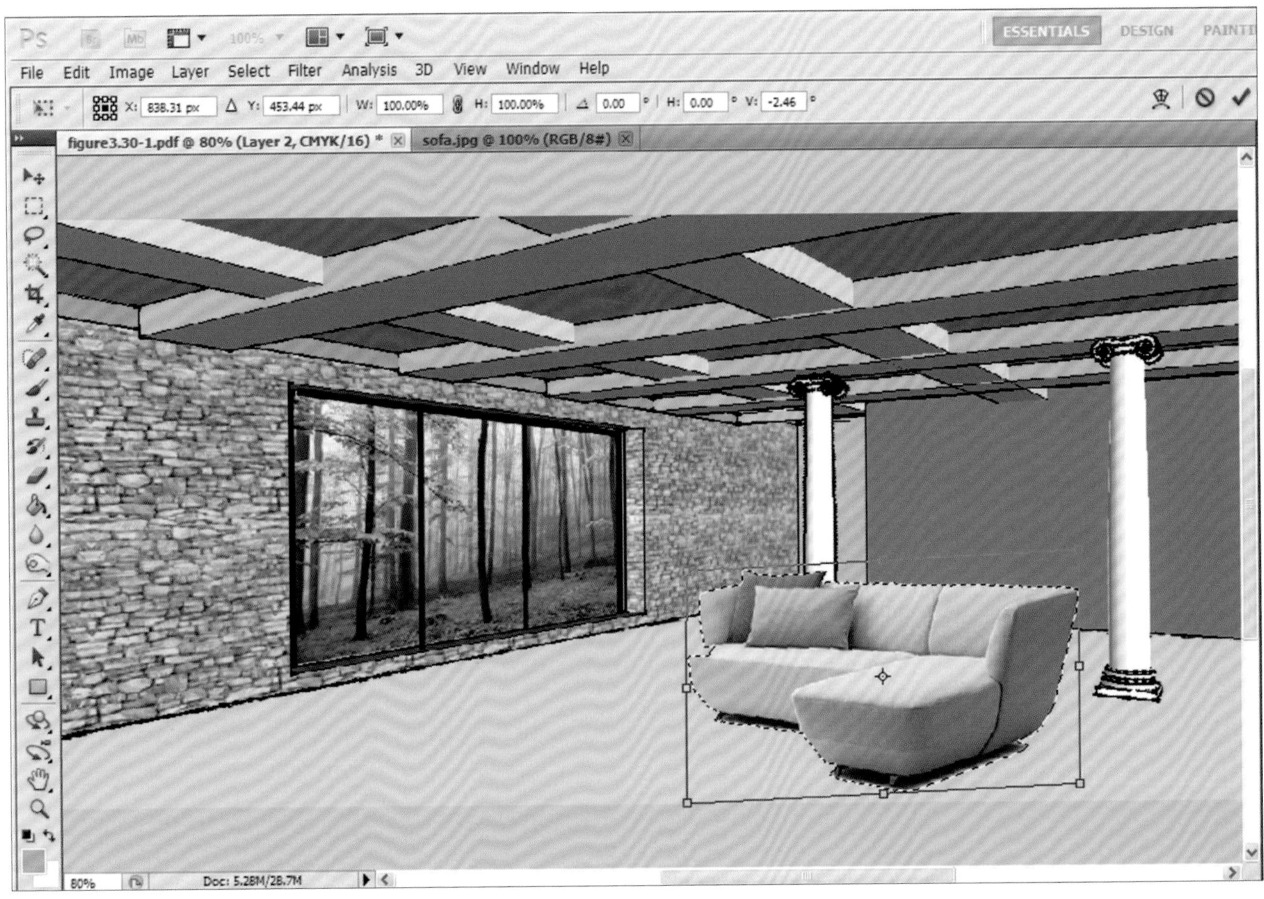

ESSENTIALS
DESIGN
PAINTI
File
Edit
Image
Layer
Select
Filter
Analysis
3D
View
Window
Help
X: 838.31 px
Y: 453.44 px
W: 100.00%
H: 100.00%
0.00
H: 0.00
V: -2.46
figure3.30-1.pdf @ 80% (Layer 2, CMYK/16) *
sofa.jpg @ 100% (RGB/8#)
80%
Doc: 5.28M/28.7M

图3.39

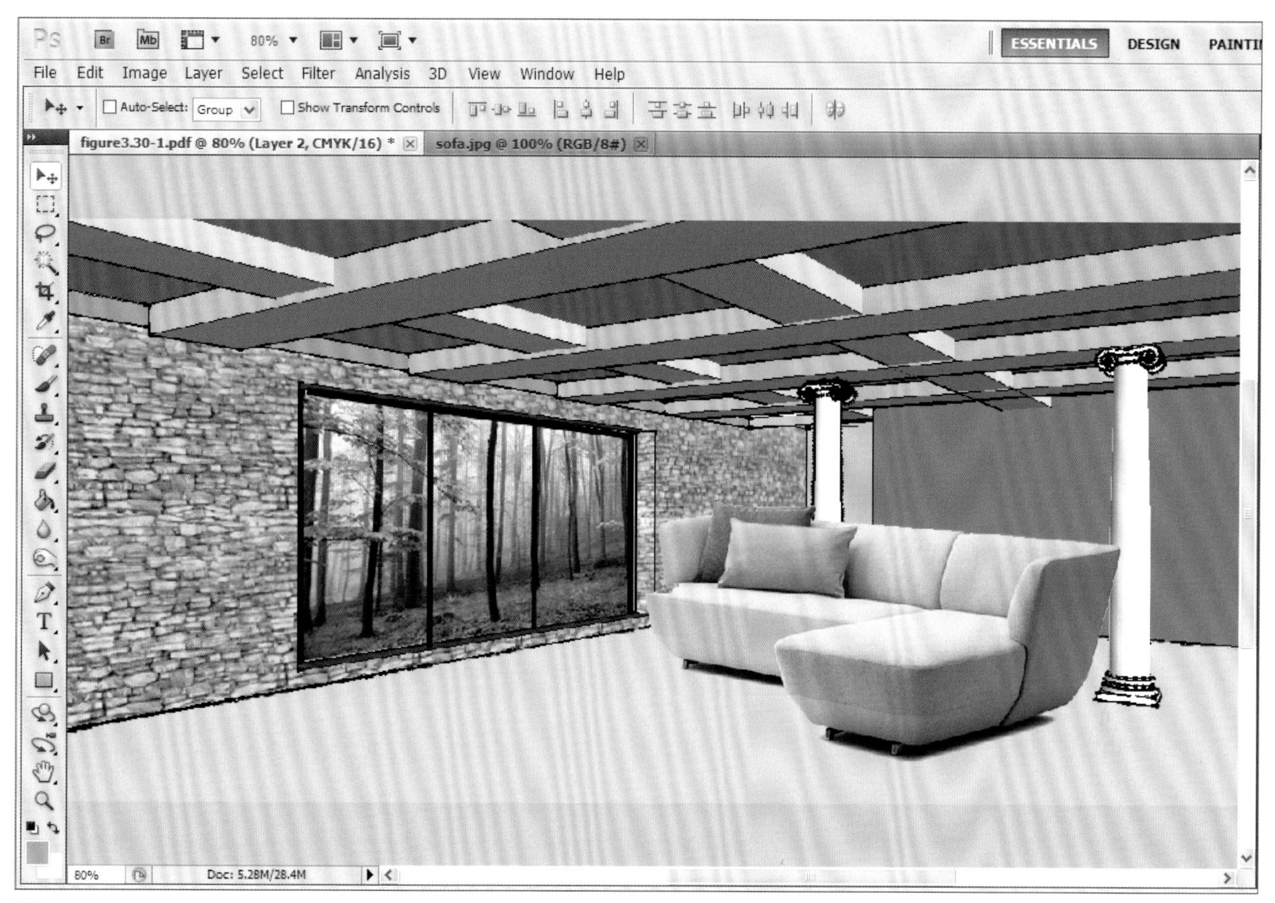
ESSENTIALS
DESIGN
File Edit Image Layer Select Filter Analysis 3D View Window Help
Auto-Select: Group
Show Transform Controls
figure3.30-1.pdf @ 80% (Layer 2, CMYK/16) *
sofa.jpg @ 100% (RGB/8#)
80%
Doc: 5.28M/28.4M
图3.40

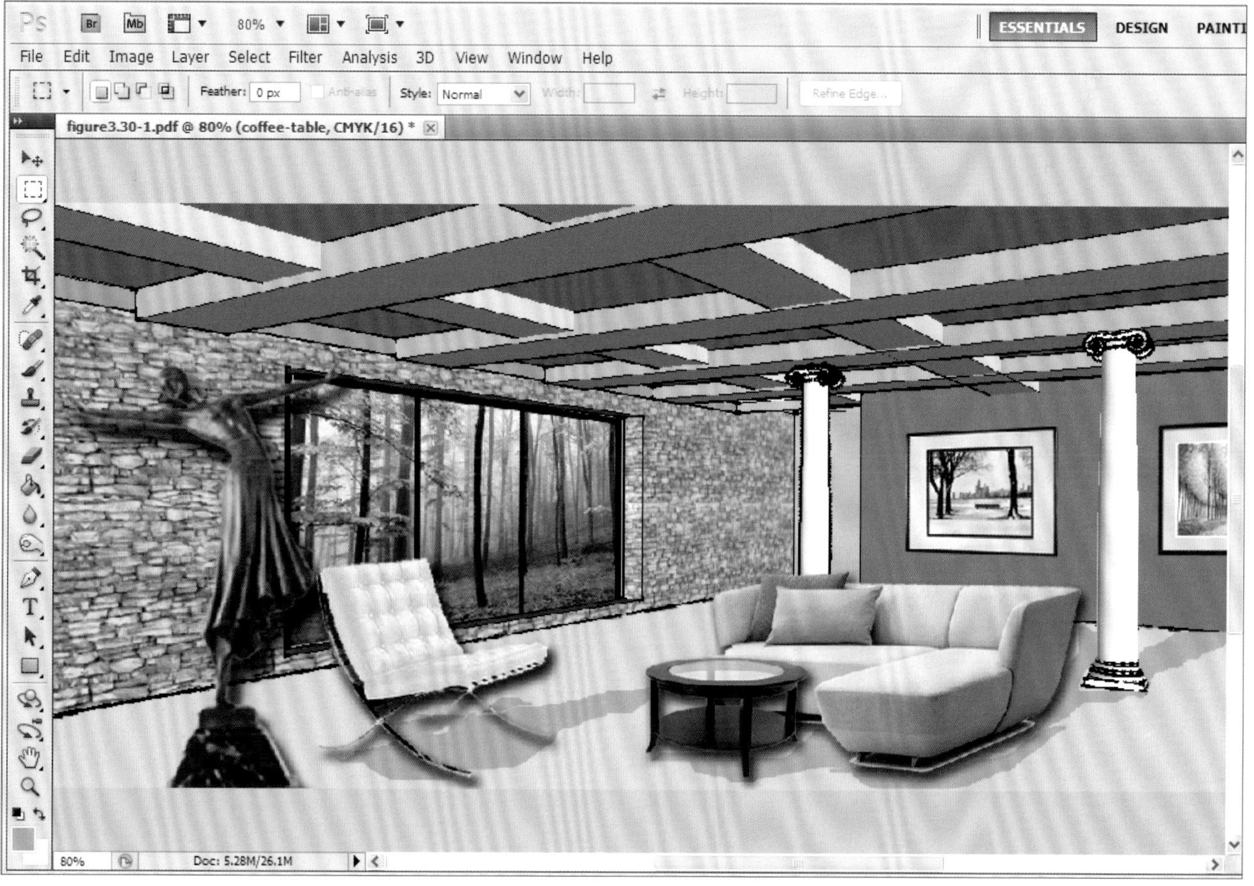
ESSENTIALS
DESIGN
File Edit Image Layer Select Filter Analysis 3D View Window Help
Feather: 0 px
Style: Normal
figure3.30-1.pdf @ 80% (coffee-table, CMYK/16) *
80%
Doc: 5.28M/26.1M
图3.41

ESSENTIALS
DESIGN
File Edit Image Layer Select Filter Analysis 3D View Window Help
Feather: 0 px
Style: Normal
Refine Edge...
figure3.30-1.pdf @ 80% (coffee-table, CMYK/16)
80%
Doc: 5.28M/26.1M

图3.42

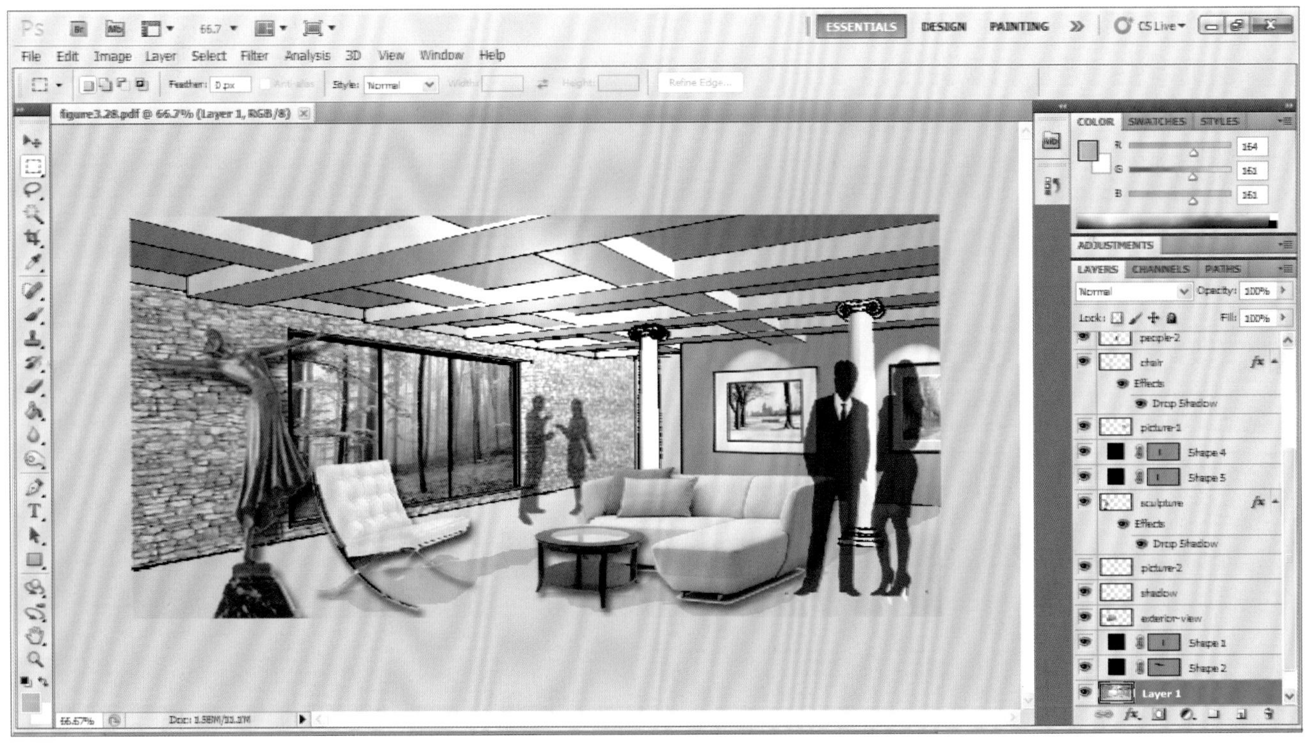
ESSENTIALS
DESIGN
PAINTING
CS Live
File Edit Image Layer Select Filter Analysis 3D View Window Help
Feather: 0 px
Style: Normal
figure3.28.pdf @ 66.7% (Layer 1, RGB/8)
COLOR SWATCHES STYLES
ADJUSTMENTS
LAYERS CHANNELS PATHS
Normal
Opacity: 100%
Fill: 100%
people-2
chair
Effects
Drop Shadow
picture-1
Shape 4
Shape 5
sculpture
Effects
Drop Shadow
picture-2
shadow
exterior-view
Shape 1
Shape 2
Layer 1
66.67%

图3.43

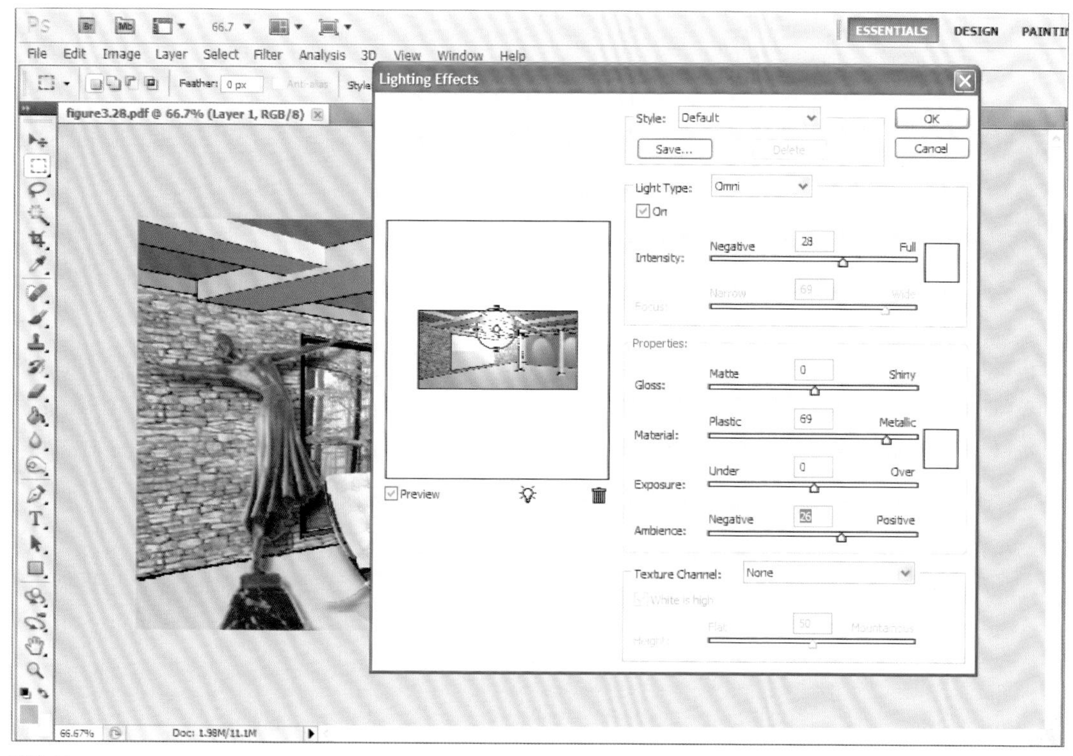

图3.44

（滤镜）>Render（渲染）>Lighting Effects（光照效果）命令，之后在对话框的Light Type（光照类型）下拉列表中选择Omni（全光源）即可，如图3.44所示。根据需要调整Intensity（强度）和Ambience（环境）参数值。

应用等轴视图

使用等轴视图是呈现三维空间关系的另一种方式。等轴视图和透视图之间的区别在于消失点。等轴视图没有消失点，所有的线条都是平行的。而在透视图中，有一个或两个消失点。图3.45是一张在Trimble SketchUp中创建，在Photoshop中完成的等轴视图。应用等轴视图的步骤如下：

1. 在Trimble SketchUp中创建等轴视图。将图形保存为JPG或PDF格式文件，如图3.46所示。
2. 按照上一个案例介绍的方法，将画框图像添加到墙壁上。
3. 按照上一个案例介绍的方法，将人物图像添加到空间中。一定要注意图像的尺寸。
4. 如果需要，为墙壁应用颜色和材质。添加材质的详细步骤将在下一章介绍。

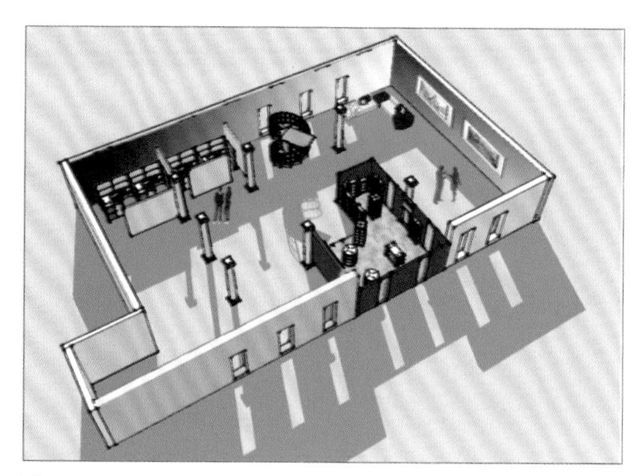

图3.45

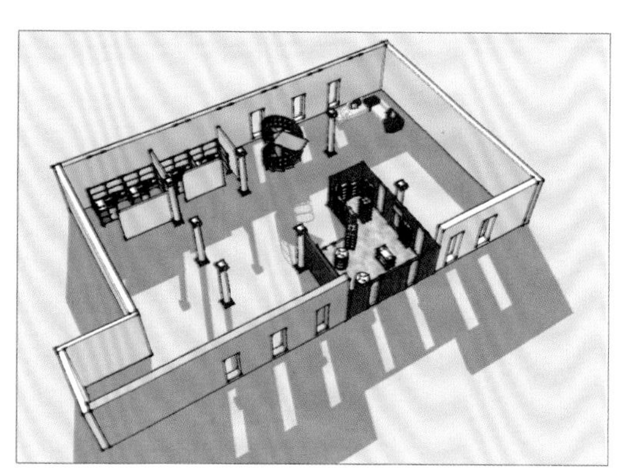

图3.46

概要

在本章中，使用Photoshop创建了透视图和等轴视图，并进行了优化完善。初始的3D模型是在SketchUp中创建的，并保存为PDF格式文件。介绍了使用Photoshop增强和改进透视图和等轴视图的方法，包括如下操作：

- 将画框图片导入透视图中
- 创建投影效果
- 在地板上创建阴影效果
- 将人物图像添加到透视图中
- 将轨道灯具导入透视图中
- 在透视图中添加光照效果
- 在透视图中添加室外景观
- 将家具添加到透视图中
- 完善等轴视图

关键术语

- Ambience（环境）
- Clone Stamp（仿制图章）工具
- Drop Shadow（投影）图层样式
- Edit（编辑）>Transform（变形）>Distort（扭曲）
- Edit（编辑）>Transform（变换）>Perspective（透视）
- Filter（滤镜）>Render（渲染）>Lighting Effects（光照效果）
- Focus（聚焦）
- Intensity（强度）
- Lasso（套索）工具
- Omni（全光源）
- Spotlight（点光）

项目练习

1. 使用与本书配套的网站所提供的透视图http://www.bloomsbury.com/us/photoshop-for-interior-designer-9781609015442/（相关资源请加封底读者QQ群下载获取），添加家具、灯具对象，并应用Photoshop中的光照效果。也可以将人物图像添加到透视图中。
2. 使用与本书配套的网站所提供的等轴视图，在Photoshop中添加家具、画框和人物图像。
3. 使用您正在开展的工作项目，在Photoshop中为透视图添加家具、光照效果和人物图像。

4

应用材质

本章介绍使用Photoshop在图形中添加材质的技巧。使用3D软件，想要创建材质和灯光效果逼真的效果图可能需要花费很长的时间，但其实可以采用更有效的方式。本章介绍了一种将效果逼真的材质应用于透视效果图的快捷、独特的方法。这是一种手动方法，能够为操控Photoshop中的材质提供更多的灵活性。这种方法的关键就是初始3D模型的透视和尺寸要相匹配。确保应用于3D模型上的材质图像能够与透视图的透视和尺寸相匹配，是至关重要的。

将材质应用于透视图的地板上

图4.1是一张已使用Photoshop进行优化的零售空间透视图。初始透视图是在Trimble SketchUp中创建的，如图4.2所示。地板材质、画框和人物图像将在Photoshop中添加。

在地板上应用材质的步骤如下：

1. 找到并准备好需要使用的地板材质图像。
2. 在Photoshop中打开TIFF格式的透视图，如图4.2所示。
3. 使用Paint Bucket（油漆桶）工具填充墙壁为白色，从而在图形中形成对比，如图4.3所示。
4. 创建一个新的图层，命名为fill（填充）。然后使用Gradient Fill（渐变填充）工具，在天花板区域填充灰色，在图形中形成对比，如图4.4所示。
5. 在Photoshop中打开木制地板材质图像。使用Rectangular Marquee（矩形选框）工具选择材质图像。然后执行Edit（编辑）> Transform（变换）>Distort（扭曲）命令，调整木制地板材质图像的透视，效果如图4.5所示。
6. 拖动小方框，调整地板材质图像的透视，以匹配图形的透视效果，如图4.6所示。
7. 调整完透视效果后，执行Edit（编辑）> Copy（拷贝）命令，复制地板材质，如图4.7所示。
8. 打开透视图。使用Magic Wand（魔棒）工具选择地板区域。然后执行Edit（编辑）>

图4.1

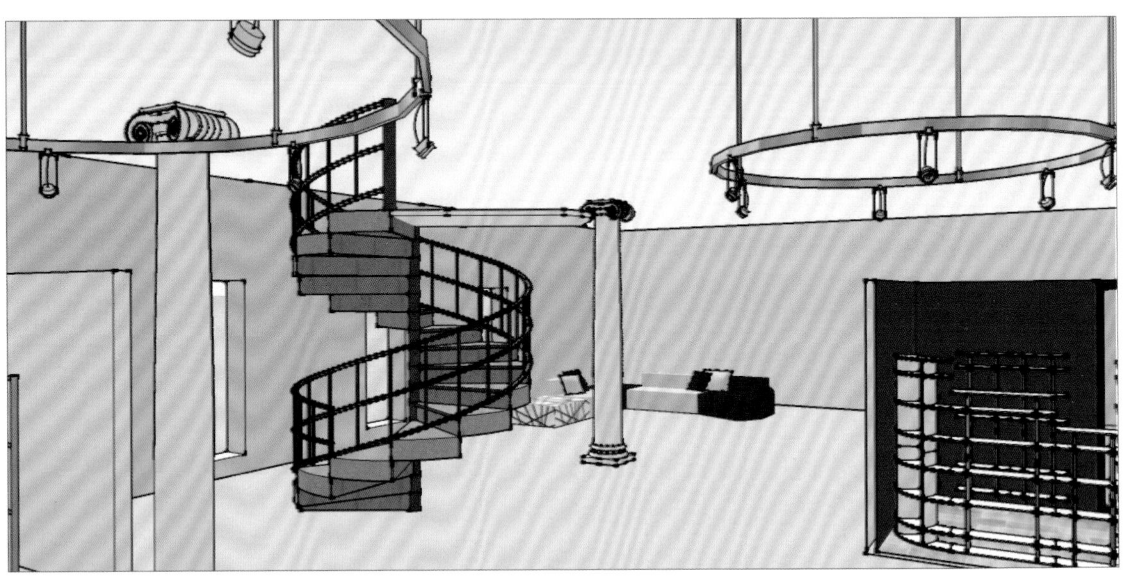

图4.2

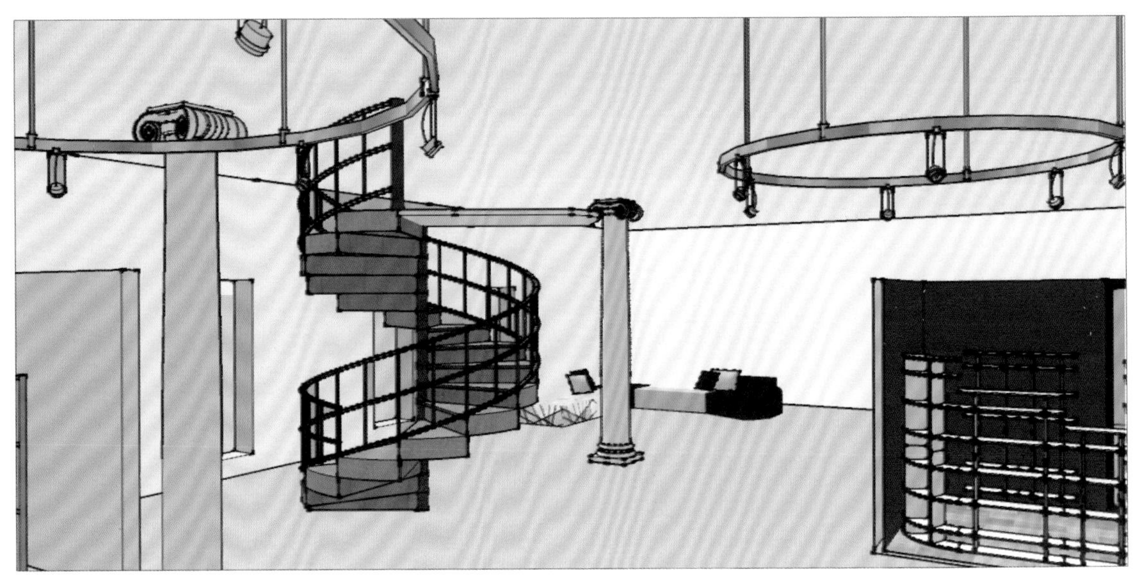

图4.3

Paste Special（选择性粘贴）>Paste Into（贴入）命令，如图4.8所示。

9. 粘贴地板材质后，图形效果如图4.9所示。

10. 有时候，由于材质文件不够大，无法一次性全覆盖整个地板区域，此时可能需要多次为地板应用材质。在这种情况下，可以使用Magic Wand（魔棒）工具再次选择地板区域，然后执行Edit（编辑）>Paste Special（选择性粘贴）>Paste Into（贴入）命令，为其余地板区域应用材质。图像效果如图4.10所示。

11. 在透视图中添加一个画框图像和人物图像。将画框和人物分别放在单独的图层中。在导入画框和人物图像后，图形效果如图4.11所示。

12. 需要注意的是，当使用Magic Wand（魔棒）工具选择应用材料的区域时，要确保已经激活background（背景）图层，如图4.11所示。否则，将无法选中需要的区域。

图4.4

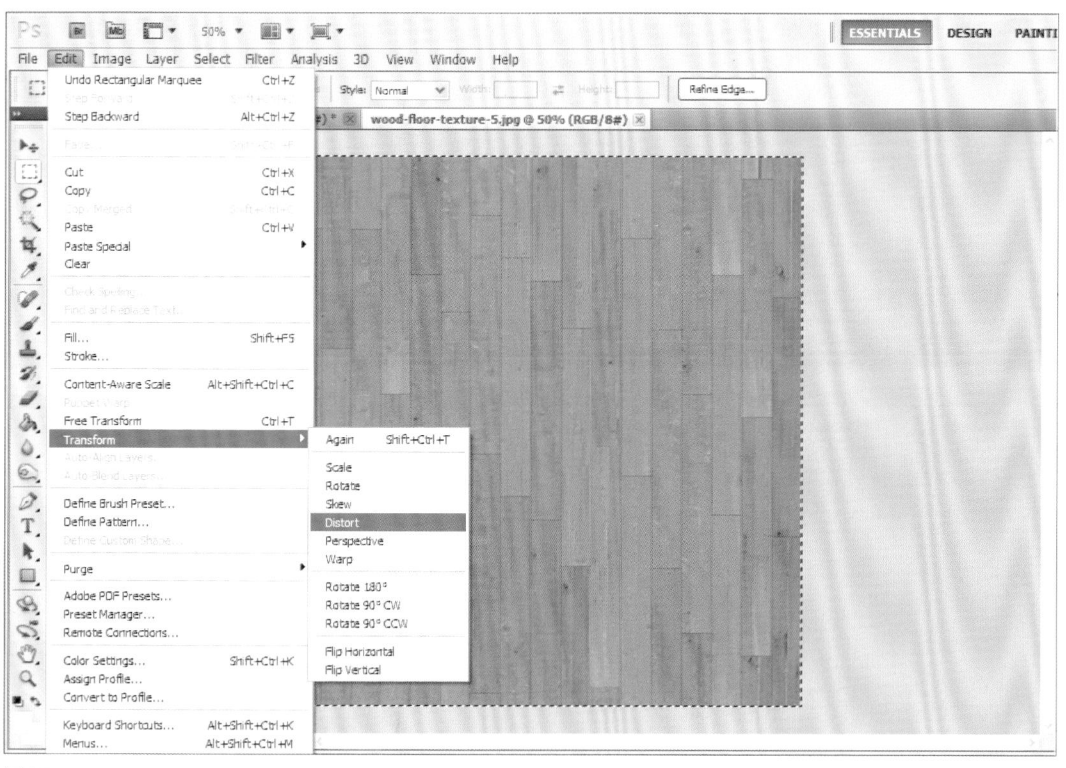

图4.5

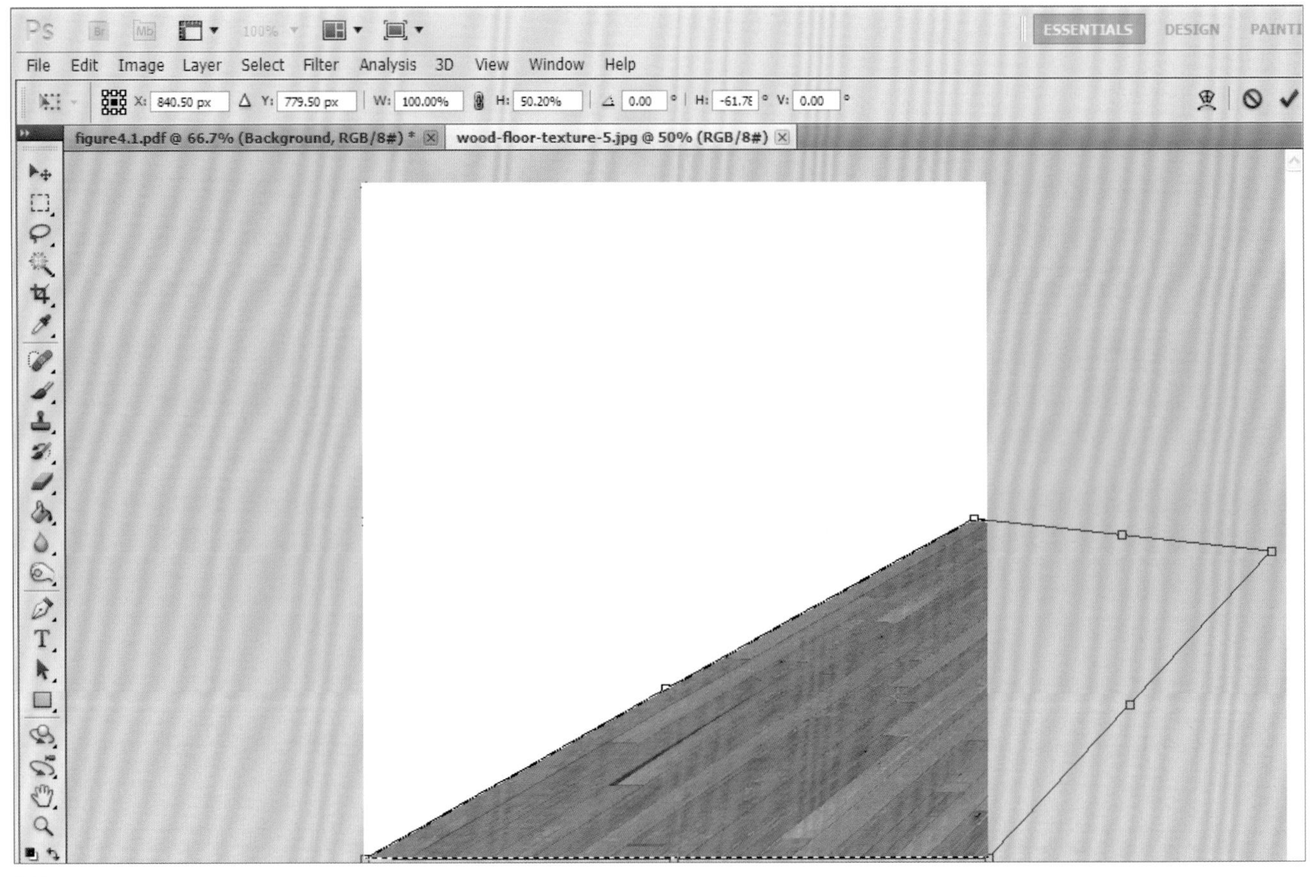
ESSENTIALS
DESIGN
PAINTI
File Edit Image Layer Select Filter Analysis 3D View Window Help
X: 840.50 px
Y: 779.50 px
W: 100.00%
H: 50.20%
0.00
H: -61.78
V: 0.00
figure4.1.pdf @ 66.7% (Background, RGB/8#) *
wood-floor-texture-5.jpg @ 50% (RGB/8#)
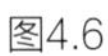

图4.6

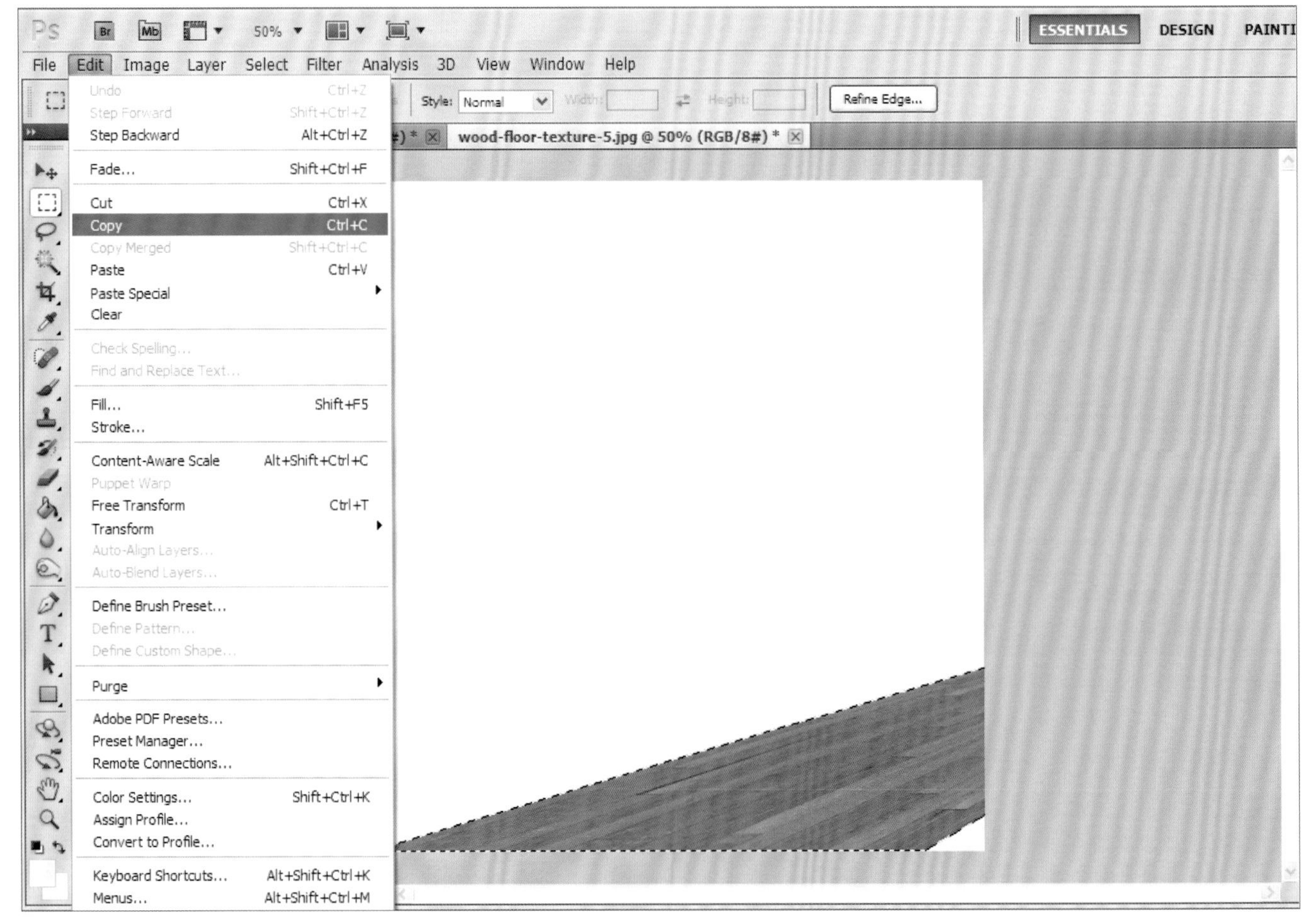
50%
ESSENTIALS
DESIGN
PAINTI
File Edit Image Layer Select Filter Analysis 3D View Window Help
Style: Normal
Width:
Height:
Refine Edge...
wood-floor-texture-5.jpg @ 50% (RGB/8#) *
Undo Ctrl+Z
Step Forward Shift+Ctrl+Z
Step Backward Alt+Ctrl+Z
Fade... Shift+Ctrl+F
Cut Ctrl+X
Copy Ctrl+C
Copy Merged Shift+Ctrl+C
Paste Ctrl+V
Paste Special
Clear
Check Spelling...
Find and Replace Text...
Fill... Shift+F5
Stroke...
Content-Aware Scale Alt+Shift+Ctrl+C
Puppet Warp
Free Transform Ctrl+T
Transform
Auto-Align Layers...
Auto-Blend Layers...
Define Brush Preset...
Define Pattern...
Define Custom Shape...
Purge
Adobe PDF Presets...
Preset Manager...
Remote Connections...
Color Settings... Shift+Ctrl+K
Assign Profile...
Convert to Profile...
Keyboard Shortcuts... Alt+Shift+Ctrl+K
Menus... Alt+Shift+Ctrl+M

图4.7

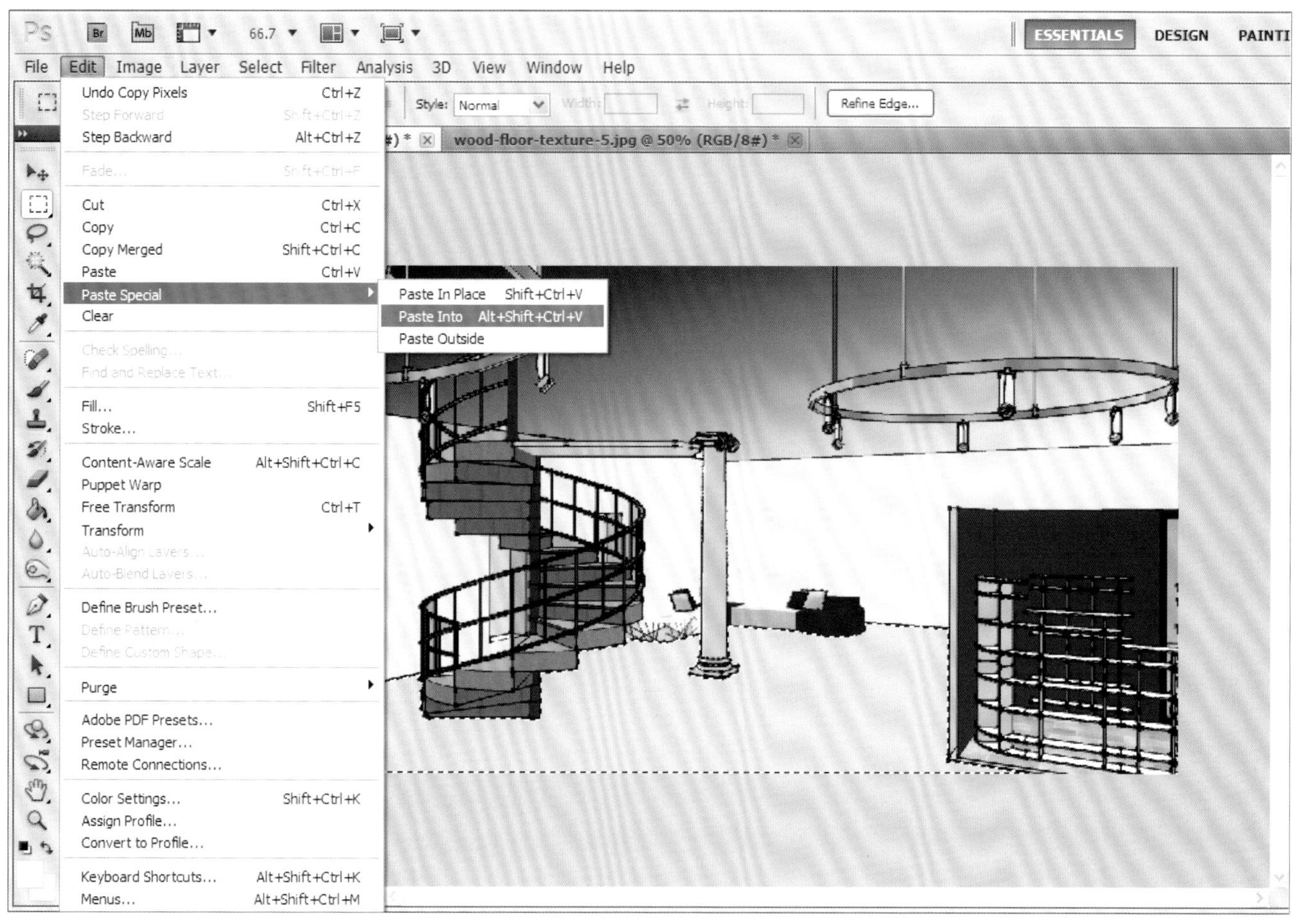

图4.8

为透视图中的墙壁应用材质①

图4.12是已经在Photoshop中优化的另一张零售空间透视图。初始的透视图是在Trimble SketchUp中创建的，如图4.13所示。使用Photoshop添加墙壁材质、画框和人物图像。

为墙壁添加材质的步骤如下：

1. 找到并准备好需要使用的墙壁材质图像。
2. 在Photoshop中打开TIF格式的透视图，如图4.13所示。
3. 使用Paint Bucket（油漆桶）工具填充墙壁为白色，从而在图形中形成对比。使用Gradient Fill（渐变工具）将天花板区域填充为灰色，如图4.14所示。
4. 在Photoshop中打开墙壁材质图像。执行Edit（编辑）>Transform（变换）>Scale（缩放）命令，缩小材质图像，如图4.15所示。
5. 在缩小材质图像后，执行Edit（编辑）>Copy（拷贝）命令，复制墙壁材质图像，如图4.16所示。

图4.9

图4.10

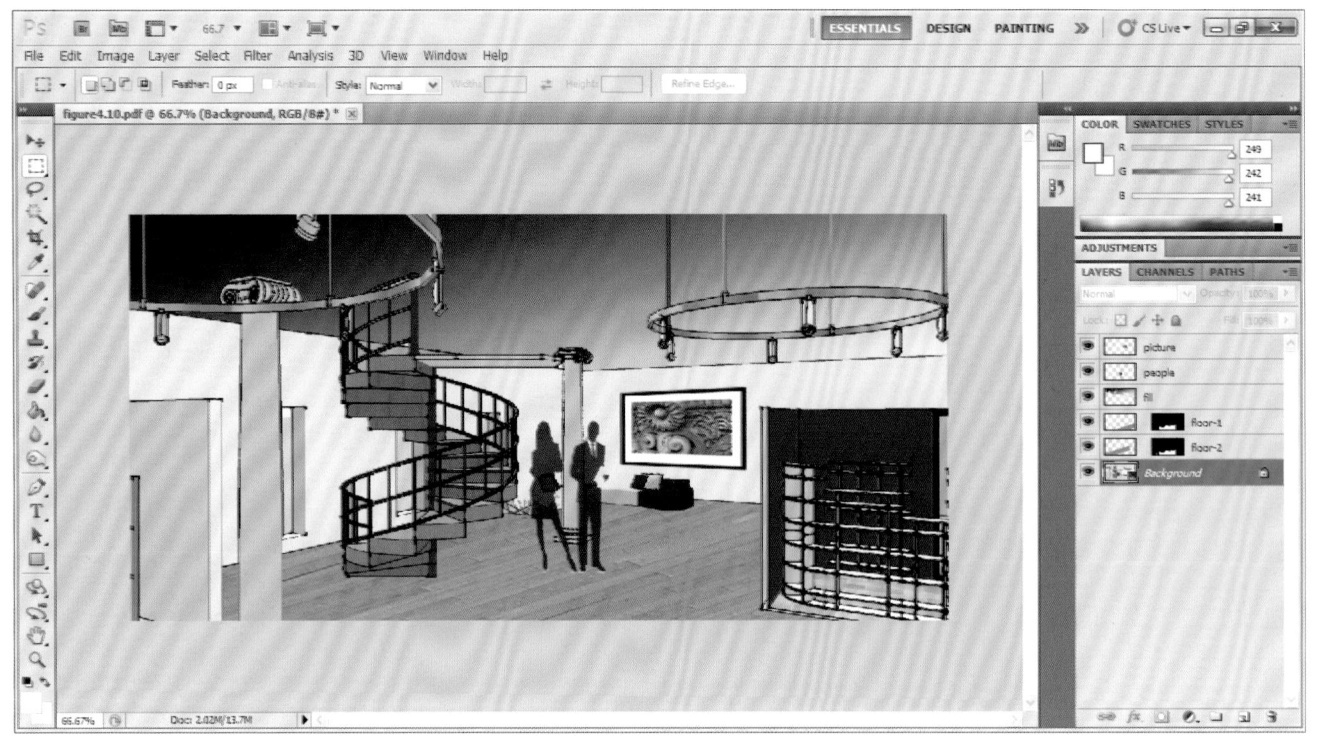

图4.11

图4.12

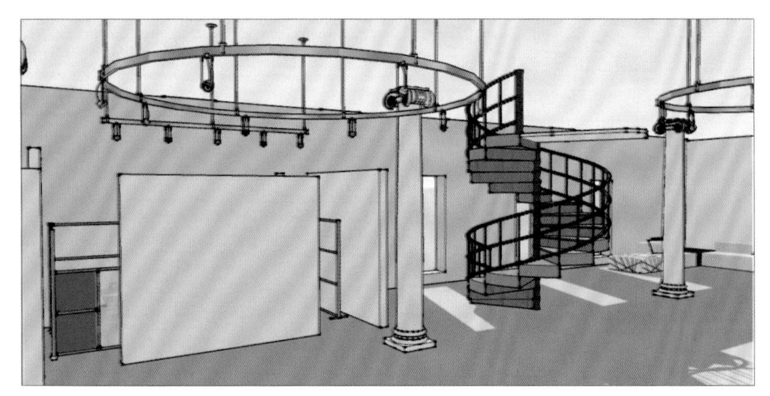

图4.13

6. 在Photoshop中打开透视图。使用Magic Wand（魔棒）工具选择墙壁区域。执行Edit（编辑）>Paste Special（选择性粘贴）>Paste Into（贴入）命令，粘贴墙壁材质图像。图形效果如图4.17所示。
7. 使用Rectangular Marquee（矩形选框）工具选择墙壁材质图像。执行Edit（编辑）>Transform（变换）>Distort（扭曲）命令，拖动小方框调整墙壁材质图像的透视效果，如图4.18所示。
8. 执行Edit（编辑）>Transform（变换）>Scale（缩放）命令和Edit（编辑）>Transform（变换）>Distort（扭曲）命令，调整墙壁材质的尺寸和透视，以适合墙壁形状，如图4.19所示。
9. 创建一个新图层，命名为fill（填充）。使用Paint Bucket（油漆桶）工具填充墙壁为红色，如图4.20所示。
10. 为画框和人物图像创建两个新的图层。将人物图像导入透视图后，使用Paint Bucket（油漆桶）工具将人物图像填充为白色，如图4.21所示。也可以调整人物图像的不透明度。

图4.14

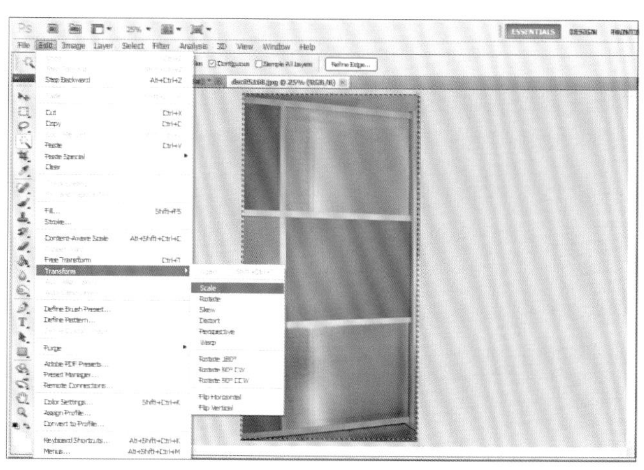

图4.15

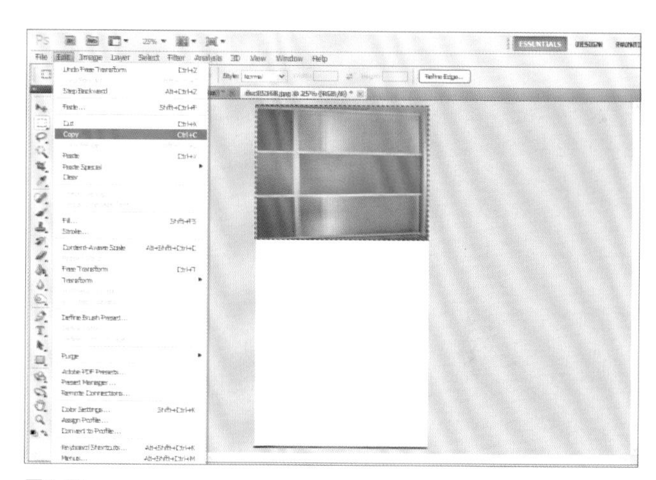

图4.16

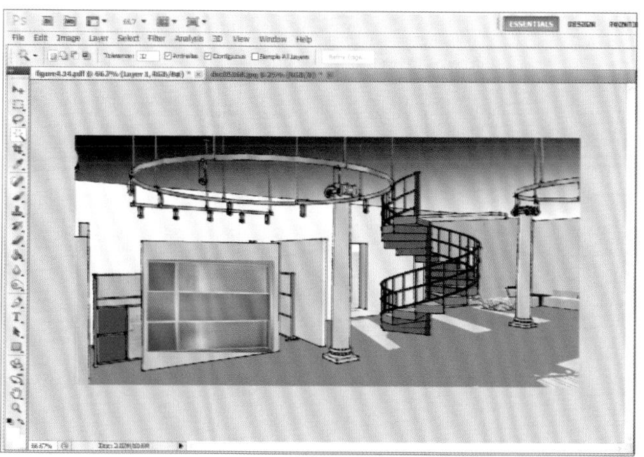

图4.17

图4.18

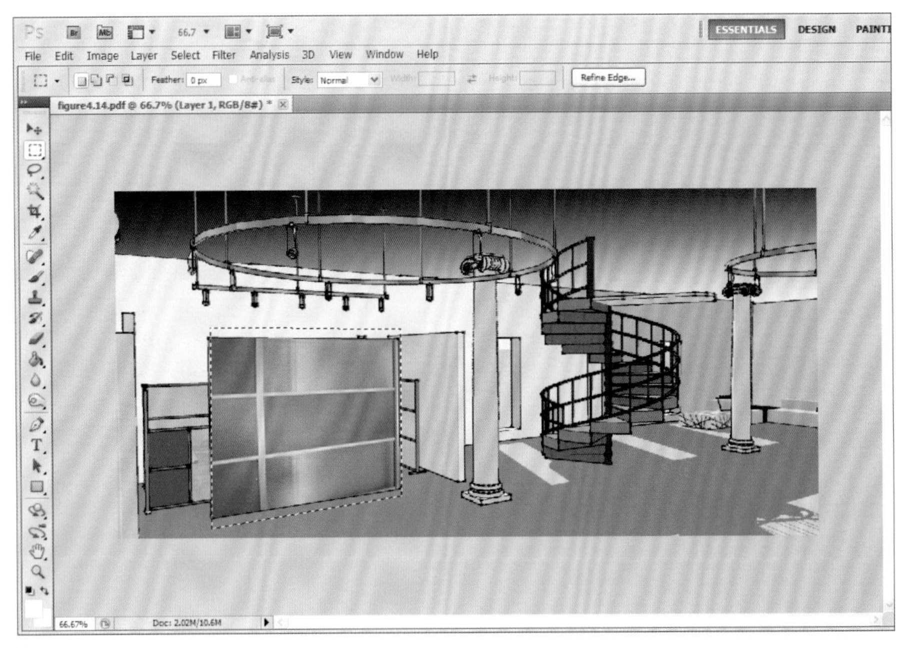

图4.19

图4.20

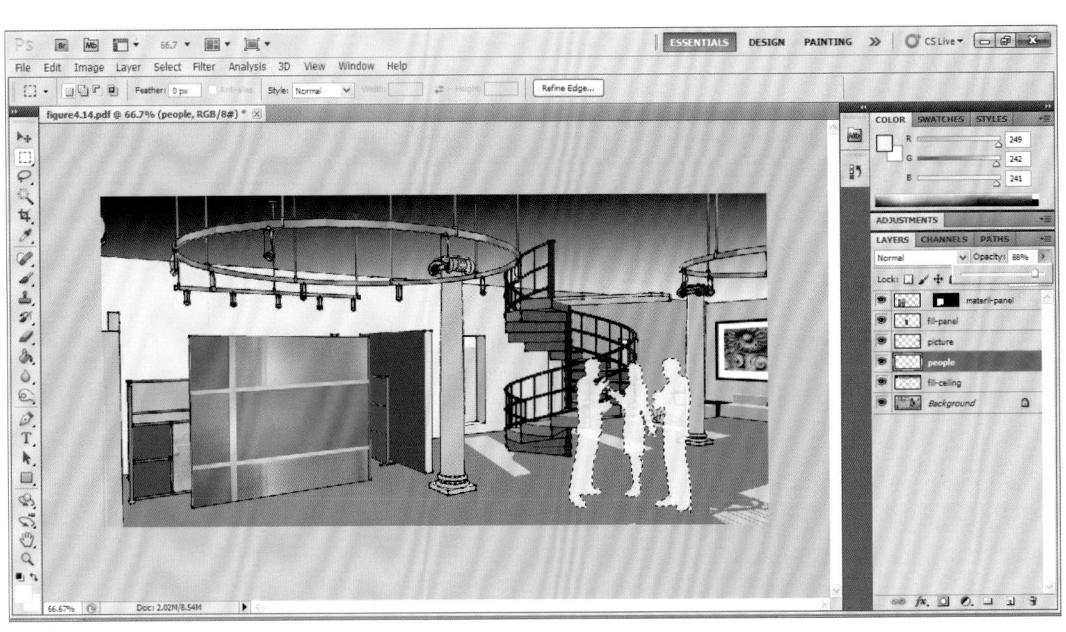

图4.21

为透视图中的墙壁应用材质②

图4.22是已经在Photoshop中优化的另一张零售空间透视图。初始透视图是在Trimble SketchUp中创建的，如图4.23所示。木制墙壁材质、家具、壁纸和人物图像以及室外景观将使用Photoshop添加。

为墙壁添加材质的步骤如下：

1. 找到并准备好需要使用的墙壁材质图像。
2. 在Photoshop中打开TIF格式的透视图，如图4.23所示。
3. 使用Gradient（渐变填充）工具将天花板区域填充为灰色，如图4.24所示。
4. 在Photoshop中打开墙壁材质图像。使用Rectangular Marquee（矩形选框）工具选择墙壁材质图像。然后执行Edit（编辑）>Copy（拷贝）命令，复制墙壁材质图像，如图4.25所示。
5. 在Photoshop中打开透视图。使用Magic Wand（魔棒）工具选择需要添加墙壁材质的区域。然后执行Edit（编辑）>Paste Special（选择性粘贴）>Paste Into（贴入）命令，粘贴墙壁材料，如图4.26所示。
6. 将墙壁材料粘贴到墙壁上之后，使用Rectangular Marquee（矩形选框）工具选择墙壁材质图像。然后执行Edit（编辑）>Transform（变换）>Perspective（透视）命令，调整材质的透视效果，使其与图形相匹配。这里可以拖动小方框来调整透视，如图4.27所示。
7. 也可以执行Edit（编辑）>Transform（变换）>Scale（缩放）命令来放大材质图像以适合墙壁尺寸。如果需要移动材质图像，则可以使用Move（移动）工具移动材质到所需位置即可，如图4.28所示。调整好应用到3D模型上的材质图像的透视和尺寸是非常重要的。
8. 再次使用Magic Wand（魔棒）工具选择区域。然后执行Edit（编辑）>PasteSpecial（选择性粘贴）>Paste Into（贴入）命令，将墙壁材质粘贴到该区域的其余部分。可以使用上述相同的方法来调整材质的尺寸和透视效果，如图4.29所示。
9. 在Photoshop中打开桦树壁纸图像。使用Rectangular Marquee（矩形选框）工具选择桦树壁纸图像，然后执行Edit（编辑）>Copy（拷贝）命令，复制图像，效果如图4.30所示。
10. 在Photoshop中打开透视图。使用Magic Wand（魔棒）工具选择需要粘贴桦树壁纸图像的区域。按住Shift键不放，选择多个区域。然后执行Edit（编辑）> Special（选择性粘贴）>Paste Into（贴入）命令，粘贴壁纸图像。图形效果如图4.31所示。由于桦树壁纸具有重复图案效果，因此，这里确保以正确的视图和尺寸重复是非常重要的。

图4.22

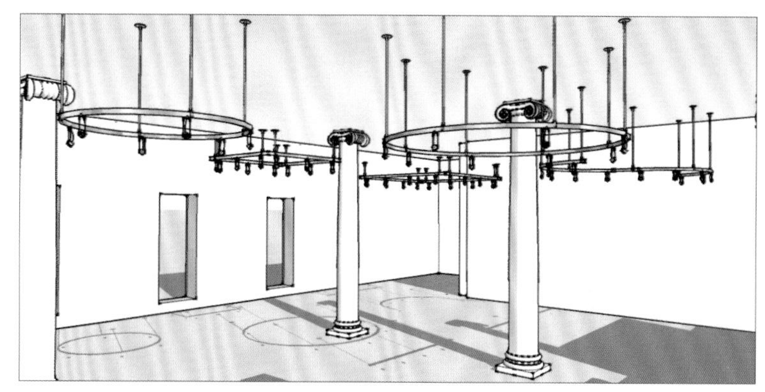

图4.23

图4.24

11. 使用Rectangular Marquee（矩形选框）工具选择整个桦树壁纸图像。然后执行Edit（编辑）>Transform（变换）>Perspective（透视）命令，调整墙壁材质的透视效果。可以拖动小方框以匹配图形的透视，如图4.32所示。

12. 将沙发图像导入透视图中。要注意为沙发图像新建一个图层，操作步骤与前面章节介绍的相同，如图4.33所示。

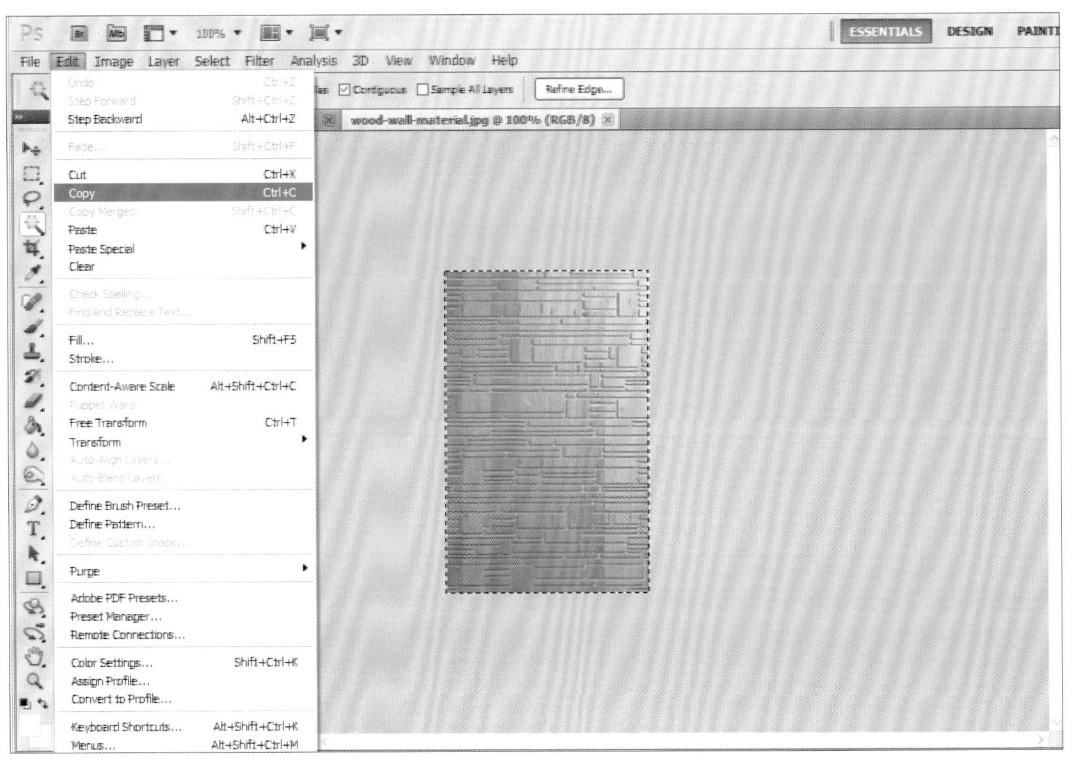

图4.25

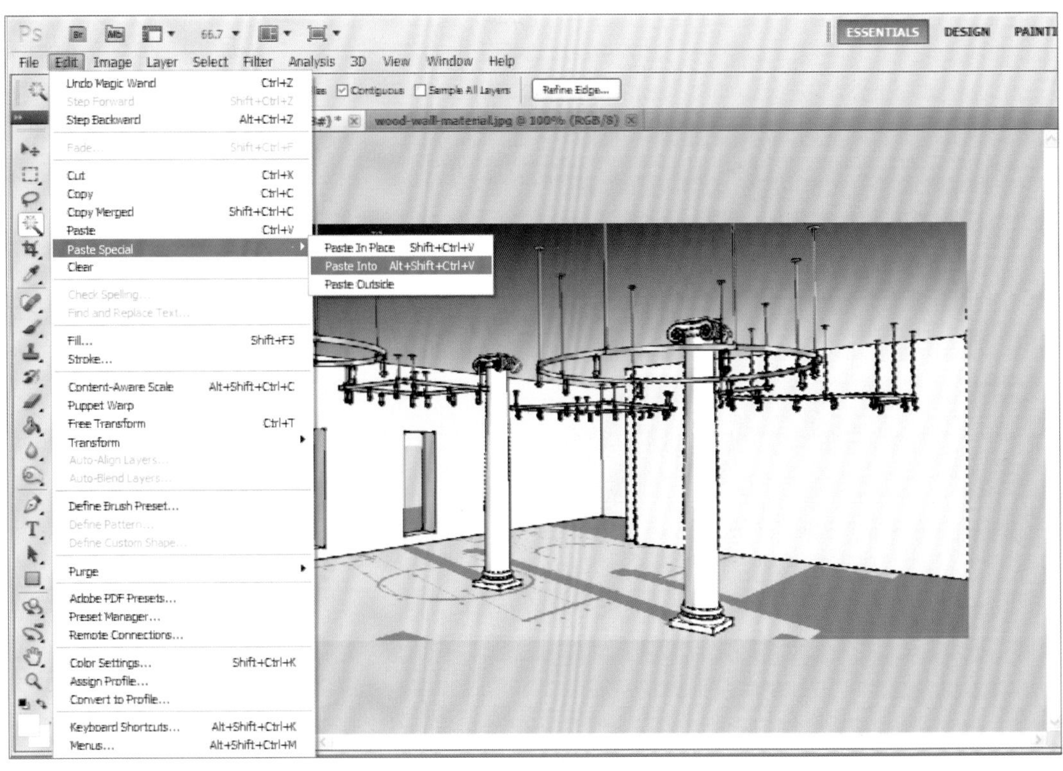

图4.26

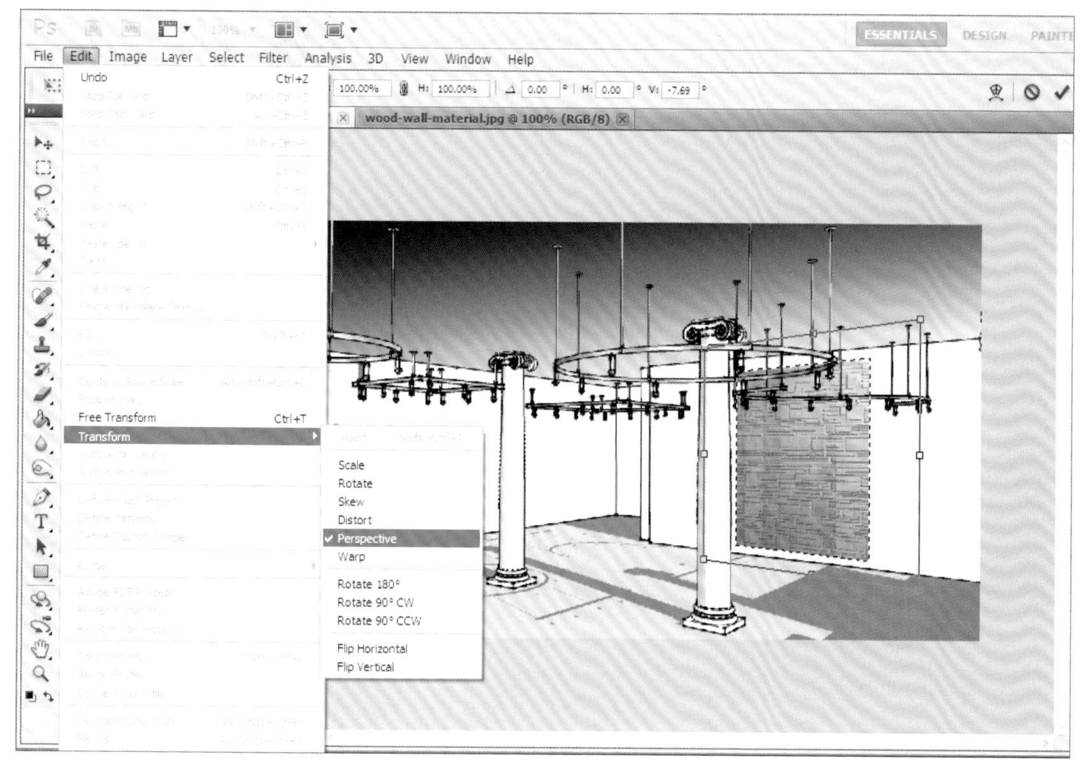

图4.27

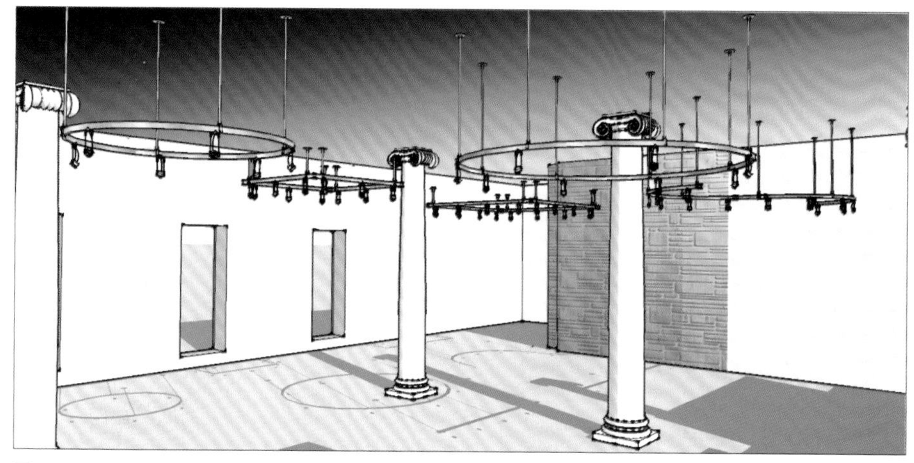

图4.28

图4.29

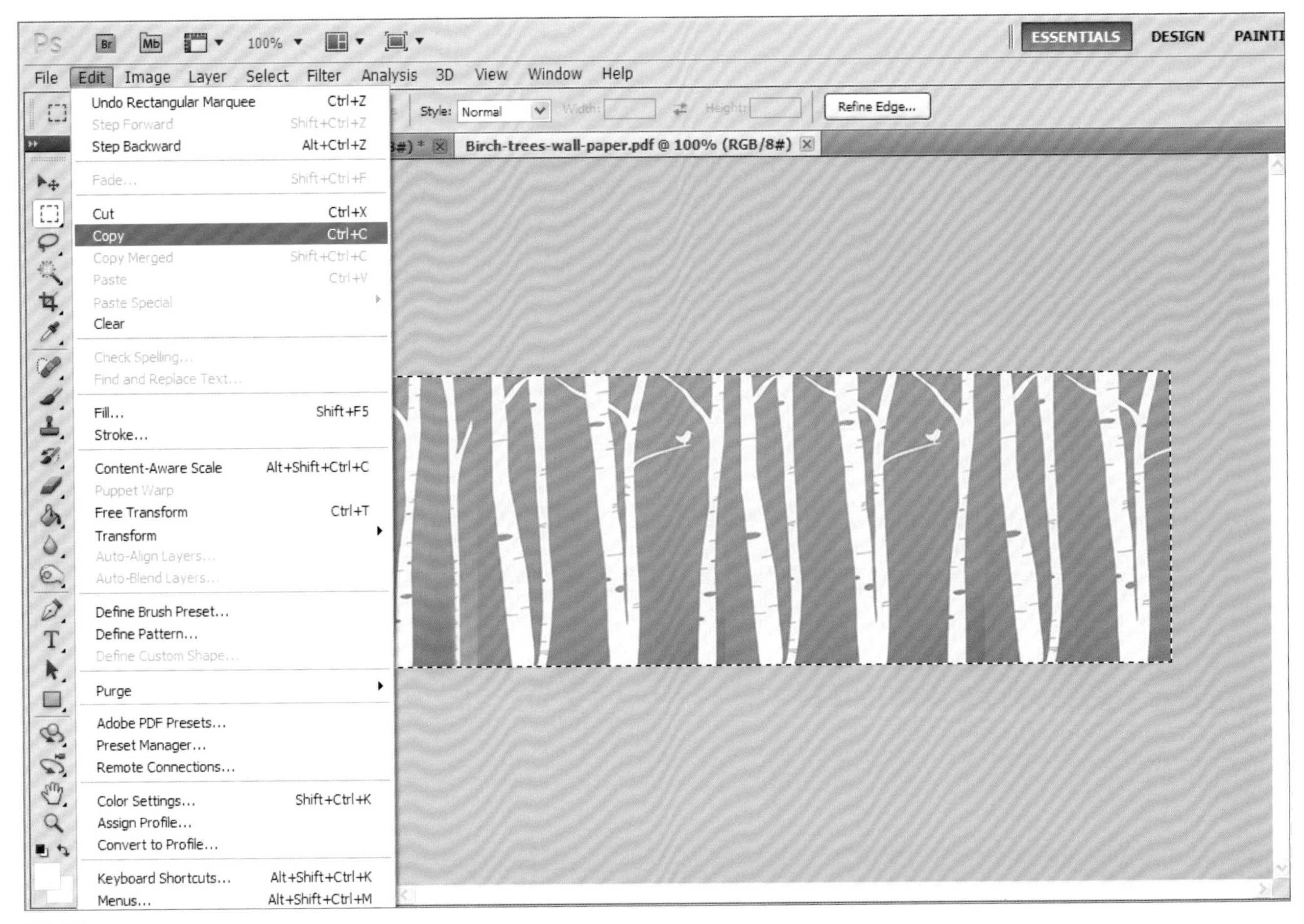
ESSENTIALS
DESIGN
PAINTI
100%
File
Edit
Image
Layer
Select
Filter
Analysis
3D
View
Window
Help
Undo Rectangular Marquee Ctrl+Z
Step Forward Shift+Ctrl+Z
Step Backward Alt+Ctrl+Z
Fade... Shift+Ctrl+F
Cut Ctrl+X
Copy Ctrl+C
Copy Merged Shift+Ctrl+C
Paste Ctrl+V
Paste Special
Clear
Check Spelling...
Find and Replace Text...
Fill... Shift+F5
Stroke...
Content-Aware Scale Alt+Shift+Ctrl+C
Puppet Warp
Free Transform Ctrl+T
Transform
Auto-Align Layers...
Auto-Blend Layers...
Define Brush Preset...
Define Pattern...
Define Custom Shape...
Purge
Adobe PDF Presets...
Preset Manager...
Remote Connections...
Color Settings... Shift+Ctrl+K
Assign Profile...
Convert to Profile...
Keyboard Shortcuts... Alt+Shift+Ctrl+K
Menus... Alt+Shift+Ctrl+M
Style: Normal
Width:
Height:
Refine Edge...
Birch-trees-wall-paper.pdf @ 100% (RGB/8#)
图4.30

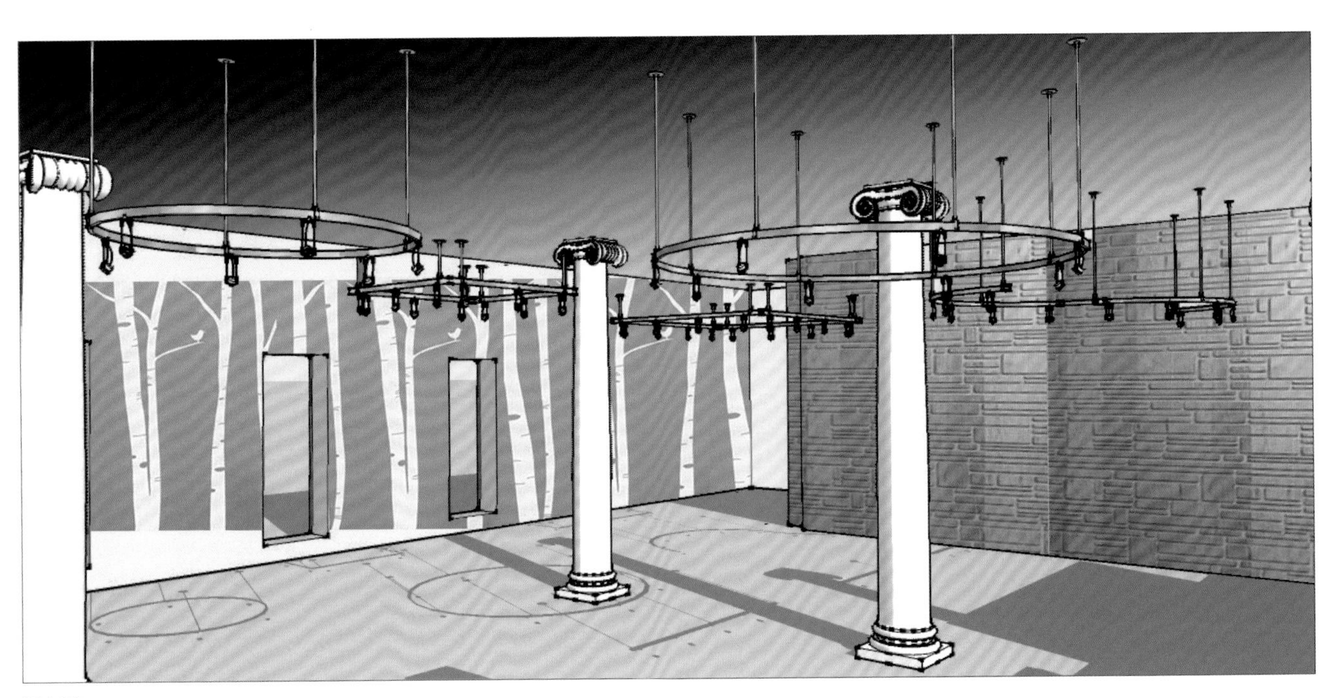
图4.31

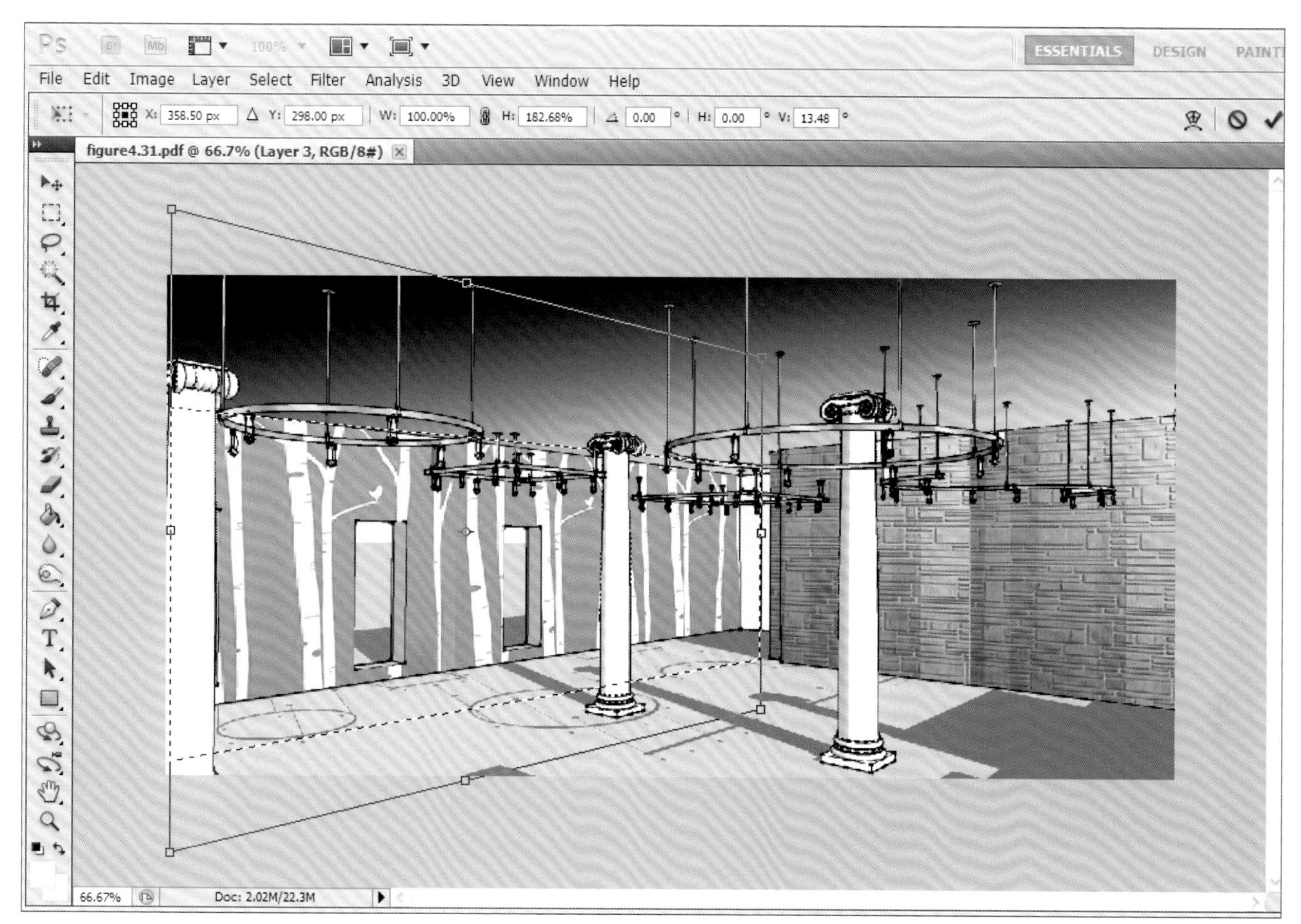
ESSENTIALS
DESIGN
File
Edit
Image
Layer
Select
Filter
Analysis
3D
View
Window
Help
X: 358.50 px
Y: 298.00 px
W: 100.00%
H: 182.68%
0.00
H: 0.00
V: 13.48
figure4.31.pdf @ 66.7% (Layer 3, RGB/8#)
66.67%
Doc: 2.02M/22.3M
图4.32

图4.33

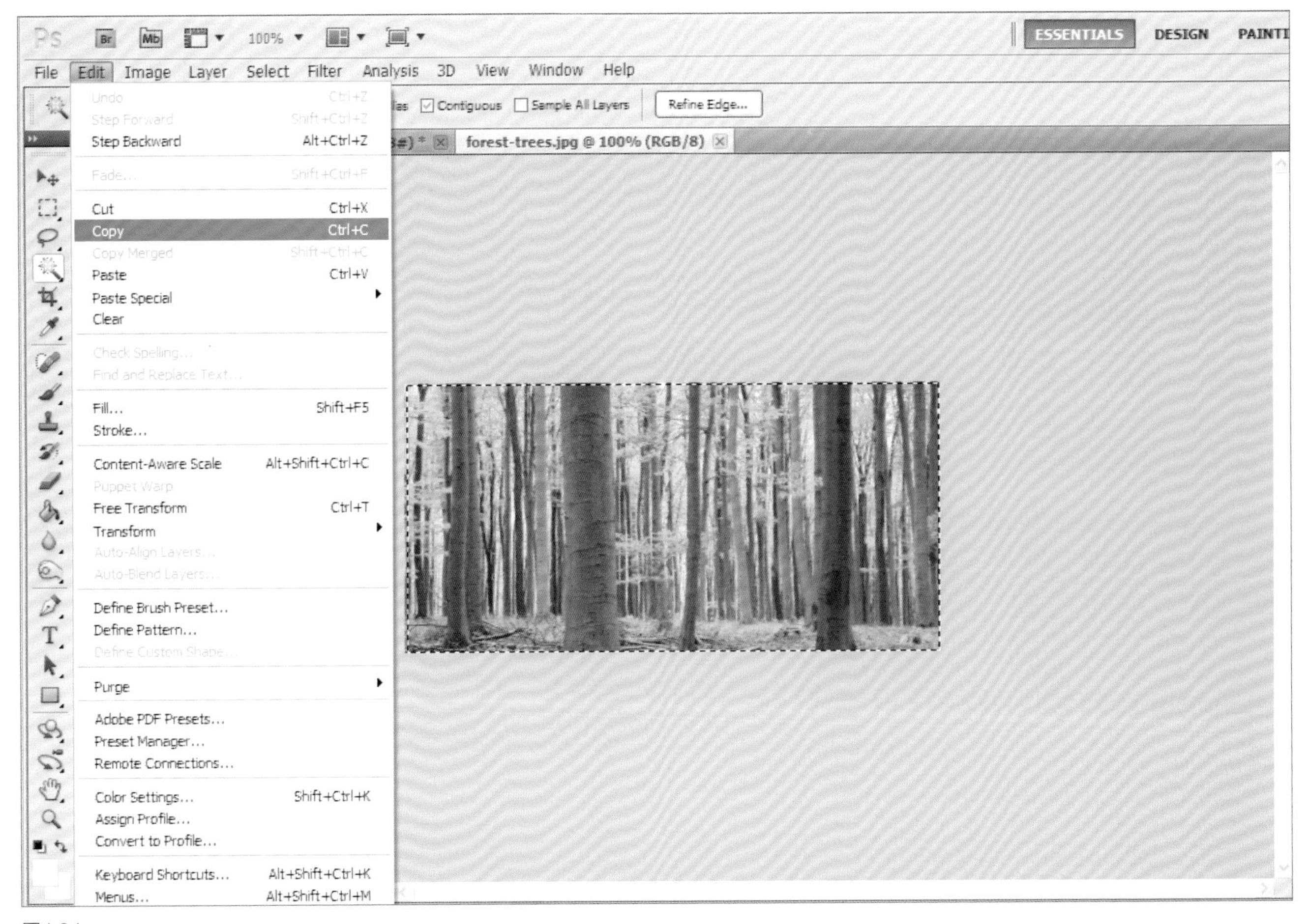

图4.34

图4.35

13. 在Photoshop中打开室外景观图像。使用Rectangular Marquee（矩形选框）工具选择图像。执行Edit（编辑）>Copy（拷贝）命令，复制图像，如图4.34所示。
14. 在Photoshop中打开透视图。使用Magic Wand（魔棒）工具选择两个窗户。然后执行Edit（编辑）>Paste Special（选择性粘贴）>Paste Into（贴入）命令，粘贴室外景观图像。图形效果如图4.35所示。
15. 将人物图像导入透视图中。方法与前一章介绍的相同。一定要为不同的对象创建不同的图层。图形效果如图4.36所示。

为透视图中的天花板添加材质

图4.37是一张已经在Photoshop中优化的透视图。初始的透视图是在Trimble SketchUp中创建的，如图4.38所示。使用Photoshop添加石墙材质、木制天花板、家具、块状隔板材质和人物图像。

为天花板应用材质的操作步骤如下：

1. 找到并准备好需要使用的天花板材质图像。
2. 在Photoshop中打开天花板材质图像。使用Rectangular Marquee（矩形选框）工具选择天花板材质图像。执行Edit（编辑）>Copy（拷贝）命令，复制天花板材质图像，如图4.39所示。

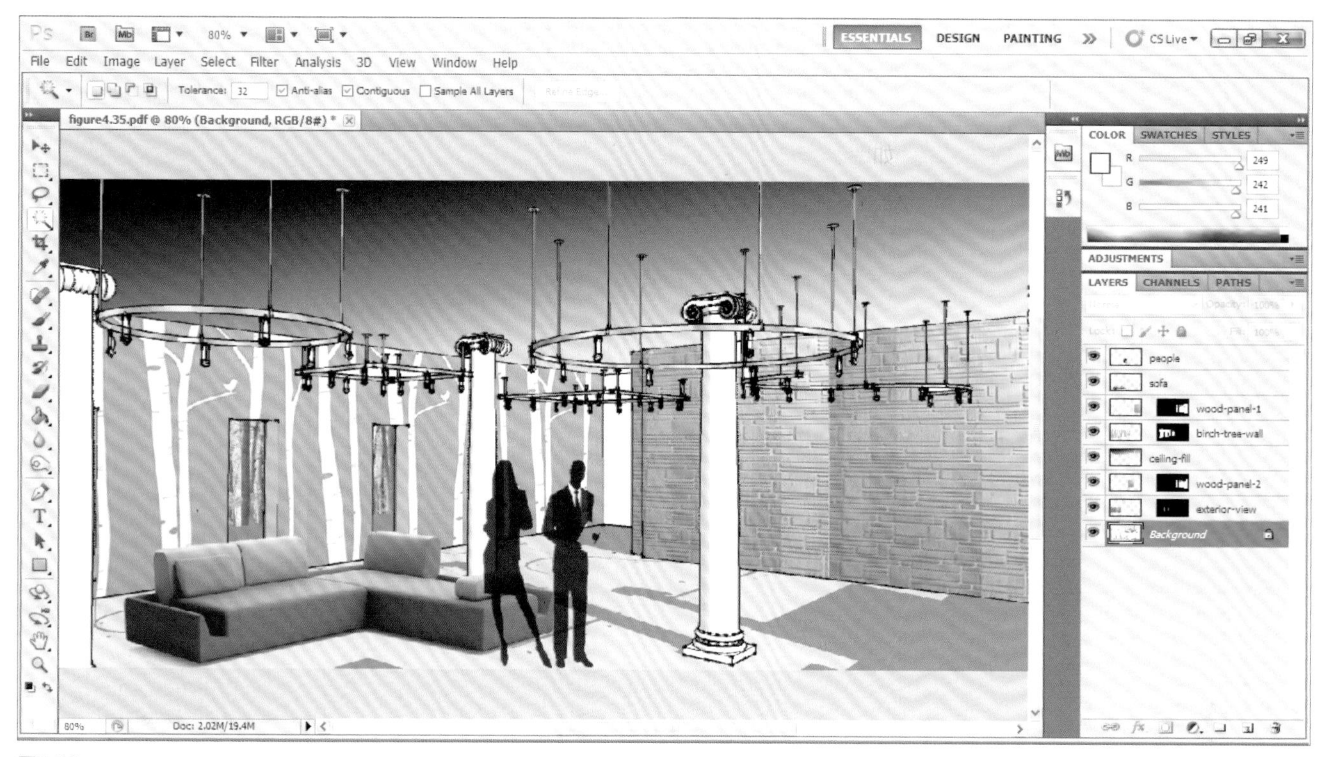

图4.36

图4.37

图4.38

3. 在Photoshop中打开透视图。执行Edit（编辑）>Paste Special（选择性粘贴）>Paste Into（贴入）命令，粘贴天花板材质图像至天花板区域，如图4.40所示。

4. 填充效果如图4.41所示。注意，此时天花板材质图像与图形的透视并不匹配。

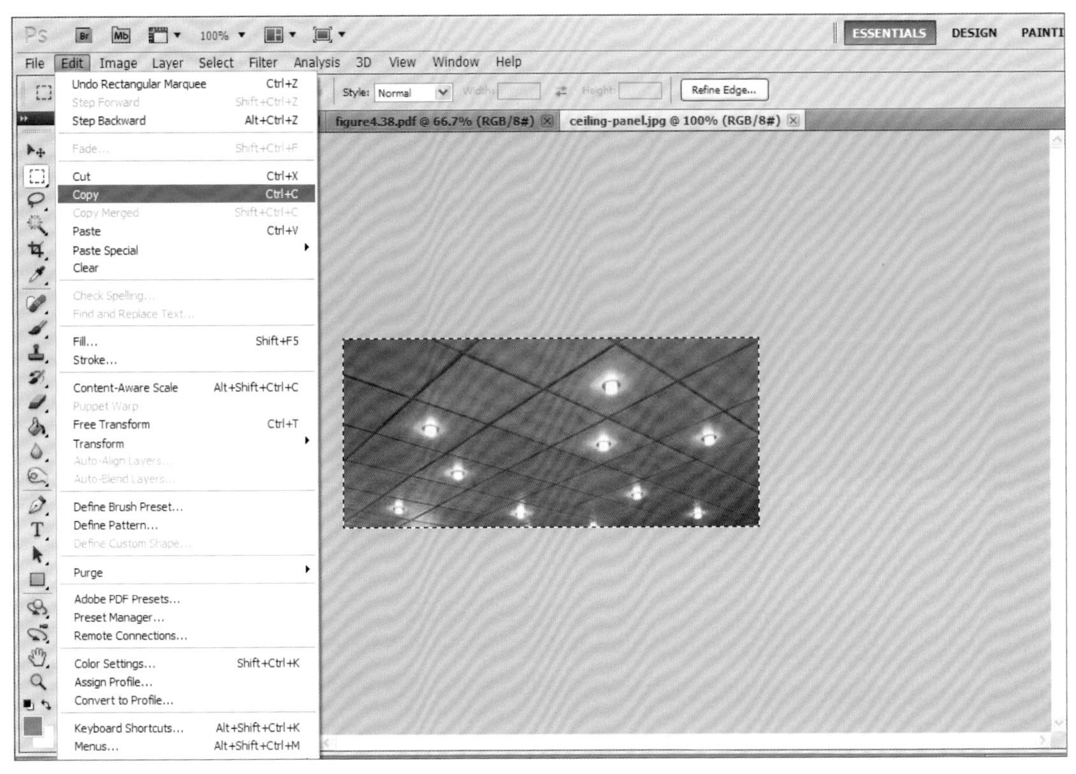

图4.39

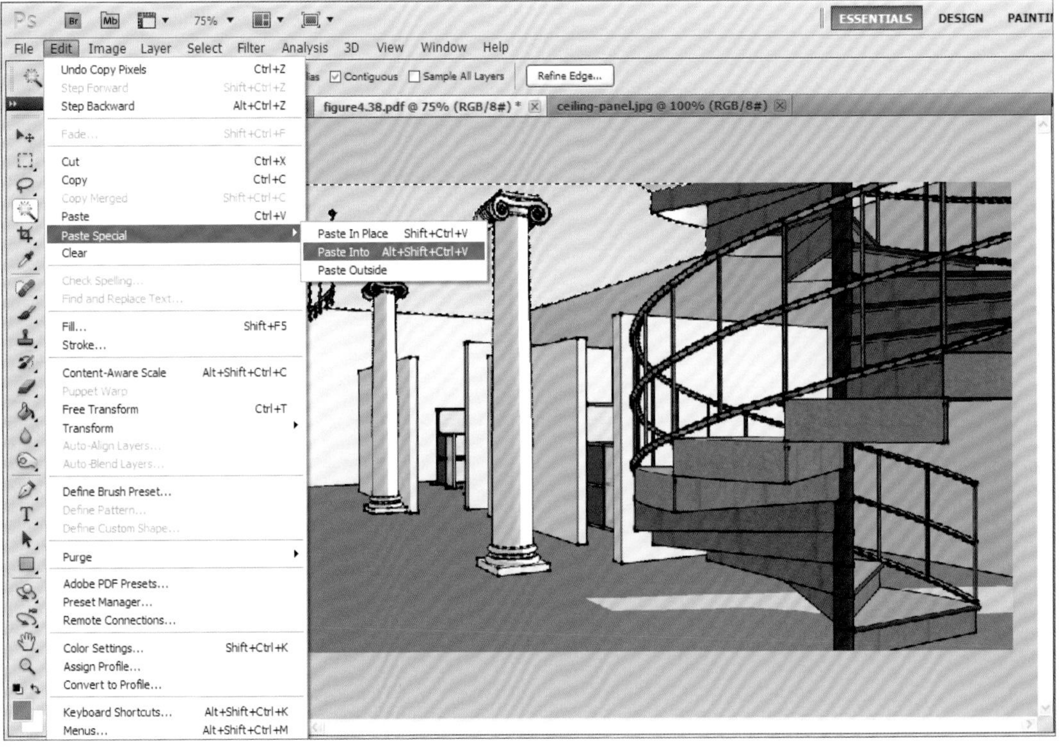

图4.40

5. 用Rectangular Marquee（矩形选框）工具选择天花板材质图像。执行Edit（编辑）>Transform（变换）>Distort（扭曲）命令，调整天花板材质图像的透视效果，以匹配图形的透视，如图4.42所示。

6. 拖动小方框以调整视图，如图4.43所示。

7. 调整视图匹配图形后，效果如图4.44所示。

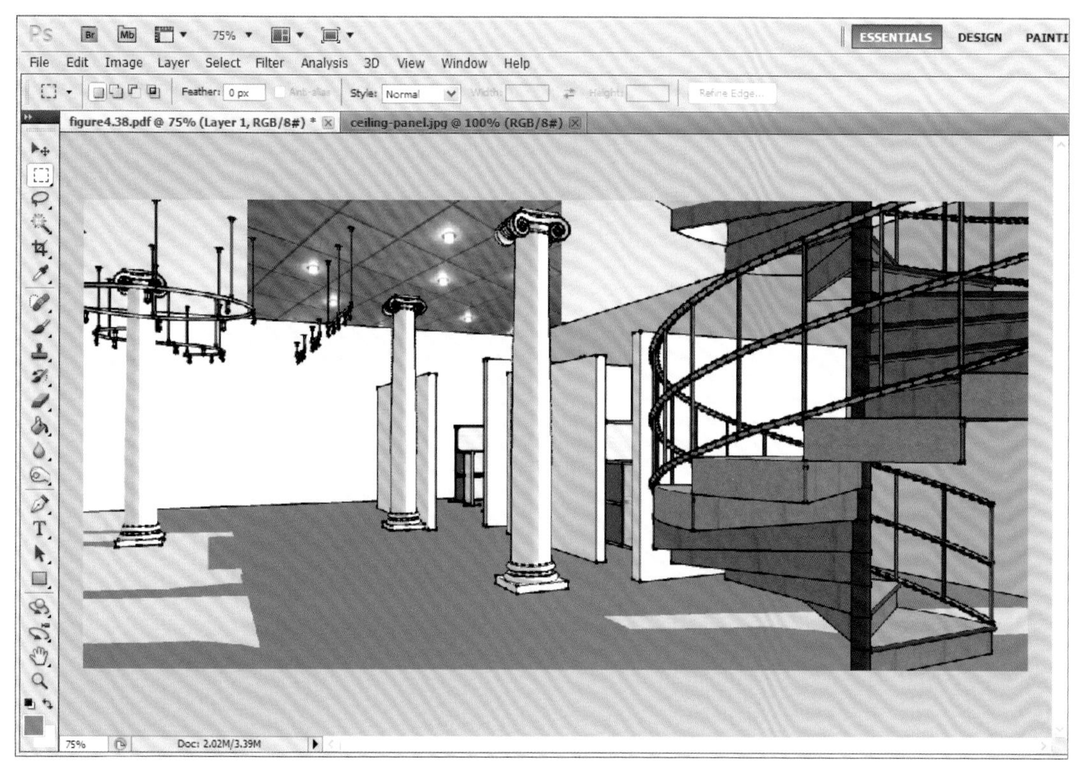

图4.41

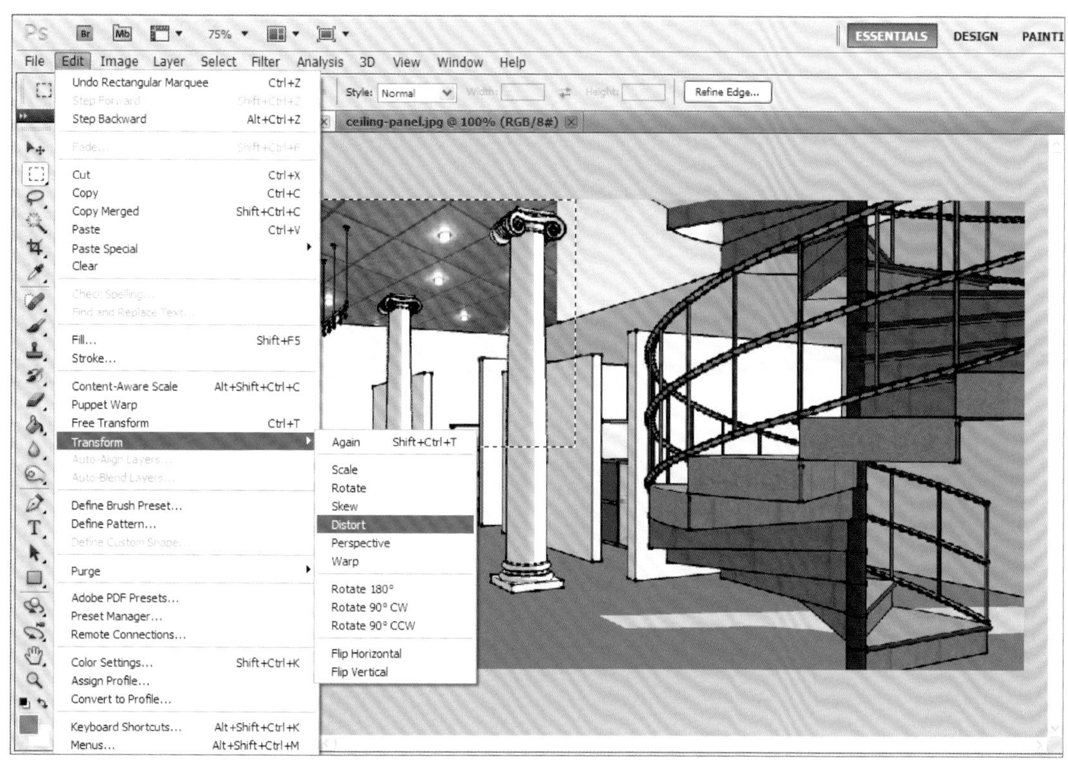

图4.42

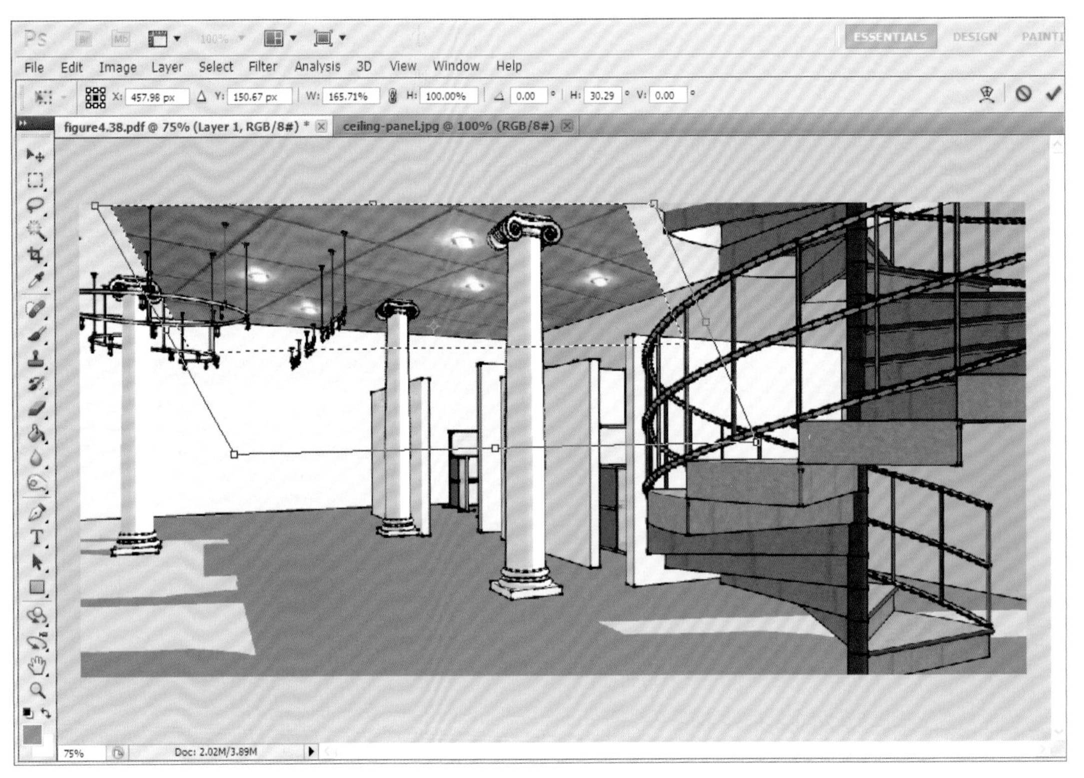

图4.43

图4.44

8. 为块状隔板添加块状隔板材质。采用本章前面所介绍的步骤进行操作，执行Edit（编辑）>Paste Special（选择性粘贴）>Paste Into（贴入）命令和Edit（编辑）>Transform（变换）>Distort（扭曲）命令，进行调整，图形效果如图4.45所示。
9. 为后墙添加石头材质。采用本章前面介绍的步骤进行操作，执行Edit（编辑）>Paste Special（选择性粘贴）>Paste Into（贴入）命令和Edit（编辑）>Transform（变换）>Perspective（透视）命令，进行调整，图形效果如图4.46所示。
10. 采用第3章介绍的方法，将家具导入透视图中。导入家具后，图形效果如图4.47所示。
11. 将人物图像导入透视图中，一定要为各个对象分别创建图层，如图4.48所示。

概要

在本章中，所有透视图均是在Photoshop中创建和优化的。初始的3D模型是在SketchUp中创建的，并保存为PDF格式文件。本章重点介绍了使用Photoshop应用材质以优化透视图的方法，具体包括如下操作：

- 将地板材质导入透视图中
- 将材质应用于块状隔板上
- 将材质应用于墙壁上
- 将材质应用于天花板上

关键术语

- Edit（编辑）>Copy（拷贝）
- Edit（编辑）>Paste Special（选择性粘贴）>Paste Into（贴入）
- Edit（编辑）>Transform（变换）>Distort（扭曲）
- Edit（编辑）>Transform（变换）>Perspective（透视）
- Edit（编辑）>Transform（变换）>Scale（缩放）

项目练习

1. 使用与本书配套的网站提供透视图http://www.bloomsbury.com/us/photoshop-for-interior-designer-9781609015442/（相关资源请加封底读者QQ群下载获取），使用Photoshop为透视图添加家具和材质。也将人物图像添加到透视图中。
2. 使用您正在开展的工作项目作为初始透视图，在图形中添加家具、材质、人物等图像。

图4.45

图4.46

图4.47

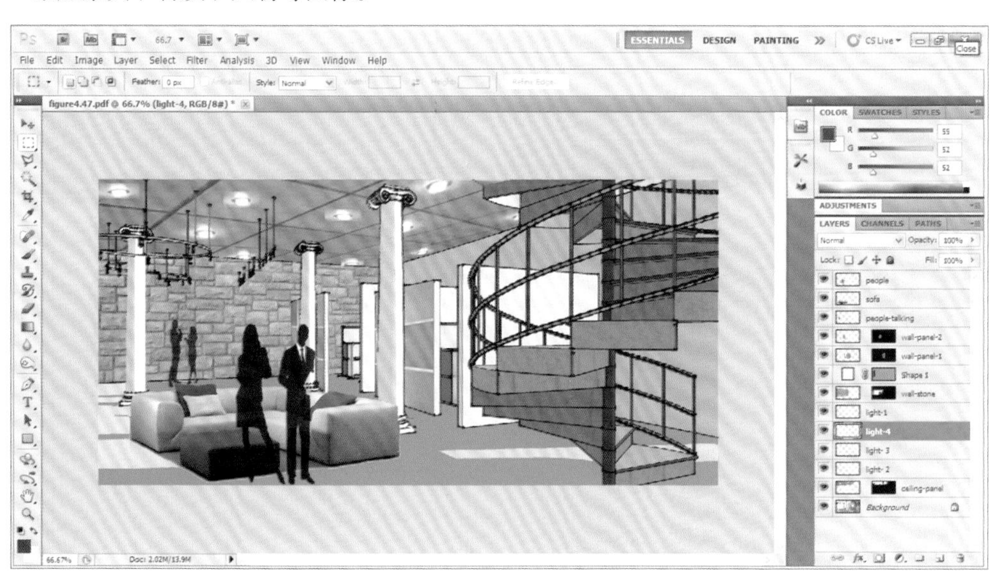

图4.48

5

应用灯光

本章介绍使用Photoshop将灯光效果应用于图形的技术。本章还将讲解如何创建与特定对象相关联的阴影。我们可以在3D建模软件中添加灯光效果进行渲染，但是，创建和渲染应用了灯光和阴影效果的透视图会耗费很多的时间。本章介绍在Photoshop中创建灯光和阴影效果的快捷方法，将演示在透视图中应用灯光和创建阴影的详细步骤，包括如何添加混合灯光效果、如何创建投影，以及如何创建透过彩色玻璃的灯光效果。

需要注意的是，首先要在3D软件中创建一个初始的3D模型，然后将3D模型导出为TIF、PDF或JPG格式文件，以便于进一步在Photoshop中进行优化和完善。

使用Lighting Effects（光照效果）滤镜

Photoshop中大多数光照效果都是通过Lighting Effects（光照效果）滤镜生成的。应用该滤镜时，执行Filter（滤镜）>Render（渲染）>Lighting Effects（光照效果）命令即可。此项功能能够快速创建出逼真的人造光源效果。首次应用Lighting Effects（光照效果）滤镜时，可能会感觉大量参数设置无从下手，下面的演示将会帮您认知每项参数的含义及效果。

灯光样式

在Lighting Effects（光照效果）对话框上部Style（灯光样式）下拉列表中提供了不同的预设光照类型。需要应用一种预设灯光时，选择需要的光照类型，然后单击OK（确定）按钮，如图5.1所示。图5.2至5.18演示了室内空间应用不同预设灯光产生的不同效果。未添加灯光的室内空间效果将在本章后面的图5.31中展示。

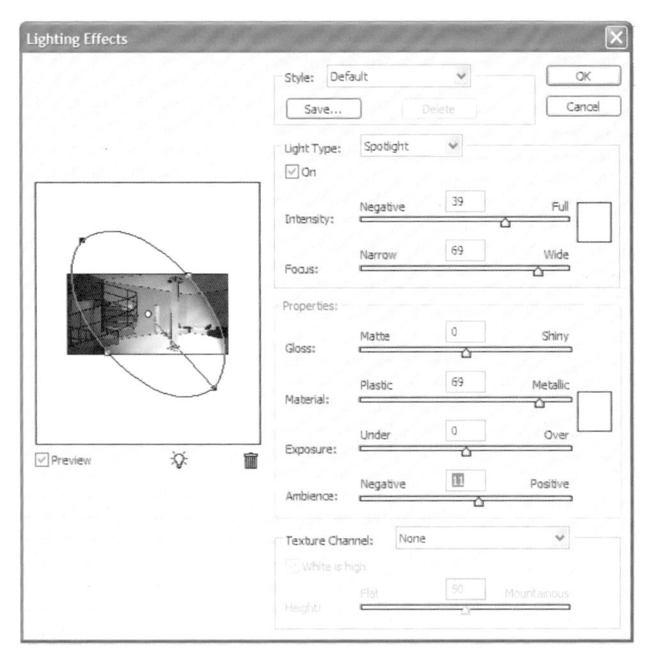

图5.1

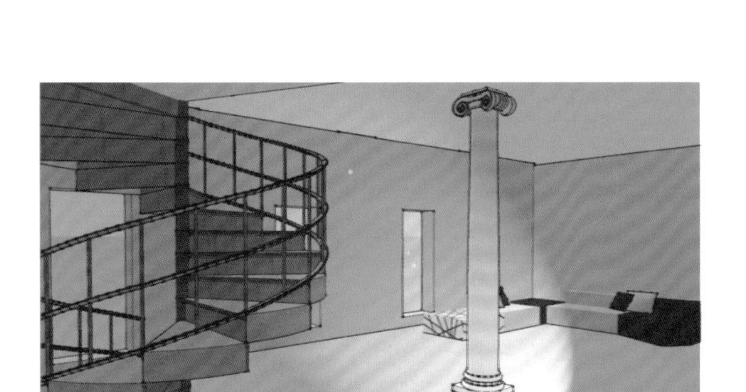

图5.2 Default（默认值）

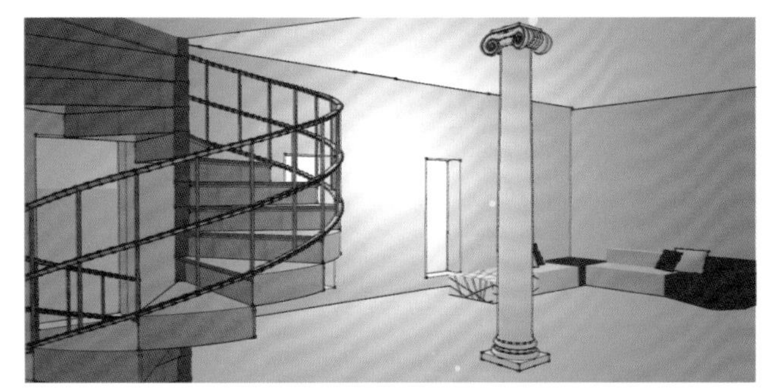

图5.3 Soft Omni（柔化全光源）

图5.4 2 O'clock Spotlight（两点钟方向点光）

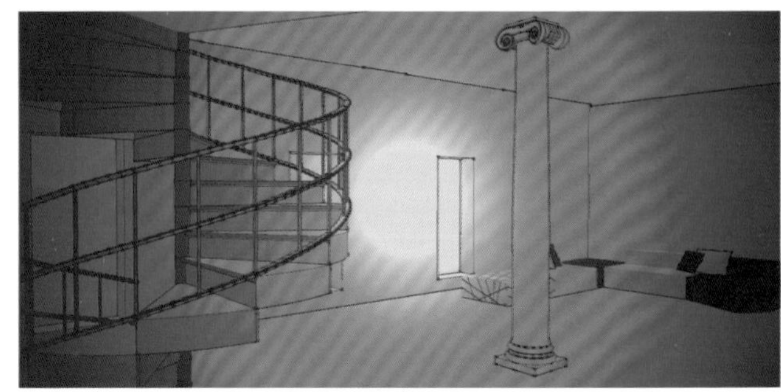

图5.5 Blue Omni（蓝色全光源）

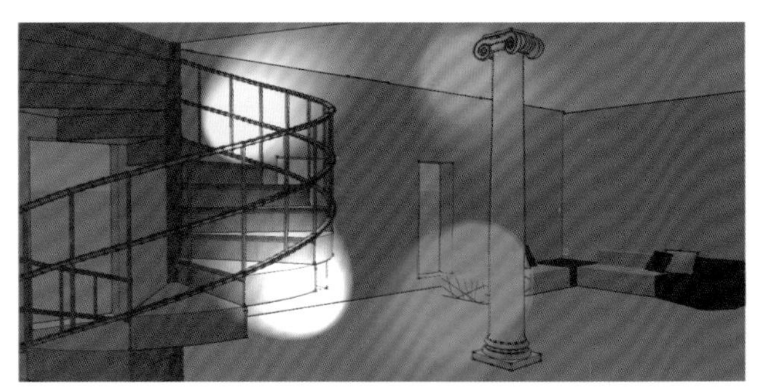

图5.6 Circle of Light（圆形光）

图5.7 Crossing（交叉光）

图5.8 Crossing Down（向下交叉光）

图5.9 Five Lights Down（五处下射光）

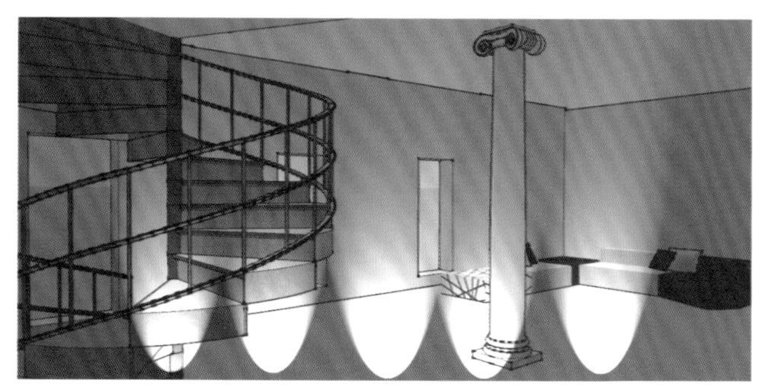

图5.10 Five Lights Up（五处上射光）

图5.11 Flashlight（手电筒）

图5.12 Flood light（喷涌光）

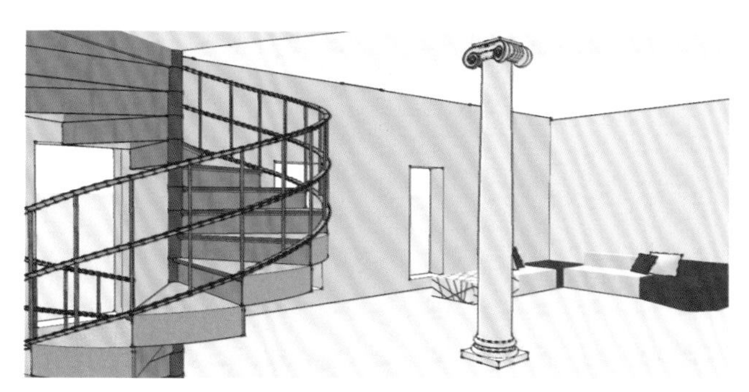

图5.13 Parallel Directional（平行光）

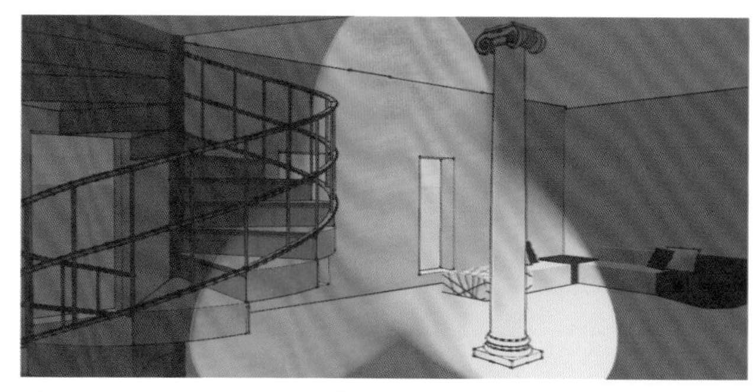

图5.14 RGB Lights（RGB光）

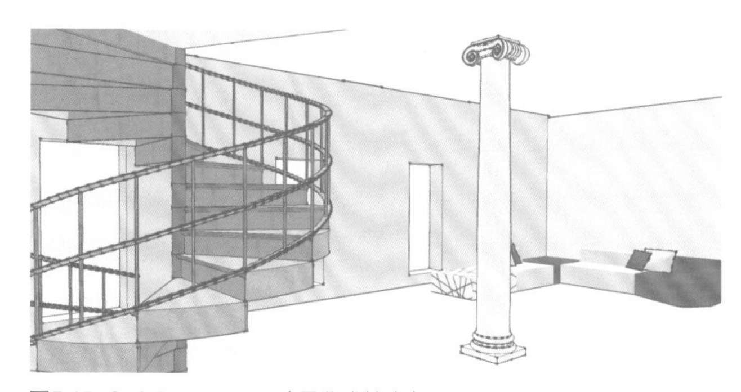

图5.15 Soft Direct Light（柔化直接光）

图5.16 Soft Spotlight（柔化点光）

图5.17 Three Down（三处下射光）

图5.18 Triple Spotlight（三处点光）

自定义灯光

Photoshop提供了各种各样的灯光选项，您可以不使用预设的灯光，而创建和自定义需要的灯光。

Light Type（光照类型）

如图5.19所示，在Light Type（光照类型）下拉列表中提供了3个选项。

- Directional（平行光）：从远处发出一束光线，就像我们从太阳接收光线的方式，光线的角度不变，如图5.20所示。
- Omni（全光源）：从中心点均匀向外照射，与灯泡照明的方式相同，如图5.21所示。
- Spotlight（点光）：创建一个椭圆光束，距离越远，光线越弱，如图5.22所示。

更改光照类型

选择了光照类型后，需要定位光源位置，并设置其所有参数。在上一实例中，在对话框里选择了一种光照类型后，图5.20、图5.21和图5.22中显示为椭圆形。椭圆中心的白色小圆圈即为灯光的中心点。用它可以在预览窗口中重新定位灯光位置。在椭圆上用灰线连接椭圆中心点的小方块，可以用来定义光源。若要改变椭圆的大小和形状，则单击并拖动围绕椭圆的四个小方块即可。如果将光源放置在预览窗口之外，则光源不会出现在图像中，但是仍然会投射光线到图像中。

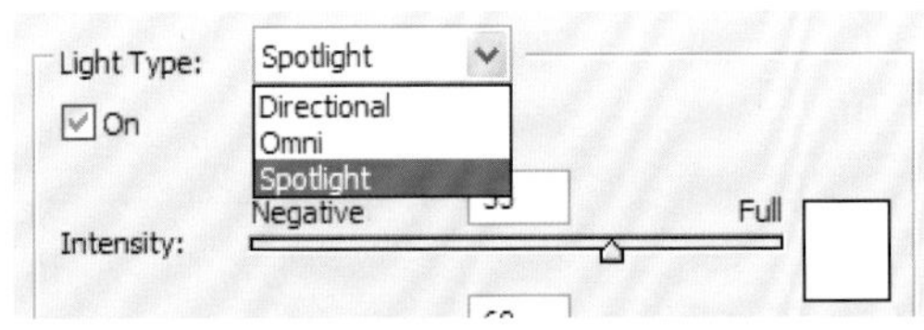

图5.19

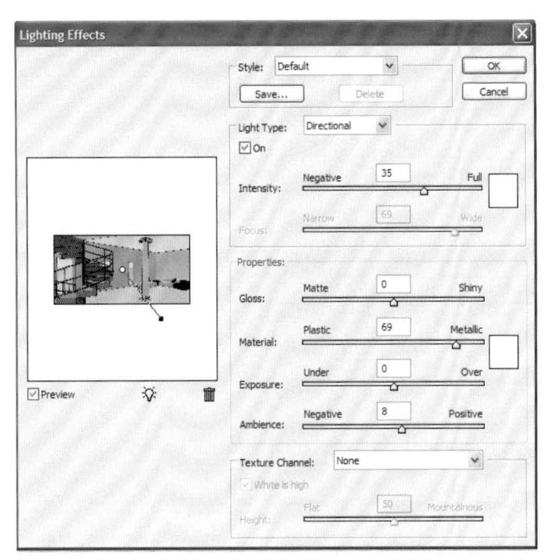

图5.20

参数含义如下：

- Intensity（强度）：调整光源的发光量。向右拖动滑块，增加发光量，向左拖动则减小发光量，如图5.23所示。
- Focus（聚焦）：定义椭圆范围内光线的填充量。向右拖动滑块，则增加填充量，向左拖动则限制光的填充，如图5.23所示。
- Light Color（光照颜色）：创建在灯光上放置彩色滤镜的光照效果。单击Light Type（光照类型）选项组中的白色方块，如图5.23所示，打开Select the Light's Color（选择光照颜色）对话框，如图5.24所示。选择所需的颜色即可。

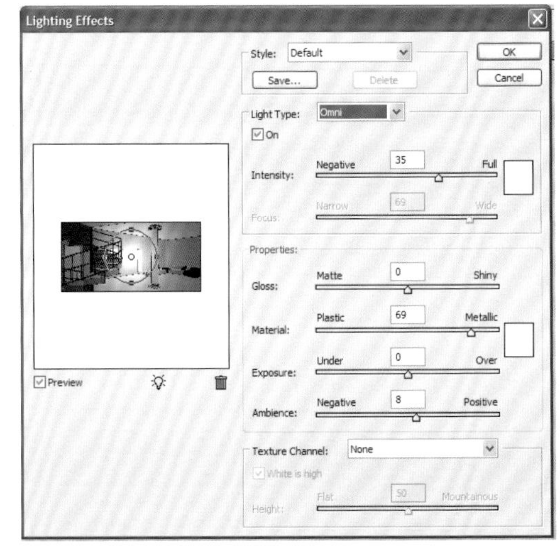

图5.21

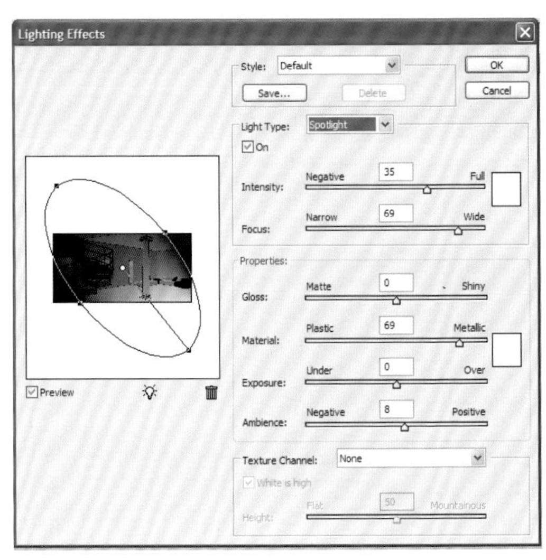

图5.22

Properties（属性）

- Gloss（光泽）：定义图像的反射度。向Matte（杂边）方向拖动滑块，将降低反射度；向Shiny（发光）一侧拖动滑块，则将提高反射度，如图5.25所示。
- Material（材料）：指光的颜色反射品质。如果需要反射光照颜色，则往Plastic（石膏效果）一侧拖动滑块；如果需要反射对象的颜色，则往Metallic（金属质感）一侧拖动滑块，如图5.25所示。
- Exposure（曝光度）：增加或减少场景中的整体光线。向右拖动将增加光线，向左拖动则减少光线，如图5.25所示。

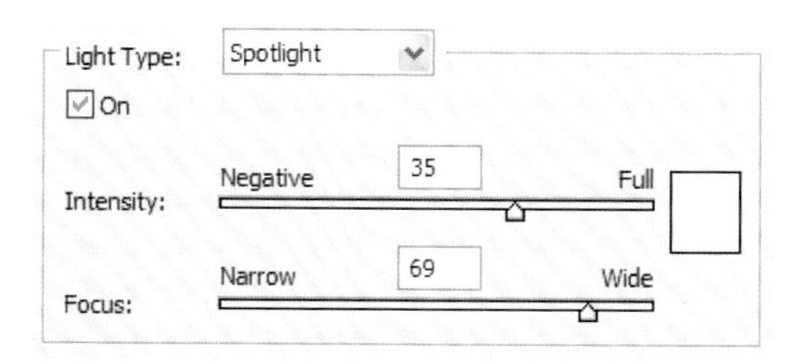

图5.23

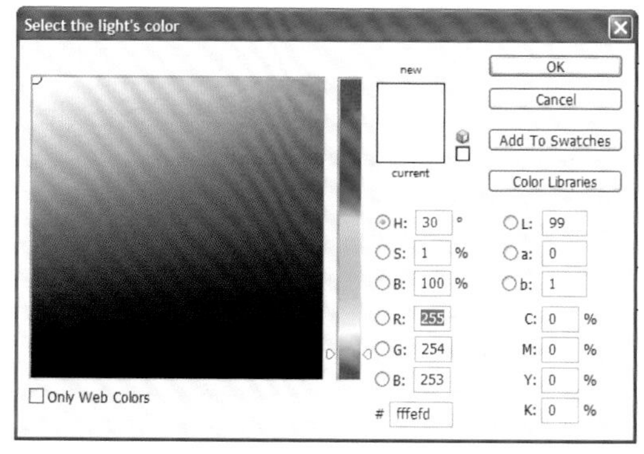

图5.24

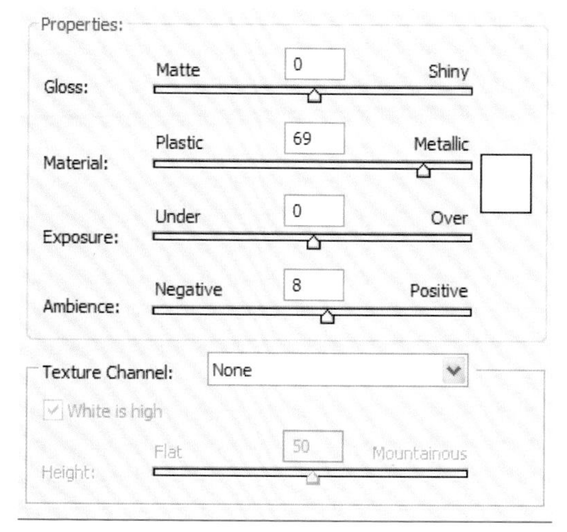

图5.25

- Ambience（环境）：添加场景中的其他光源效果，如日光或人造灯，以及这些光源扩散产生的光。向正方向拖动，将增加光线；向反方向拖动，将减少光线，如图5.25所示。
- Ambient Light Color（环境光照颜色）：和灯光一样，环境灯光同样可以着色。若要更改颜色，则单击Properties（属性）选项组中的白色正方形，如图5.25所示。
- Creating Additional Lights（创建更多灯光）：若要创建新的灯光，则单击灯泡图标，拖至预览区域。最多可以创建16盏灯光。如图5.26所示。
- Duplicating Lights（复制灯光）：按住Alt键，然后单击现有的光源并拖动，即可复制出参数完全一样的光源。
- Deleting Lights（删除灯光）：若要删除光源，则拖动其中心点至删除按钮上。场景中至少要有一盏灯光。如图5.26所示。
- Saving New Light Styles（保存新光照类型）：创建一种光照配置后，可能需要将其保存为新的光照类型，以备将来在其他图像中使用。单击Save（存储）按钮，并在弹出的Save As（存储为）对话框中输入名称。Style（样式）下拉列表中将显示预设的灯光和新的灯光，如图5.27所示。

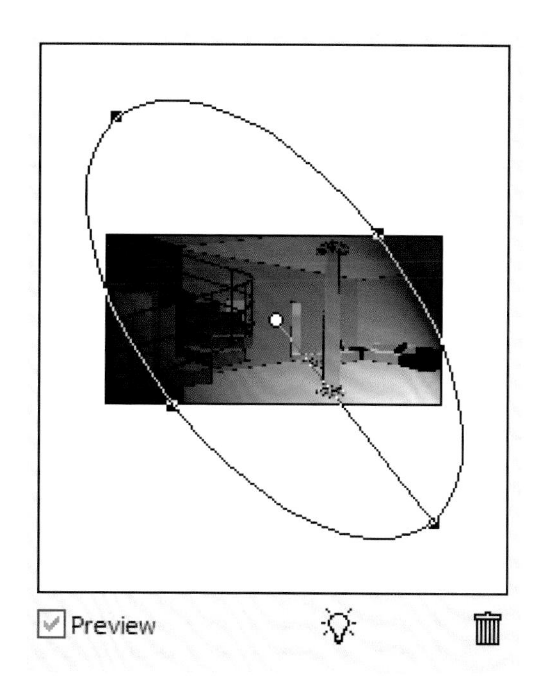

图5.26

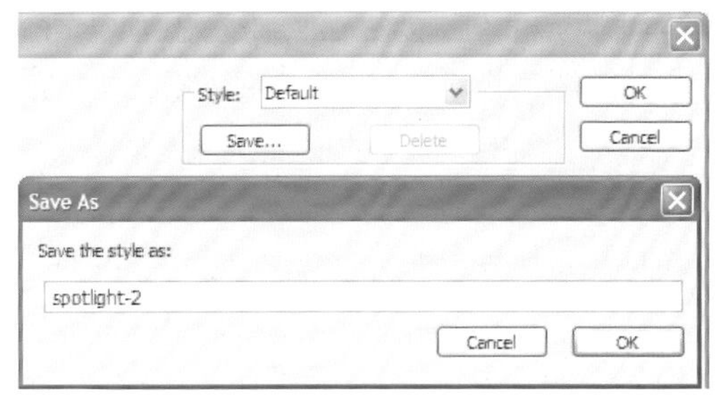

图5.27

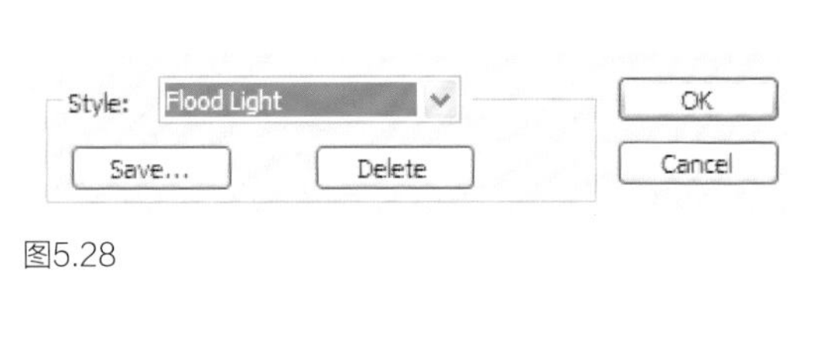

图5.28

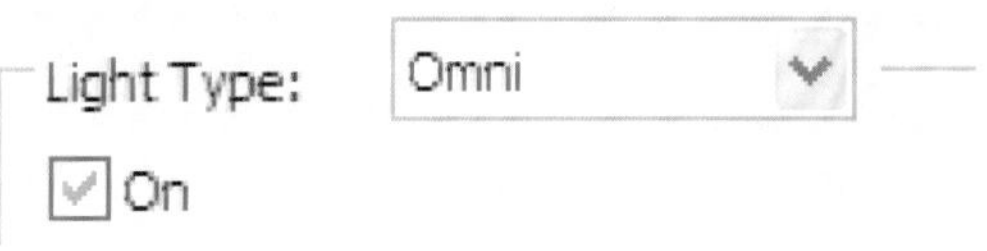

图5.29

- Deleting Light Styles（删除光照样式）：选择一种样式，然后单击Delete（删除）按钮，即可将其从Photoshop文件夹中删除，如图5.28所示。
- Switching Lights On and Off（开关灯光）：主要用于测试光照效果，可以开关一个或多个灯光以预览效果。选择需要的灯光，并取消勾选On（预览）复选框即可将其关闭。再次勾选，即可将其打开，如图5.29所示。

混合不同类型的灯光

图5.30显示了已经在Photoshop中优化的透视图应用不同类型灯光的效果。初始图形是在SketchUp软件中创建的，未应用任何灯光（参见图5.31）。在透视图中应用不同类型灯光的操作步骤如下。你需要在为透视图添加灯光和阴影之前再次确定光源。灯光效果是与特定光源紧密相联的。一旦确定了光源，要确保灯光效果的一致。换一种说法，所有的阴影和阴影区域都是由相同的光源引起的。如果灯光效果不一致，无法与设计的光源相统一，那么这就不是一幅好的作品。

1. 在Photoshop中打开透视图，如图5.31所示。
2. 采用前一章节介绍的操作方法，在透视图中导入室外景观图像。需要注意的是，要使用Copy（拷贝）和Paste Into（贴入）命令，而不是Copy（拷贝）和Paste（粘贴）命令。透视图效果如图5.32所示。
3. 将壁灯和椅子导入到透视图中，执行Edit（编辑）>Transform（变换）>Distort（扭曲）命令调整透视。为这些对象添加阴影效果，图形效果如图5 .33所示。
4. 执行 Filter（滤镜）>Render（渲染）>Lighting Effects（光照效果）命令，为每个壁灯添加光照效果。光照样式选择Flood light(喷涌光)。拖动滑块调整光线投射的范围。也可以单击并拖动椭圆中心的小圆圈以移动光源到所需的位置，如图 5.34 所示。然后单击对话框底

图5.30

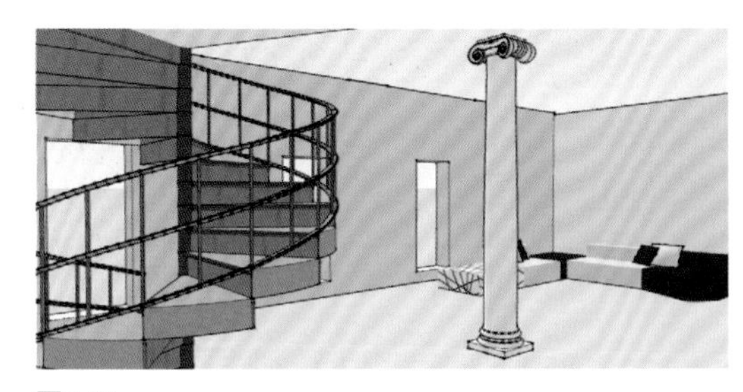

图5.31

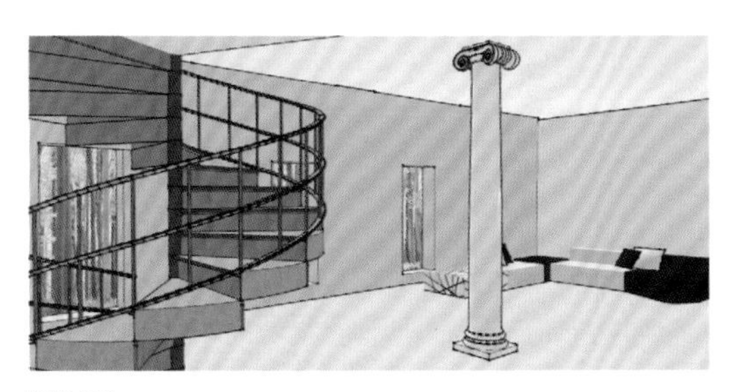

图5.32

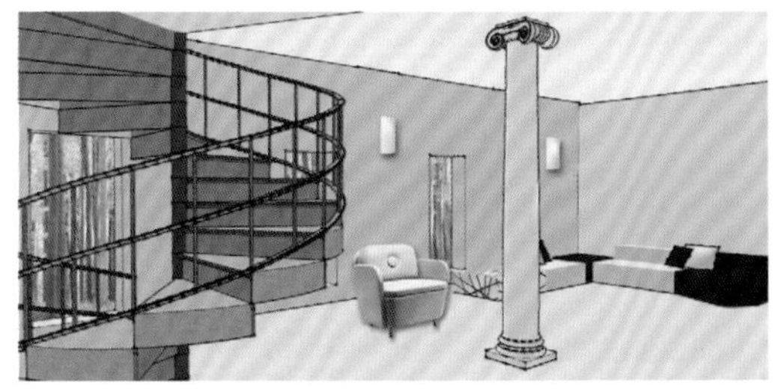

图5.33

部的灯泡图标，并将其移至第二个壁灯位置处，以添加新的Flood light(喷涌光)，如图5.35所示。在图形中添加两盏Flood light（喷涌光）后，透视图效果如图5.36所示。

5. 使用Paint Bucket（油漆桶）工具将后墙填充为绿色。在绿墙上添加一个画框。然后执行Filter（滤镜）>Render（渲染）>Lighting Effects（光照效果）命令，在画框顶部添加一个Spotlight（点光），如图5.37所示。此时透视图效果如图5.38所示。

6. 创建一个新的图层，并使用Gradient Fill（渐变填充）工具，在天花板区域添加渐变填充。执行Filter（滤镜）>Render（渲染）>Lighting Effects（光照效果）命令，在天花板区域添加一盏Omni（全光源），如图5.39所示。在该对话框中，单击底部的灯泡图标，并将其拖动到需要的位置，以添加新的Omni（全光源），如图5.40所示。根据需要调整光源的强度。在为天花板区域添加了两盏全光源后，透视图效果如图5.41所示。

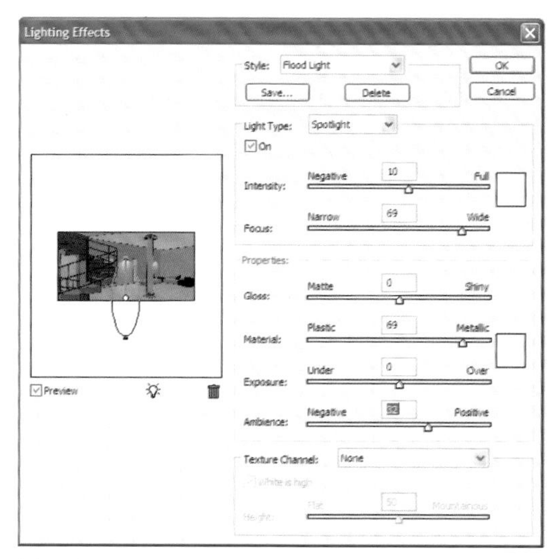

图5.34

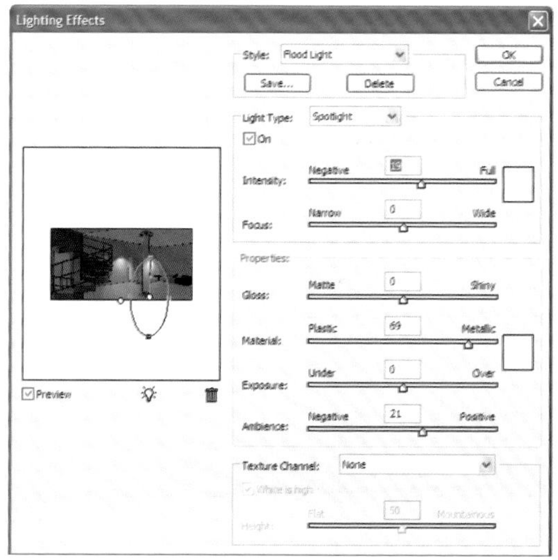

图5.35

图5.36

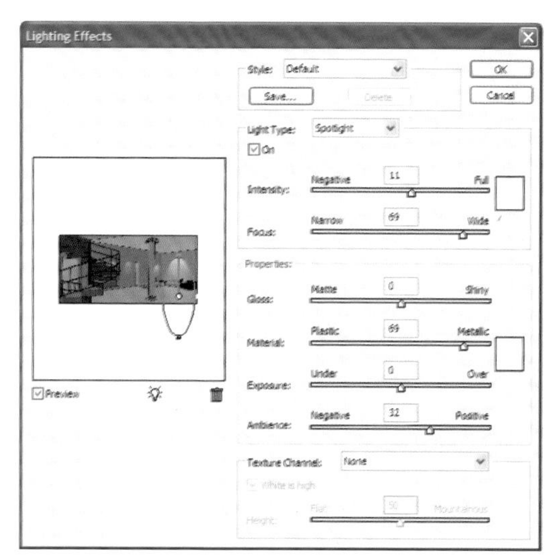

图5.37

图5.38

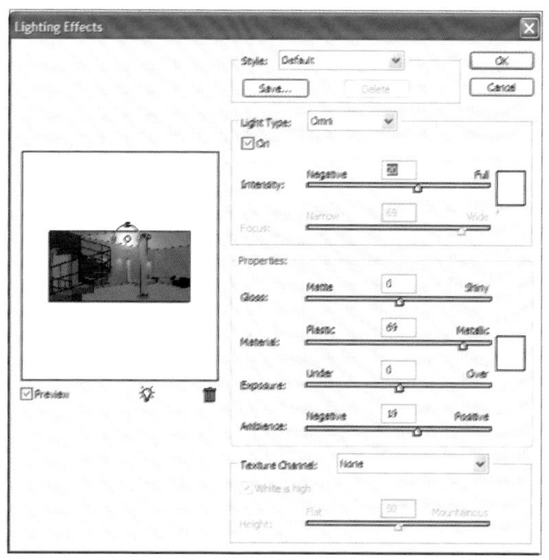

图5.39

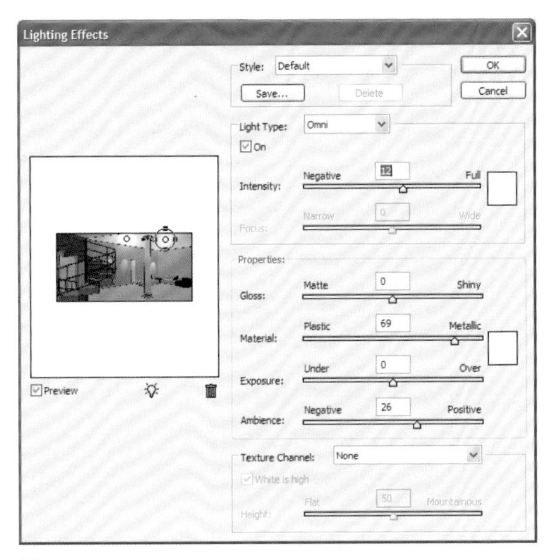

图5.40

7. 创建一个新的图层，命名为column-fill（立柱填充），以便为立柱添加渐变填充。在使用Magic Wand（魔棒）工具选择立柱轮廓的时候，一定要确认background（背景）图层处于激活状态。如果此时选中的是其他图层，则将无法选中立柱轮廓。选择立柱轮廓后，将column-fill（立柱填充）图层激活，将渐变填充到需要的图层中。在图形中添加两个人物图像，如图5.42所示。
8. 为椅子和立柱添加投影效果。此部分操作步骤将在下一节介绍。

图5.41

图5.42

创建投影

虽然在Photoshop中创建投影图层样式很简单，但这一自动化过程存在一些局限性。在图5.42中，椅子和立柱距离墙壁有一段距离，因此阴影将会投射到地板上。由于距离的存在，阴影的扭曲会很明显。因此，需要采用手动操作的方法，创建出像照片一样真实的投影效果。

1. 创建两个新的图层，分别命名为shadow-chair（椅子阴影）和shadow-column（立柱阴影）。选择chair（椅子）图层，将其激活。使用Rectangular Marquee（矩形选框）工具选择椅子图像，如图5.43所示。

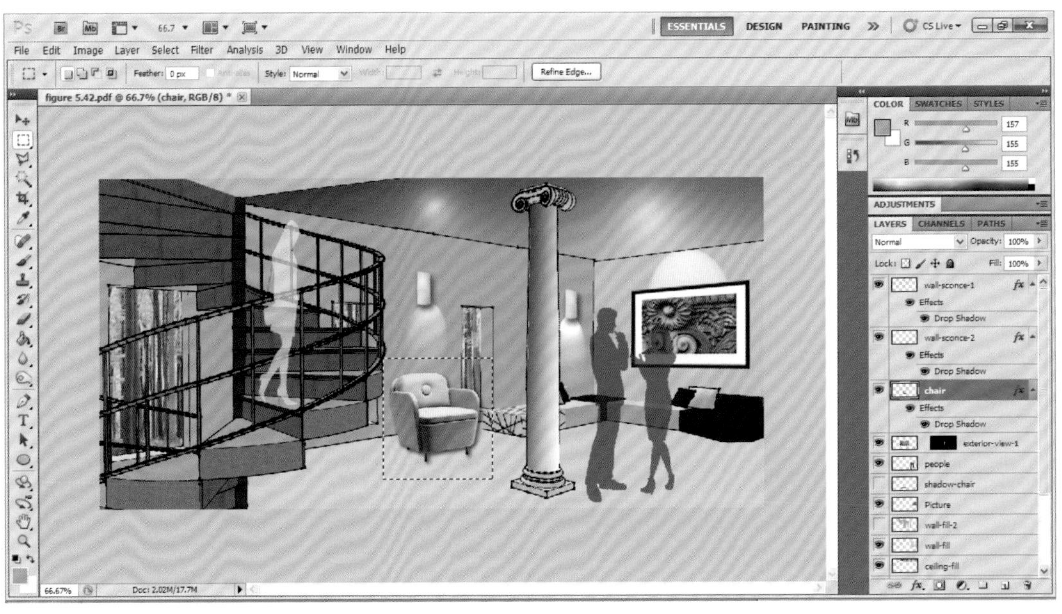

图5.43

图5.44

2. 执行Edit（编辑）>Copy（拷贝）命令，复制图像，然后执行Edit（编辑）>Paste（粘贴）命令，将椅子图像粘贴到图形中。使用Magic Wand（魔棒）工具选择椅子，然后执行Select（选择）>Modify（修改）>Feather（羽化）命令。如果采用的是高分辨率的文件，则设置Feather Radius（羽化半径）为10像素；如果使用的是低分辨率的文件，则可将Feather Radius（羽化半径）设为较低的值。保留选区，并将其填充为中度灰，如图5.45所示。Feather（羽化）功能可以使阴影的边缘稍微模糊。
3. 在Layers（图层）面板中，更改layer blending（图层混合模式）为Multiply（变亮），并将Opacity（不透明度）降至75%。取消当前选区，并执行Edit（编辑）>Transform（变换）>Distort（扭曲）命令。拖动图像边角处的方框，以调整透视，按下Enter键确认，如图5.46所示。
4. 立柱阴影的创建方法与此相同。在使用Magic Wand（魔棒）工具选择立柱轮廓时，一定要注意background（背景）图层要处于激活状态。在创建了椅子和立柱的阴影后，透视图效果如图5.47所示。

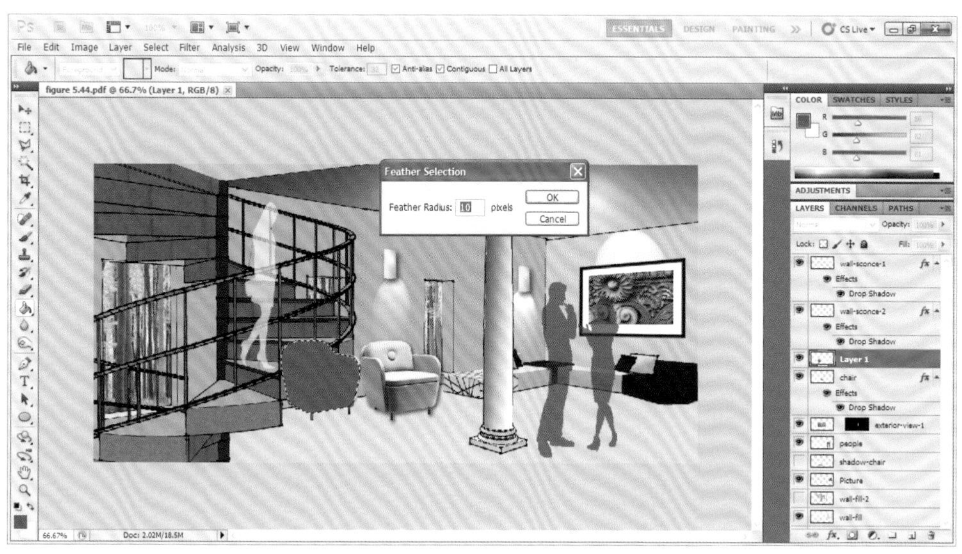

图5.45

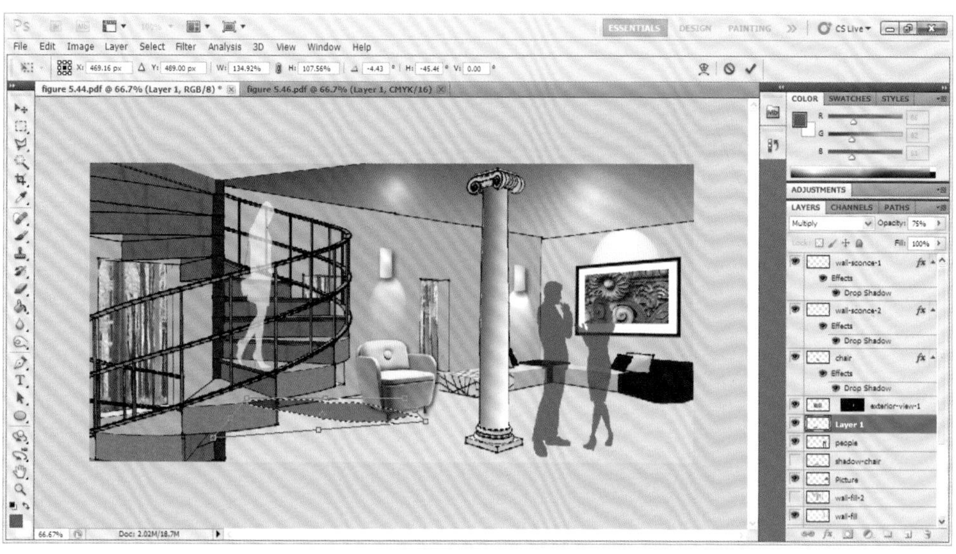

图5.46

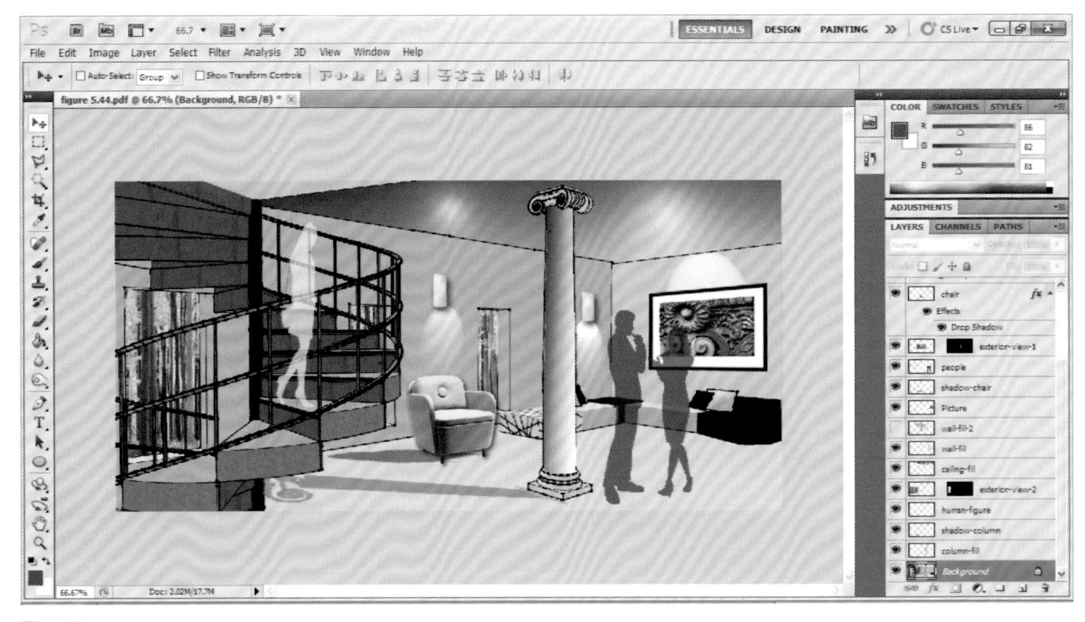

图5.47

图5.48展示了如何创建其他对象的投影。初始的透视图如图5.49所示，是在SketchUp中创建的，未添加任何灯光和家具。在添加了灯光、家具和人物图像后，采用如下步骤优化透视图。

1. 在Photoshop中打开透视图。
2. 创建一个新图层，使用Gradient Fill（渐变填充）工具在天花板区域填充渐变。在天花板区域添加一盏Omni（全光源）。应用Copy（拷贝）和Paste Into（贴入）命令，在透视图中添加大理石地板材质图像。在地板区域粘贴材质图像后，执行Edit（编辑）> Transform（变换）>Distort（扭曲）命令，调整大理石材质的透视，如图5.50所示。

图5.48

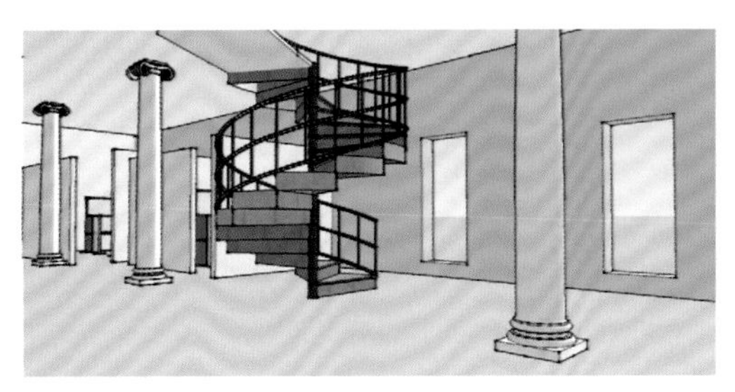

图5.49

3. 在Photoshop中打开名为window（窗户）的JPG格式文件。选择窗户，然后执行Edit（编辑）>Copy（拷贝）命令。然后打开透视图，执行Edit（编辑）>Paste（粘贴）命令，将窗户图像粘贴到透视图中。执行Edit（编辑）> Transform（变换）>Distort（扭曲）命令，调整窗户的透视，如图5.51所示。
4. 添加块状隔板的材质图像，如图5.52所示。执行Edit（编辑）>Paste（粘贴）命令，使材质图像的透视效果与透视图相匹配。
5. 为窗户添加窗帘。在Photoshop中打开名为curtain（窗帘）的JPG格式文件。使用Magic Wand（魔棒）工具选中窗帘。右键单击并选择Select Inverse（选择反向）命令，如图5.53所示。
6. 执行Edit（编辑）>Copy（拷贝）命令和Edit（编辑）>Paste（粘贴）命令，添加窗帘。执行Edit（编辑）>Transform（变换）>Distort（扭曲）命令，调整窗帘透视，以匹配图形。执行Edit（编辑）>Transform（变换）>Flip Horizontal（水平翻转）命令，创

图5.50

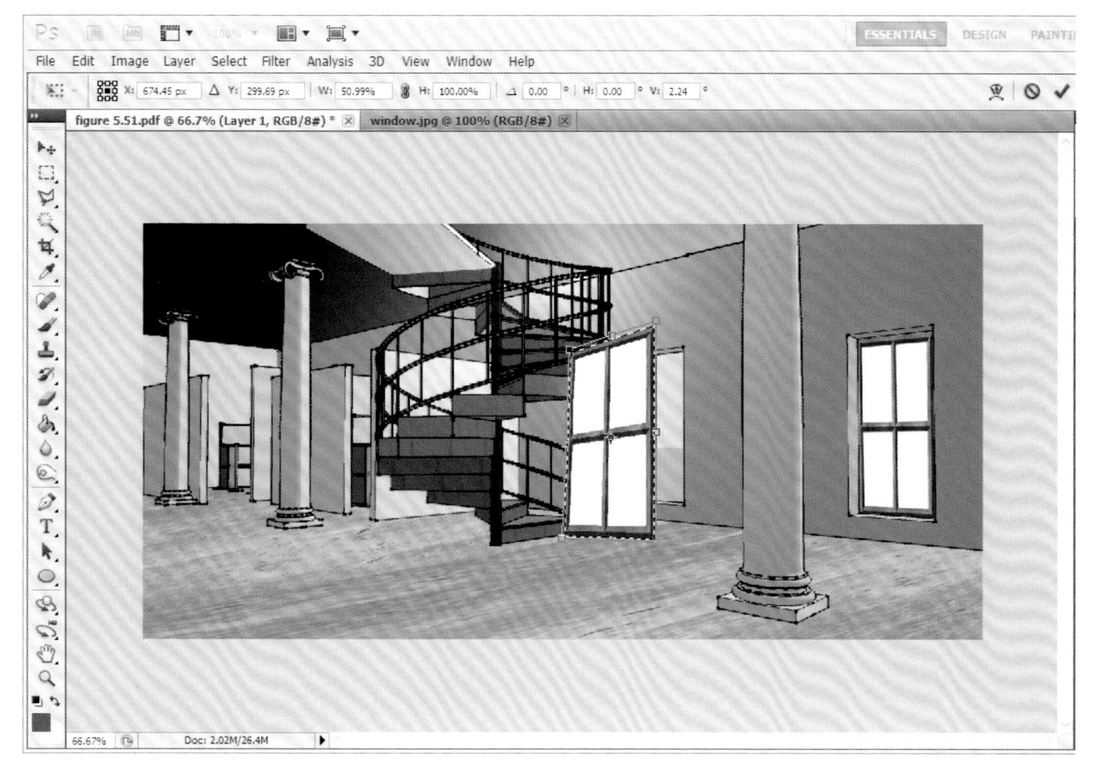

图5.51

图5.52

图5.54

图5.53

图5.55

建出左侧窗帘。重复此步骤，创建出另一个窗户的窗帘。然后为所有窗帘添加阴影，如图5.54所示。

7.将钢琴、人物和更远距离的人物图像导入透视图中，图形效果如图5.55所示。

8.激活Piano（钢琴）图层。使用Rectangular Marquee（矩形选框）工具选择钢琴图像。然后执行Edit（编辑）>Copy（拷贝）命令和Edit（编辑）>Paste（粘贴）命令，将钢琴图像添加到透视图中，如图5.56所示。

图5.56

9.将layer 1（图层1）重命名为piano（钢琴）。使用Magic Wand（魔棒）工具选择钢琴图像，然后使用Paint Bucket（油漆桶）工具填充灰色。将另一个图层命名为shadow-piano（钢琴阴影）。将图层混合模式设为Multiply（变亮），将Opacity（不透明度）设为60%～70%，如图5.57所示。

10. 选择灰色钢琴。执行Edit（编辑）>Transform（变换）>Distort（扭曲）命令，使阴影透视匹配图形，如图5.58所示。

11. 重复这一过程，创建人物图像的投影。创建阴影后，透视图效果如图5.59所示。

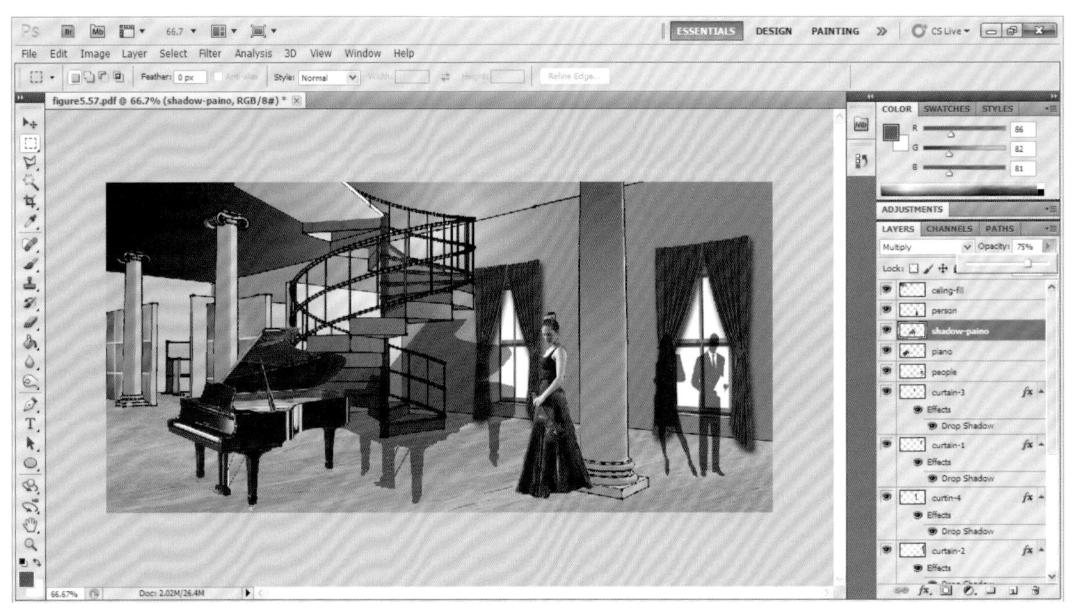

图5.57

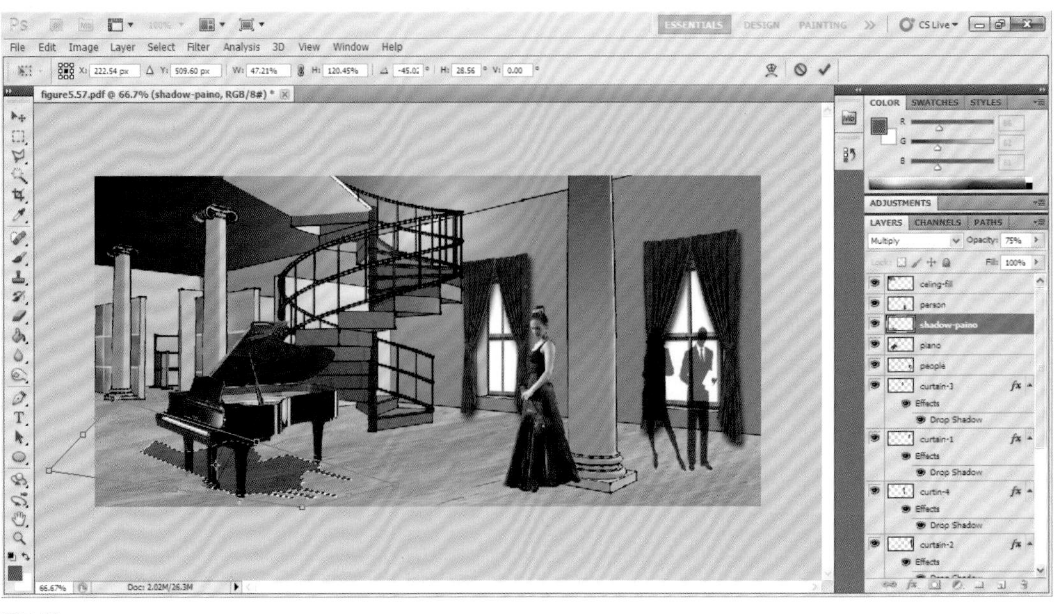

图5.58

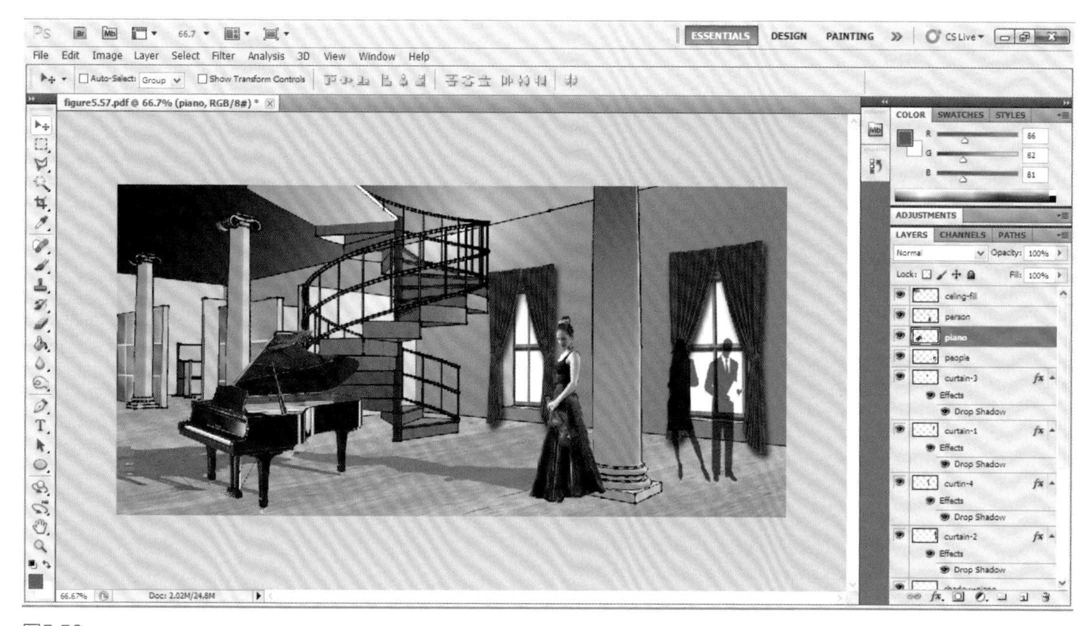

图5.59

透过窗户投射光线

光源通常能为场景添加视觉的趣味。灯光作为室内空间的一种设计元素，室内设计师和建筑师常在设计中使用灯光，以达到特殊效果。

图5.60显示了如何创建透过窗户的投射光线效果。这一设计是为了烘托室内空间中的艺术气息。需要在设计作品中添加彩色玻璃窗、艺术品和工艺风格的壁灯。初始的透视图是在SketchUp中创建的。

图5.60

1. 在Photoshop中打开如图5.61所示的透视图。
2. 在天花板区域添加渐变填充，然后在天花板区域的中心添加一盏Omni（全光源）。在透视图中导入彩色玻璃窗，以及艺术品和手工艺风格的壁灯。为每盏壁灯添加Flood light（喷涌光）和阴影，如图5.62所示。

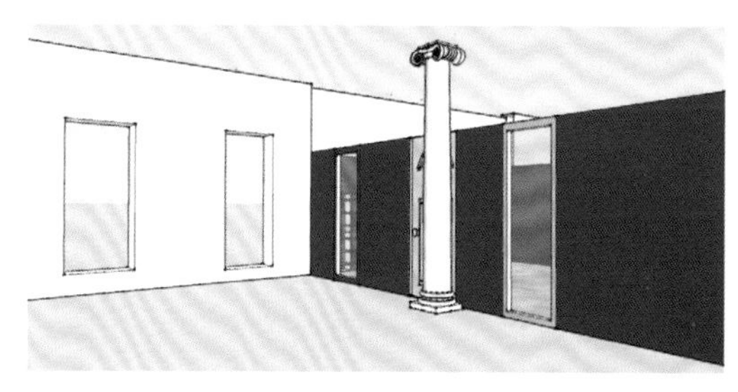
图5.61

3. 为立柱添加渐变填充。导入一个画框放置到墙壁位置，并为地板区域填充灰色，如图5.63所示。
4. 为墙壁应用石头材质。执行Edit（编辑）>Transform（变换）>Perspective（透视）命令和Edit（编辑）>Transform（变换）>Distort（扭曲）命令，以匹配图形的透视效果。为了降低石墙的色调，使用Paint Bucket（油漆桶）工具在石墙顶部填充灰色。注意要将图层Opacity（不透明度）设置为30%～40%。在石墙上添加阴影效果，如图5.64所示。

图5.62

图5.63

图5.64

5. 使用Polygon Lasso（多边形套索）工具，并按照图5.65所示窗户的透视效果选择彩色玻璃窗户。
6. 执行Edit（编辑）>Copy（拷贝）和Edit（编辑）>Paste（粘贴）命令，添加彩色玻璃窗户至新的图层中，并命名为window-1（窗户1）。执行Edit（编辑）>Transform（变换）>Flip Vertical（垂直翻转）命令，将复制的窗户图像垂直翻转，如图5.66所示。
7. 执行Edit（编辑）>Transform（变换）>Distort（扭曲）命令，调整地板上彩色玻璃投影的透视，确保与图形透视相匹配，如图5.67所示。
8. 为了增强彩色玻璃通透的感觉，更改图层混合模式为Screen（滤色），如图5.68所示。
9. 窗户并非是完全透明的，因此我们认为投影应该是相对模糊、扭曲的，而不是清晰的。为了创建这种效果，执行Filter（滤镜）>Blur（模糊）>Motion Blur（动感模糊）命

图5.65

图5.66

图5.67

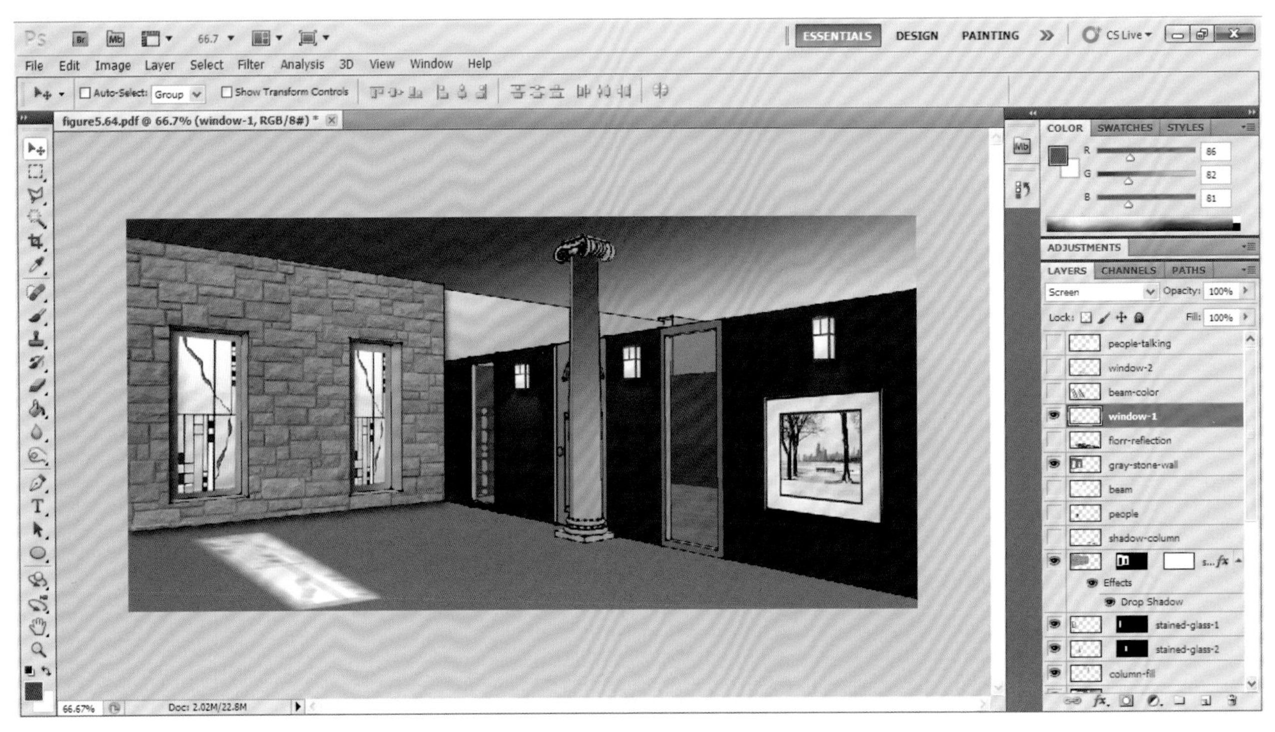

图5.68

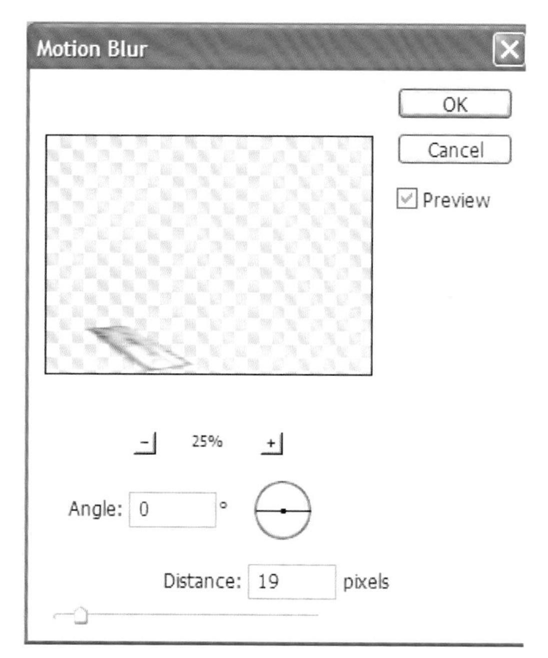

图5.69

令，然后设置Angle（角度）为0，Distance（距离）为19，如图5.69所示。

10. 为了创建出更加真实的感觉，还需要创建透过窗户投射到地板上的光束。首先，新建一个图层，命名为Beam（光束），设置图层Opacity（不透明度）为60%～70%，如图5.70所示。

11. 使用Polygon Lasso（多边形套索）工具，创建出透过窗户投射到地板上的光束的基

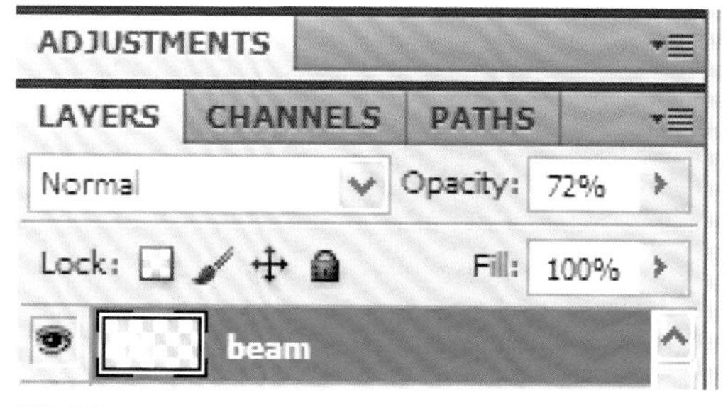

图5.70

本轮廓，如图5.71所示。然后执行Select（选择）>Modify（修改）>Feather（羽化）命令，设置Feather Radius（羽化半径）为10像素，如图5.71所示。

12. 设置渐变为前景到透明的线性渐变，前景色设为白色。从顶部（左上角）拖动至底部（右下角）填充渐变。这样将创建出一缕慢慢变淡的白色轻柔光线。重复操作，为另一个窗户添加投射光线，如图5.72所示。

13. 由于窗户的玻璃为彩色，光线穿过玻璃会变色。创建一个新的图层，命名为beam-color（光束颜色），设置Opacity（不透明度）为7%。

14. 选择Gradient（渐变）工具，然后选择Transparent Rainbow（透明彩虹渐变）选项（最后一行左侧第二个），如图5.73所示。

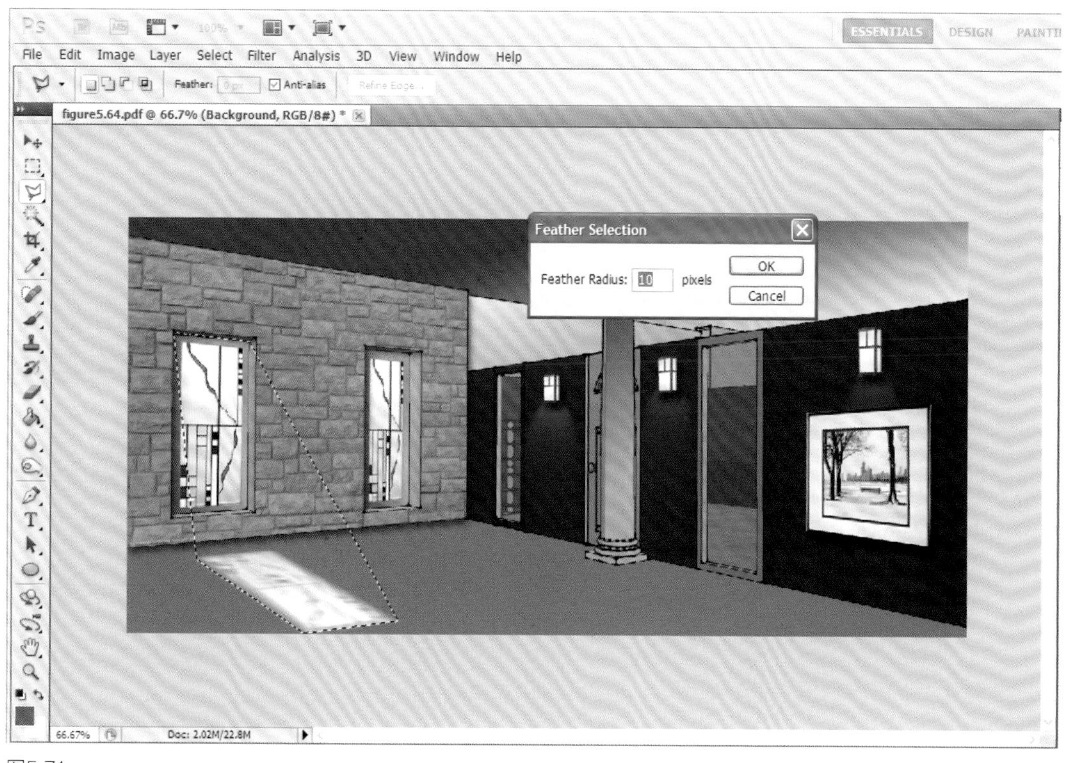

图5.71

图5.72

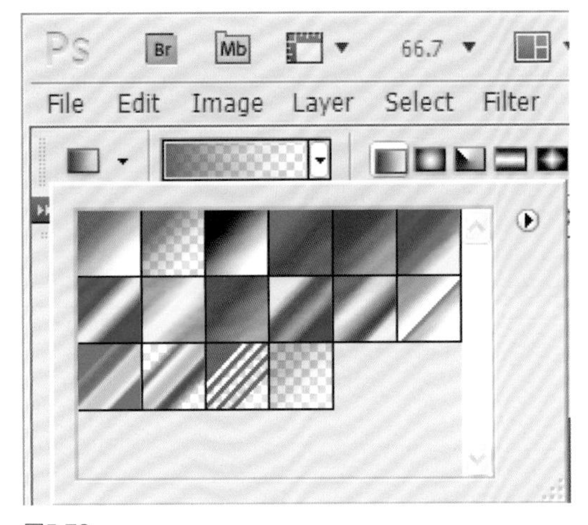

图5.73

15. 从光束的左下角向右上角拖动填充渐变，目的是创建微量的彩色光线。
16. 为了添加彩色光线的一些细微条纹，更改图层混合模式为Pin Light（点光），如图5.74所示。

阴影和反射

最后，需要让高度磨光的地板映射出投射到地板上的窗户图像。可以通过创建侧墙的细微反射来实现这一效果。

1. 使用Polygon Lasso（多边形套索）工具，勾勒出需要复制的图像轮廓。选中所有包含需要复制的对象的图层。在本例中，我们需要选中画框和三个壁灯，以及背景图层。执行Edit（编辑）>Copy Merged（合并拷贝）命令，如图5.75所示。
2. 复制侧墙至透视图中。执行Edit（编辑）>Transform（变换）>Flip Vertical（垂直翻转）命令，将侧墙图像翻转，如图5.76所示。
3. 将图层重命名为floor-reflection（地板反射），并将其激活。使用Rectangular Marquee（矩形选框）工具选择翻转的墙壁。执行Edit（编辑）>Transform（变换）>Distort（扭曲）命令，使墙壁的透视与图形相匹配，如图5.77所示。

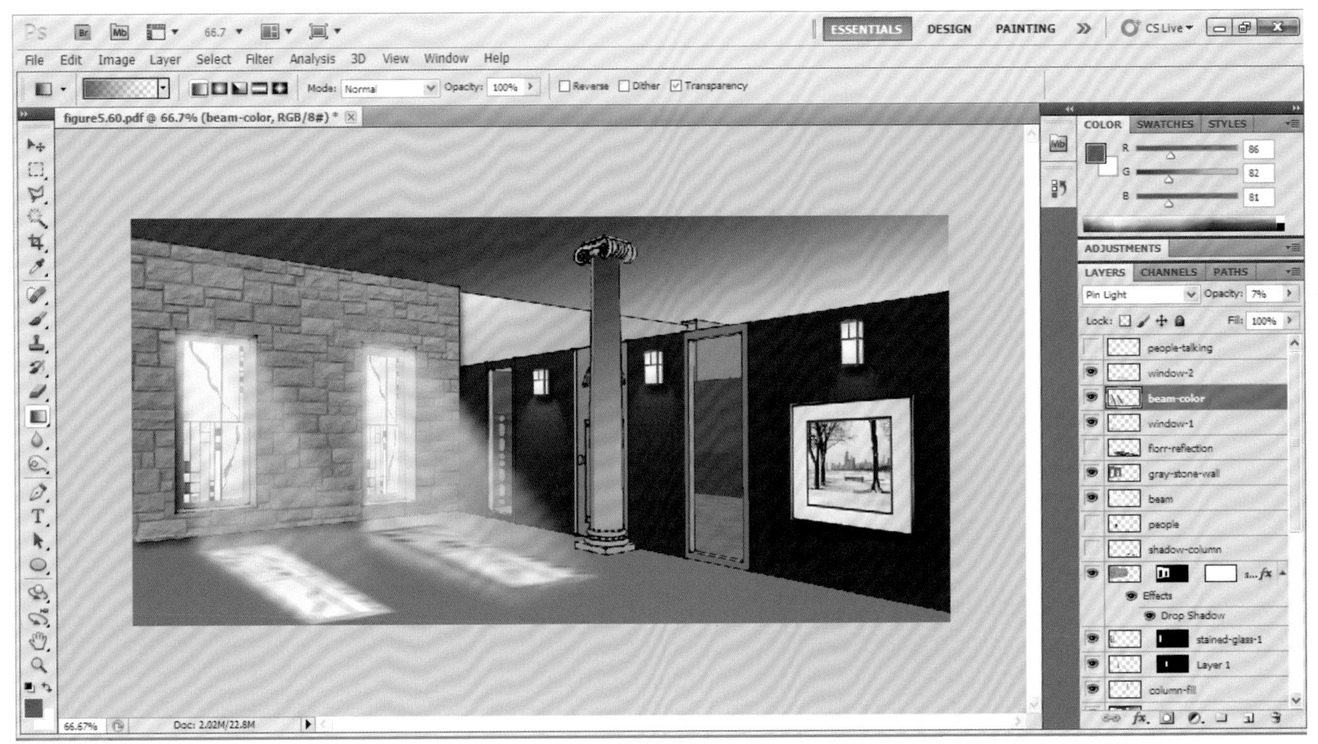

图5.74

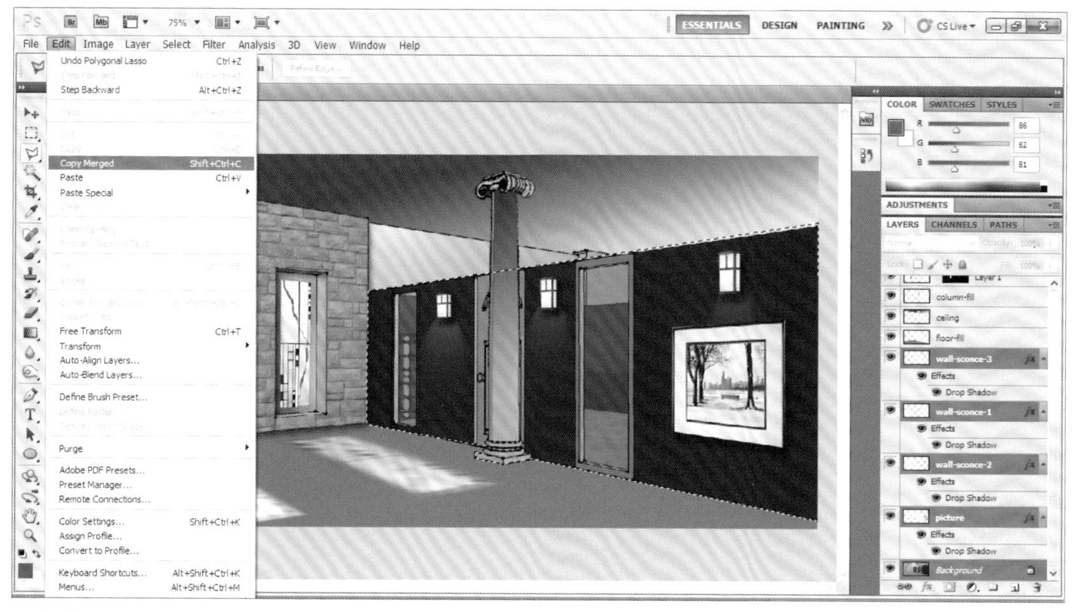

图5.75

图5.76

图5.77

图5.78

4. 设置图层Opacity（不透明度）为15%，并选择图层混合模式为Pin Light（点光）。激活beam（光束）和color beam（彩色光束）图层，如图5.78所示。
5. 在图形中添加人物和立柱阴影。此时图形效果如图5.79所示。

概要

在本章中，介绍了在透视图中应用灯光的基本技巧。本章的开始介绍了Photoshop中的光照效果滤镜。然后演示了更先进的技术，包括在室内空间中应用混合照明、为对象创建投影和创建透过彩色玻璃窗的投射光线。

此外，还介绍了创建地板反射的方法。尤其是介绍了以下操作技巧：

- 在室内空间应用混合照明类型
- 创建对象的投射
- 为彩色玻璃窗创建投影
- 创建地板反射效果

关键术语

- Ambience（环境）
- 环境光色
- 创建更多灯光
- 删除灯光
- 删除灯光样式
- Directional（平行光）
- Drop Shadow（投影）
- 复制灯光
- Edit（编辑）>Copy Merged（合并拷贝）
- Edit（编辑）>Transform（变换）>Flip Vertical（垂直翻转）
- Exposure（曝光）
- Feather（羽化）
- Filter（滤镜）
- Filter（滤镜）>Blur（模糊）>Motion Blur（动感模糊）

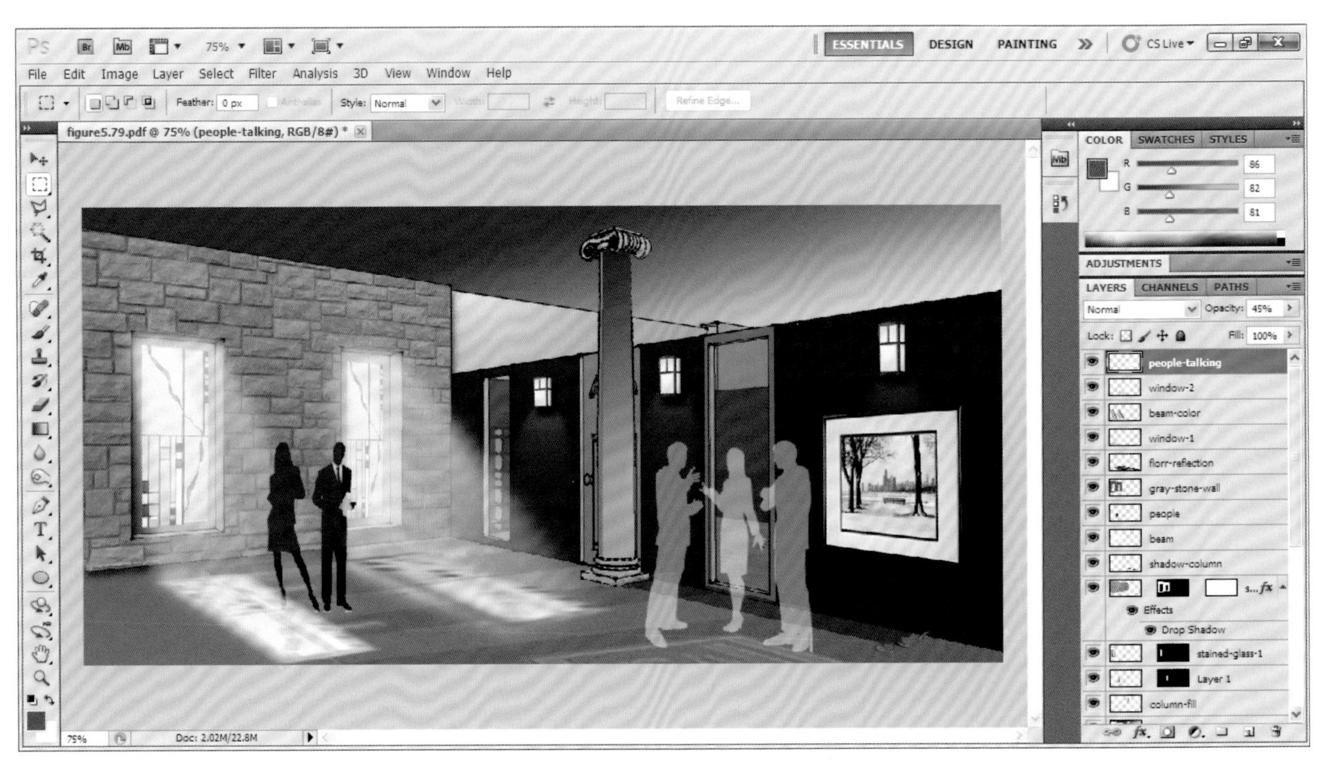

图5.79

- Flood Light（喷涌光）
- Focus（聚焦）
- Gloss（光泽）
- Intensity（强度）
- 图层混合模式
- Light Color（光照颜色）
- Light Type（光照类型）
- Lighting Effects（光照效果）
- Material（材料）
- Multiply（亮光）图层混合模式
- Omni（全光源）
- Opacity（不透明度）
- Pin Light（点光）图层混合模式
- Polygon Lasso（多边形套索）工具
- 保存新灯光样式
- Screen（滤色）图层混合模式
- Spotlight（点光）
- 开关灯光

项目练习

1. 使用与本书配套的网站提供的透视图http://www.bloomsbury.com/us/photoshop-for-interior-designer-9781609015442/（相关资源请加封底读者QQ群下载获取），在Photoshop中为透视图创建混合光照效果。并将人物图像添加到透视图中。
2. 使用您正在开展的工作项目作为初始透视图，在透视图中创建光照效果和投影。
3. 使用与本书配套的网站提供的透视图，创建彩色玻璃窗户的投射光线效果。您可以为此室内空间自定义自己的灯光样式。

6

Photoshop中的特效

本章介绍了使用Photoshop的Filter（滤镜）功能创建特殊效果的技术，如水彩效果、油画效果、蜡笔效果和铅笔素描效果等，通过特殊效果能够更有效地传达设计意图。例如，棕褐色或棕色色调的图像通常用于表现艺术效果或模拟沉旧的外观。相比于“冷酷无情”的计算机生成的图形来说，这些效果更能触动观众。在展示图纸中，有时候还可以组合不同的图形，比如水彩画或棕褐色调的效果图与渲染图相配合，形成独特的风格，从而传达设计意图。如本书前面的图1.1的效果。

用黑白或彩色图像创建棕褐色调图像

Photoshop中的Filter（滤镜）功能可以很轻松地从一张黑白（灰度）或彩色图像创建出棕褐色或棕色色调的图像。图6.1是在图6.2这张彩色图像的基础上创建出的棕褐色色调的图像。

创建棕褐色调图像有几种不同方法，这几种方法之间并无绝对的优劣之分。由设计师根据项目需要，自行选择即可。下面以一个简单的实例，演示创建棕褐色调图像的操作步骤。

1. 在Photoshop中打开图6.2。
2. 执行Image（图像）>Mode（模式）>Grayscale（灰度）命令，将图像更改为灰度模式，如图6.3所示。
3. 重新打开菜单栏中的Mode（模式）子菜单，选择RGB Color（RGB颜色）命令，如图6.4所示。需要注意的是，如果跳过这一步，将无法改变灰度图像的颜色。
4. 接下来，为了在图像中创建一个新的Color Balance（色彩平衡）图层，执行Layer（图层）>New Adjustment Layer（新建调整图层）>Color Balance（色彩平衡）命令，如图6.5所示。如果菜单中Color Balance（色彩平衡）命令为灰色不可用状态，通常意味着需要按上一步操作，将图像模式从Grayscale（灰度）改为RGB Color（RGB颜色）。
5. 弹出一个对话框，如图6.6所示，单击OK（确定）按钮。

图6.1

图6.2

图6.3

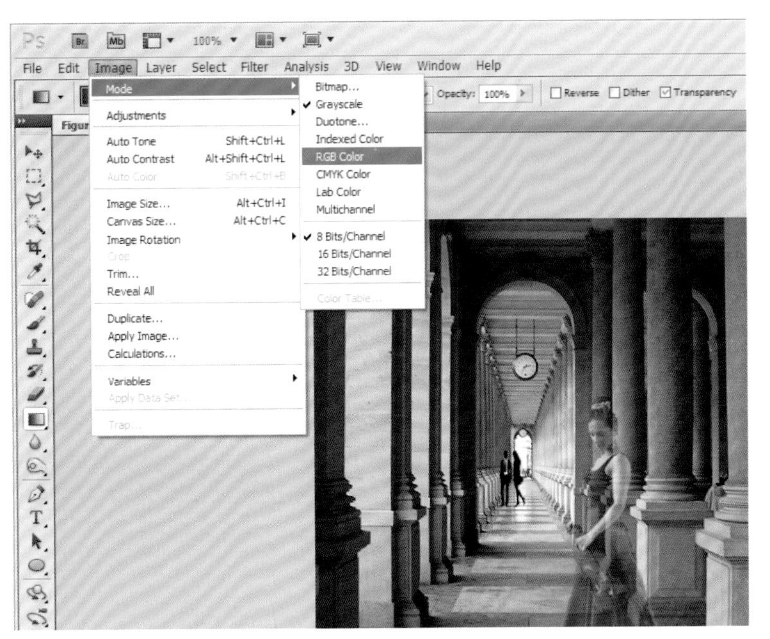

图6.4

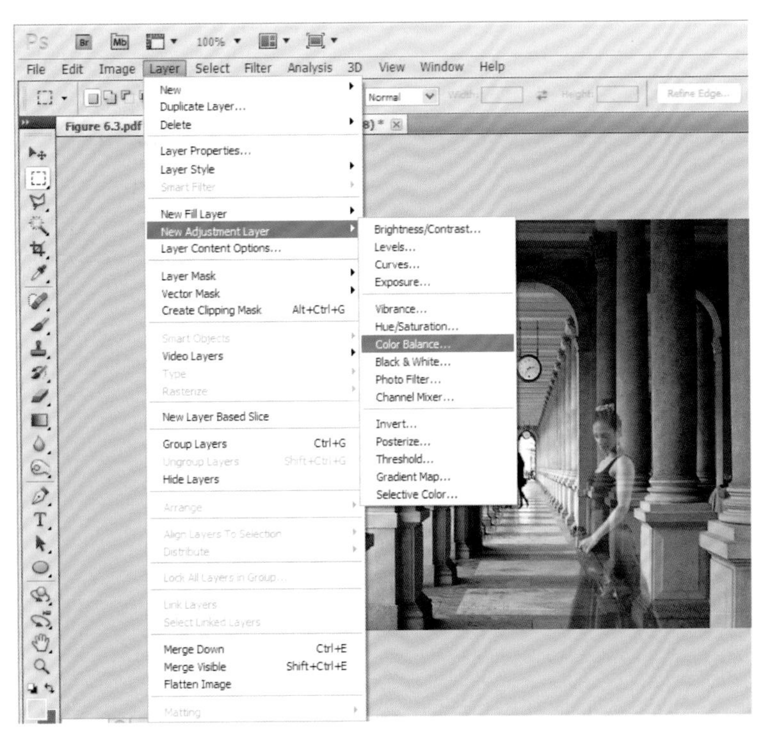

图6.5

图6.6

6. 此时窗口右侧弹出Color Balance Adjustment（色彩平衡调整）窗格。调整滑块，以更改Shadows（阴影）、Midtones（中间调）和Highlights（高光）对应的参数值，如图6.7所示。棕褐色调通常包含红色和黄色。开始的时候，可以尝试将Color Balance Adjustment（色彩平衡调整）窗格中Shadows（阴影）参数值设为（+20，0，-25），如图6.7所示。单击选中Midtones（中间调）单选按钮，并设置参数为（+30，0，-25）。设置Highlights（高光）参数值为（+10，0，-5）。当然，也可以根据需要修改参数值。
7. 单击窗口右侧Color Balance Adjustment（色彩平衡调整）窗格底部的Layers（图层）。可以看到，在图层列表中增加了新的Color Balance（色彩平衡）图层，如图6.8所示。

Photoshop往往为实现相同的结果提供了多种不同的方法，也可以采用其他方法创建棕褐色调的图像。第二种创建棕褐色调图像的方法如下：在Photoshop中打开一张彩色图像，执行Image（图像）>Adjustments（调整）>Desaturate（去色）命令，将彩色图像更改为黑白图像；由于图像已经转成灰度模式，但仍然保留RGB色彩模式，因此无需像第一种方法那样再将颜色模式转换为RGB Color（RGB颜色）；添加一个Color Balance（色彩平衡）图层（按照前面介绍的方法），调整参数值即可。

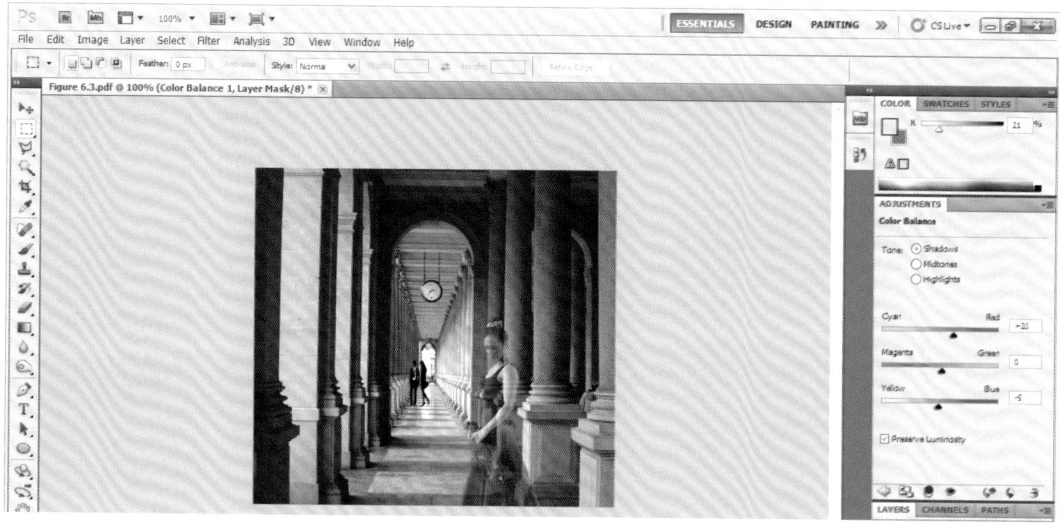

图6.7

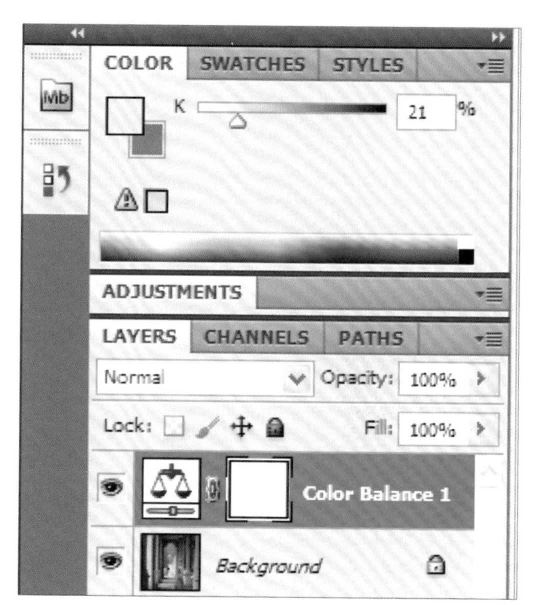

图6.8

图6.10

图6.11

图6.9

图6.12

手动创建棕褐色调

棕褐色调已经使图像具有沉旧的效果。轻淡的蜡笔着色会进一步强化这种效果，并且通常更适合表现沉旧的感觉。图6.9至图6.12展示了应用柔和蜡笔效果的棕褐色调图像效果。

接下来演示如何通过应用手工着色创建棕褐色调图像，这种方法远比真实的手工着色要快。由于设计师的工作往往日程紧、任务重，因此这种方法非常有用。

1. 在Photoshop中打开彩色图像，如图6.2所示，然后执行Layer（图层）>New Adjustment Layer（新建调整图层）> Hue/Saturation（色相/饱和度）命令，创建一个Hue/Saturation（色相/饱和度）调整图层。弹出一个对话框，如图6.13所示，单击OK（确定）按钮。
2. 右侧弹出Hue/Saturation（色相/饱和度）窗格。向左调整Saturation（饱和度）滑块，移除图像中的颜色，如图6.14所示。彩色图像即转变为黑白图像。
3. 现在，执行Layer（图层）>New Adjustment Layer（新建调整图层）> Color Balance（色彩平衡）命令，创建一个Color Balance（色彩平衡）调整图层。调整Shadows（阴影）的参数值为（+20，0，-5），调整Midtones（中间调）的参数值为（+30，0，-25），调整Highlights（高光）的参数值为（+10，0，-5），形成合适的棕褐色调效果，如图6.15所示。
4. 将光标移至Layers（图层）面板的底部。如果未显示Layers（图层）面板，则执行Window（窗口）>Layers（图层）命令调出。右键单击Background（背景）图层，选择Duplicate（复制图层）命令，复制该图层。拖动复制的图层至图层列表顶部，如图6.16所示。将复制的图层拖至顶部后，图像即变为彩色。我们也可以在刚开始时即复制Background（背景）图层，然后将原始Background（背景）图层关闭。接着创建一个Hue/Saturation（色相饱和度）和Color Balance（色彩平衡）调整图层，然后调整Shadows（阴影）、Midtones（中间调）和Highlights（高光）参数值。
5. 选中Background Copy（背景 副本）图层，调整不透明度，如图6.17所示，这里设置为35%，这样既保留了棕褐色调，同时又能让彩色适当显露出来。这样就形成了轻淡蜡笔色彩效果，并保留了沉旧的外观。

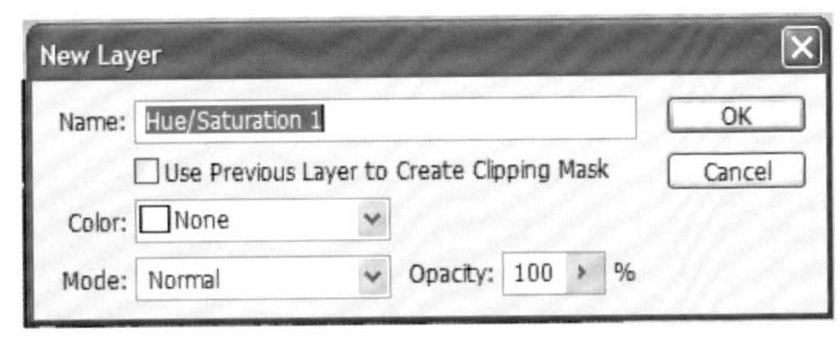

图6.13

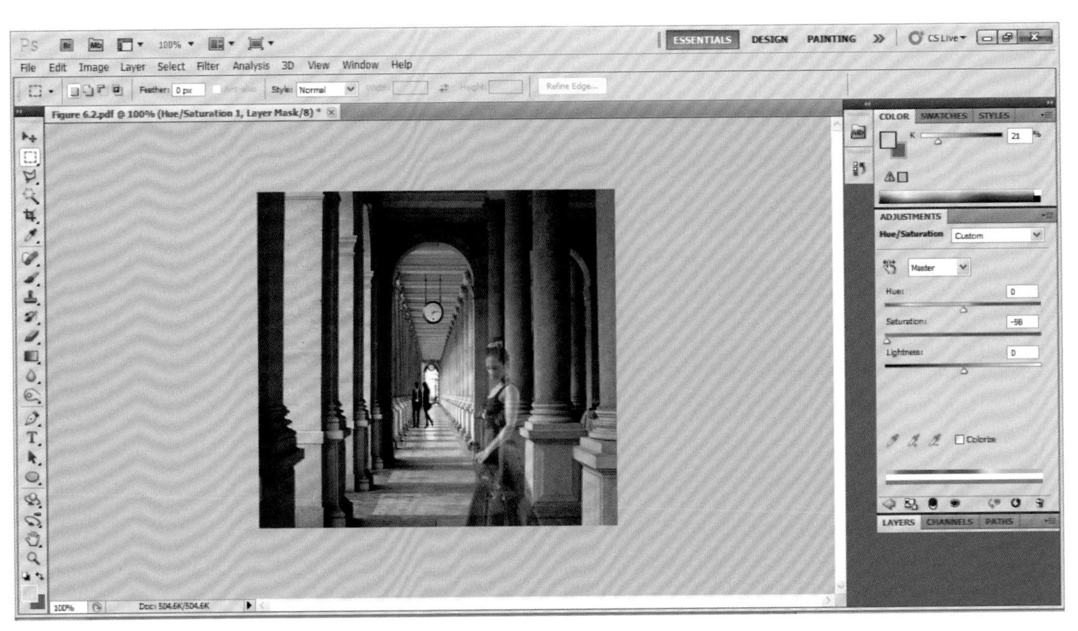

图6.14

由于棕褐色能传达远久时光的感觉，因此常用于呈现历史古建筑。以下是“创建棕褐色调图像”的另一个实例，展示了罗马万神殿的平面图。万神殿是最古老的建筑之一，而棕褐色是表现这个建筑物最恰当的色调。

1. 在Photoshop中打开万神殿的黑白平面图。执行Image（图像）>Mode（模式）>RGB Color（RGB颜色）命令，将图像模式设置为RGB模式。

2. 执行Layer（图层）>New Adjustment Layer（新建调整图层）命令，创建一个新的“色彩平衡”图层，如图6.18所示。

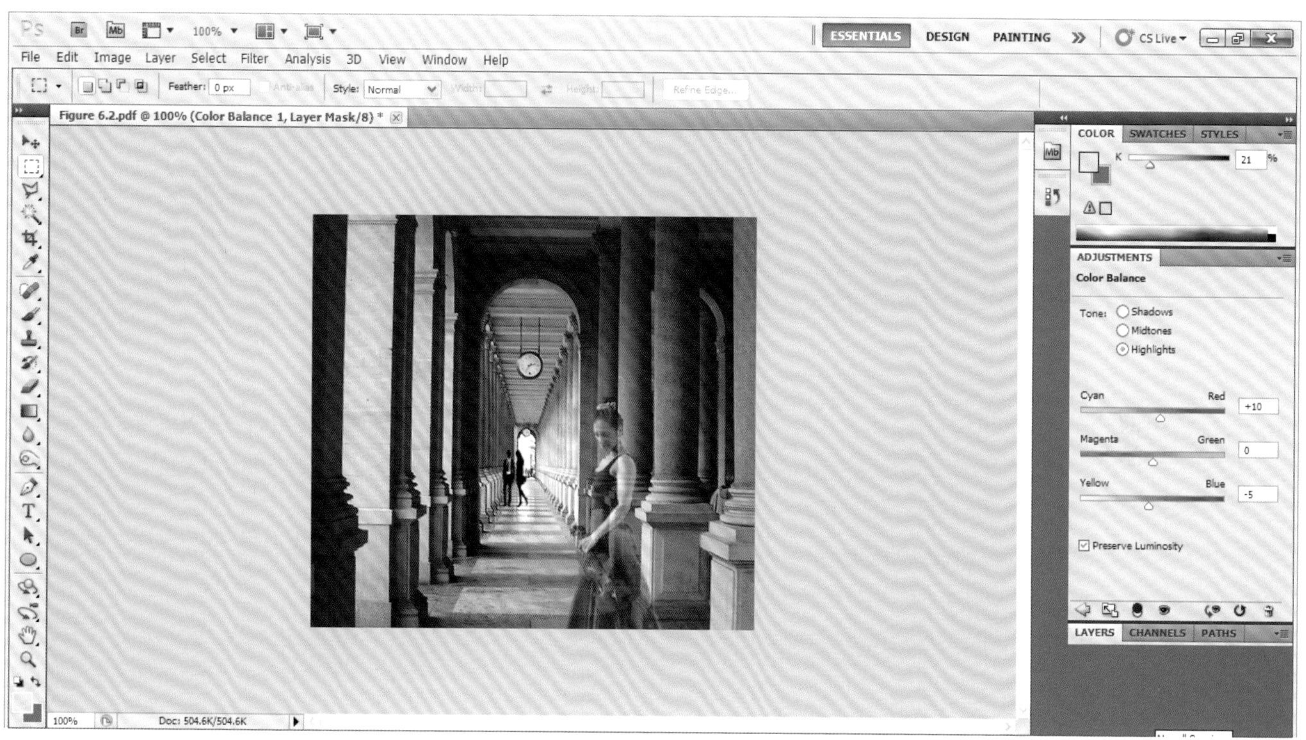

图6.15

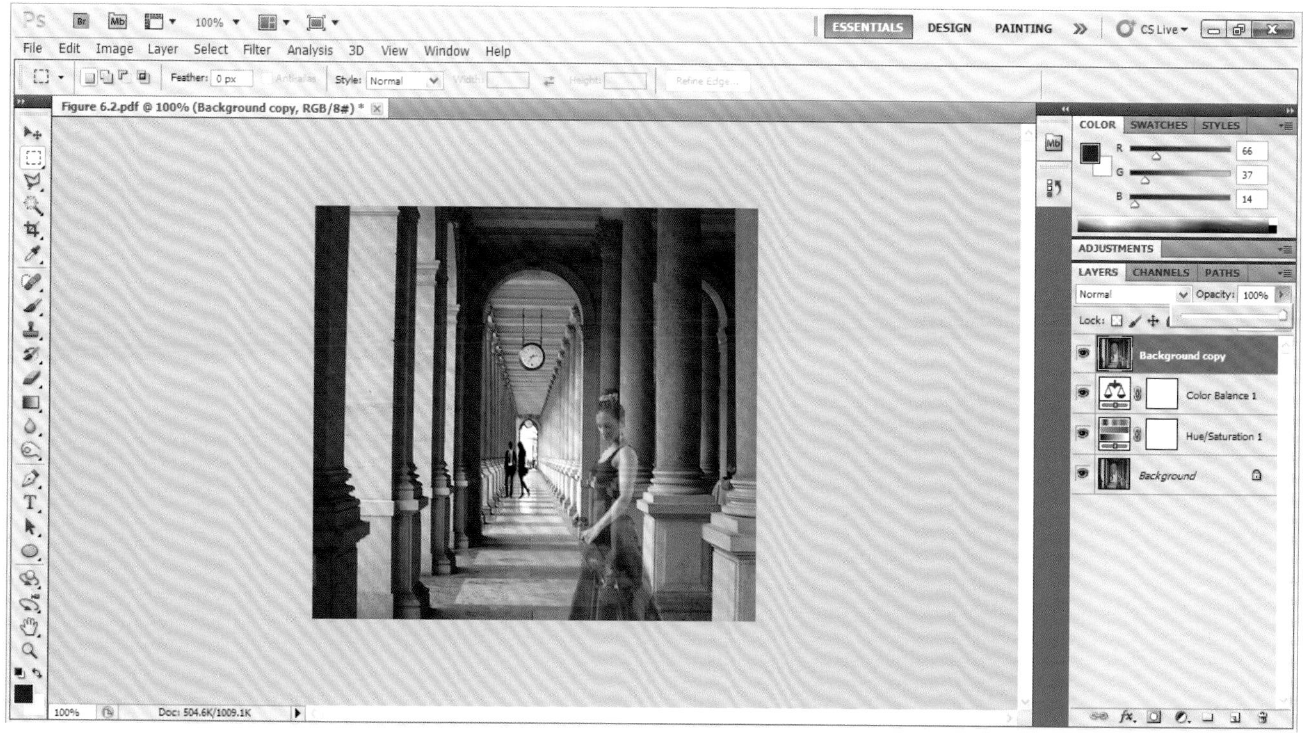

图6.16

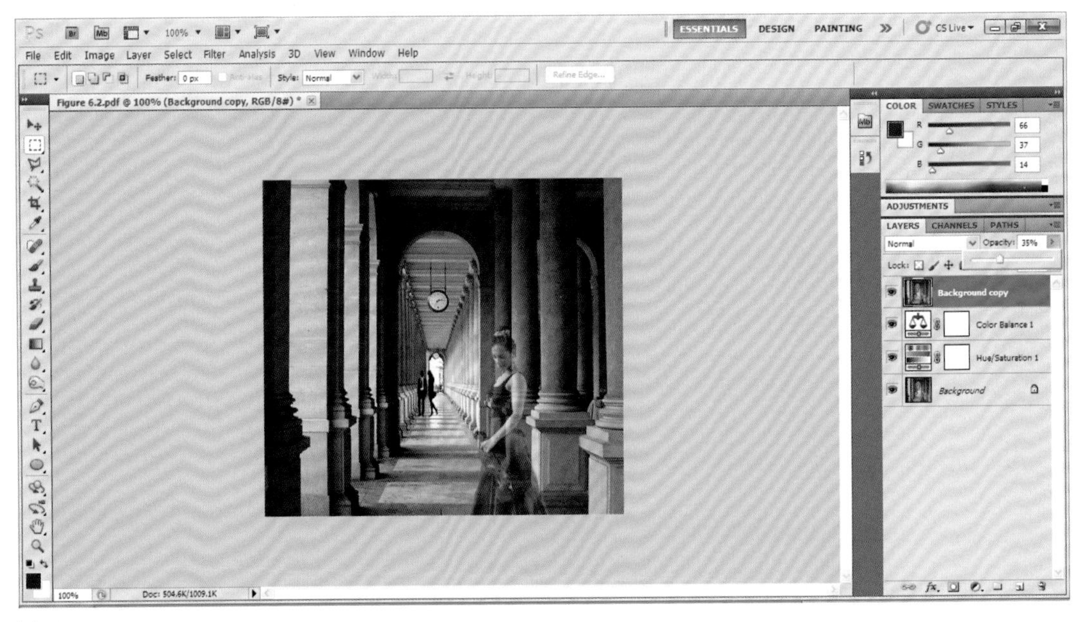

图6.17

3. 在Adjustments（调整）窗格中，调整Shadows（阴影）参数值为（+20，0，-5），调整Midtones（中间调）的参数值为（+30，0，-25）；调整Highlights（高光）的参数值为（+10，0，-5），得到的棕褐色平面图效果如图6.19所示。
4. 使用Gradient（渐变）工具为平面图的其他区域填充棕褐色，如图6.20所示。

创建水彩效果

水彩效果能够表现出图像的自由和抽象的感觉，是许多设计师青睐的艺术形式。使用Photoshop中的Watercolor（水彩）滤镜，可以快速创建出水彩效果。图6.21至图6.23是创建水彩效果的实例。图6.21是一种具有水彩效果的手绘棕褐色调图像。

应用水彩效果的操作步骤非常简单直接。

1. 在Photoshop中打开图6.11。在创建水彩效果之前，先将图像拼合，这样水彩效果将应用到所有图层中，而不仅仅是当前激活的图层。拼合图像是指将所有图层合并为一个图层。执行Layer（图层）>Flatten Image（拼合图像）命令即可，如图6.24所示。

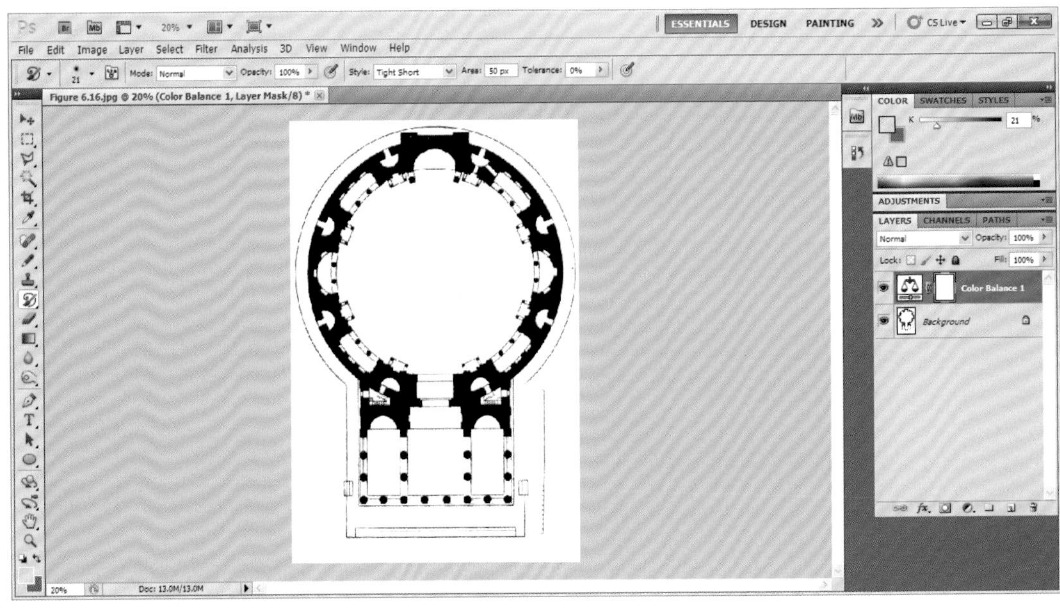

图6.18

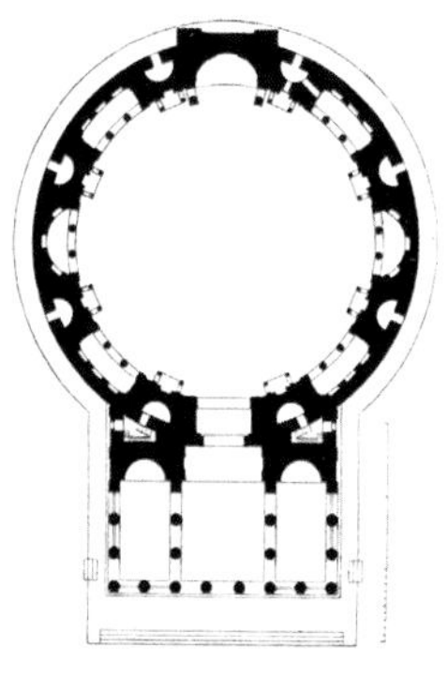

图6.19

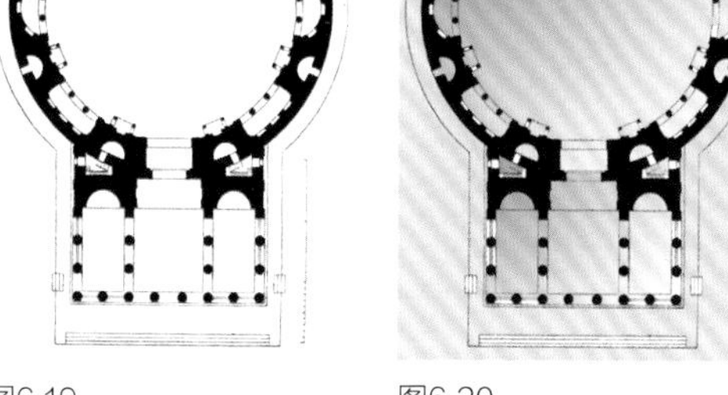

图6.20

图6.21

图6.22

图6.23

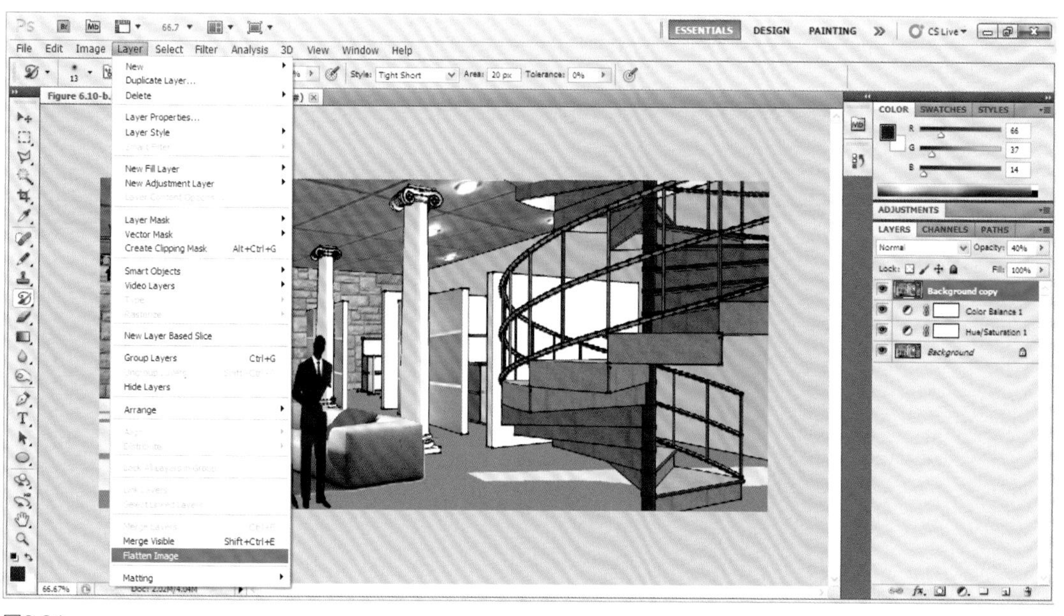

图6.24

2. 拼合图像后，在窗口右侧将只能看到一个图层，即Background（背景）图层。执行Filter（滤镜）>Artistic（艺术效果）>Watercolor（水彩）命令，如图6.25所示。

3. 此时即打开预览窗口，如图6.26所示。单击左下角的+或-按钮，可以放大或缩小预览图片。

4. 单击OK（确定）按钮，图像即应用了水彩效果。为了让图像的水彩效果更显真实，还需要创建出柔边的画笔效果。为此，需要使用Photoshop中的Brush（画笔）工具。在窗口左侧工具栏中可调用Brush（画笔）工具，如图6.27所示。

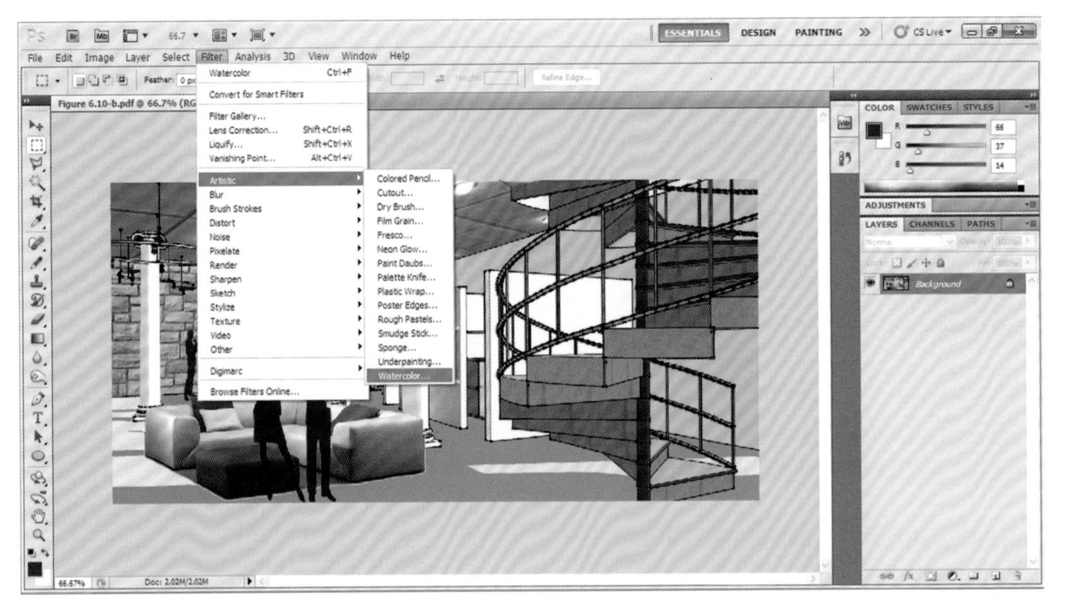

图6.25

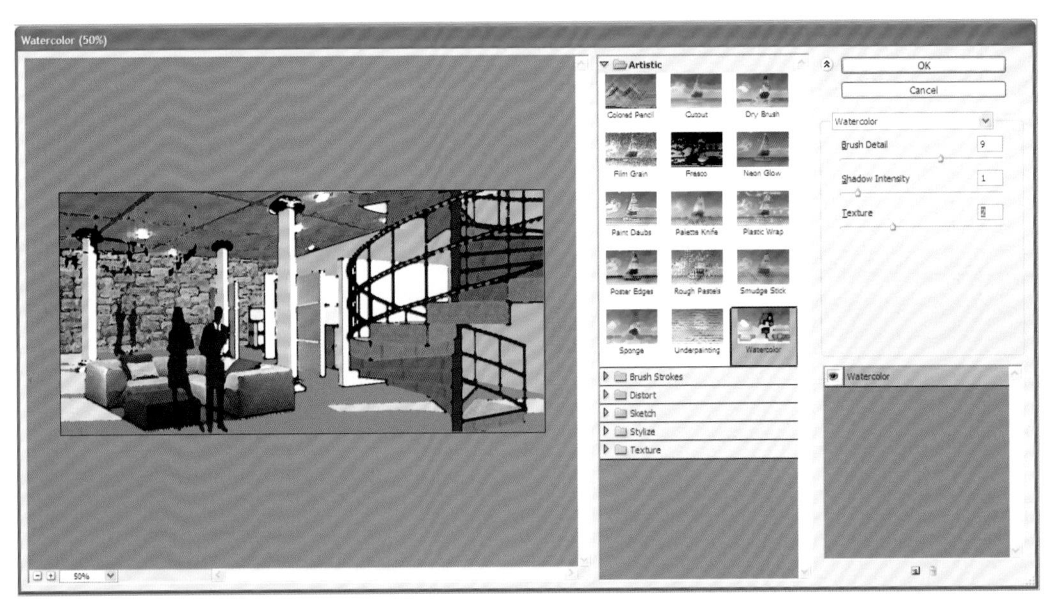

图6.26

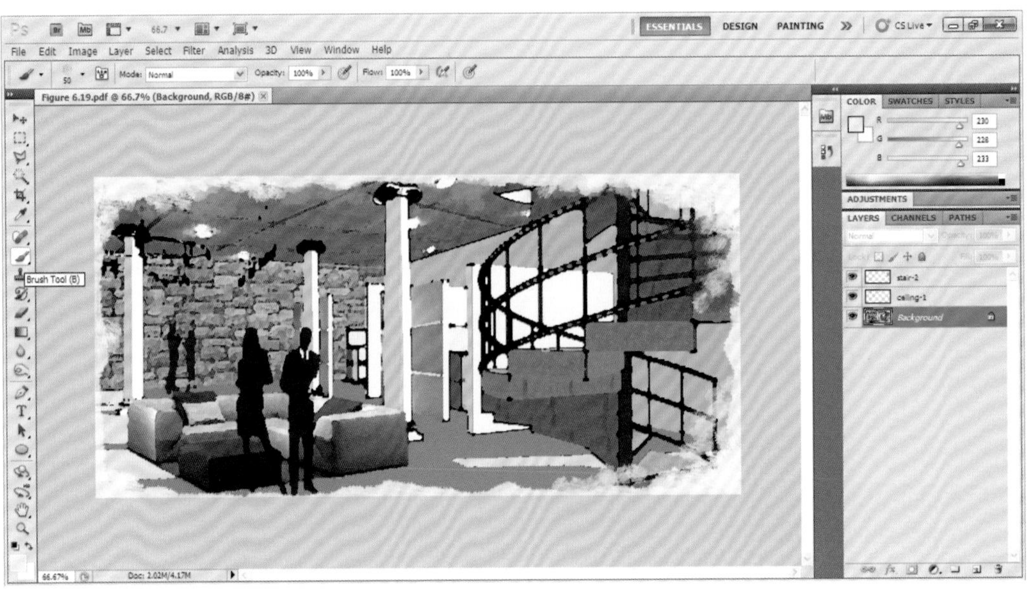

图6.27

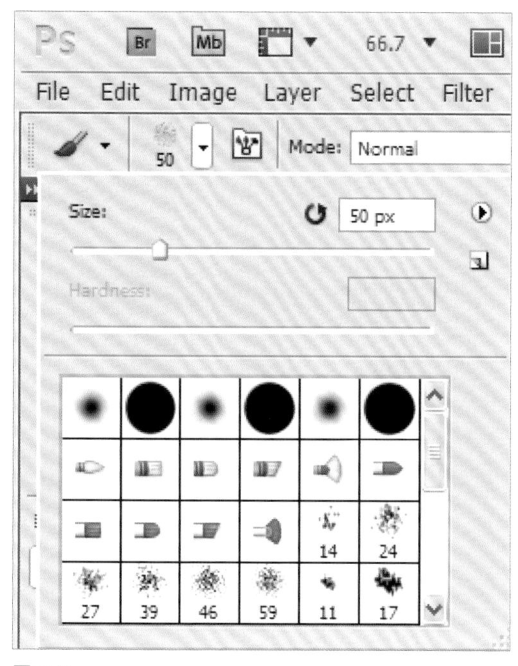

图6.28

图6.29

图6.30

5. 也可以更改画笔类型和大小。单击窗口顶部选项栏左侧下拉按钮，在弹出的下拉面板中调整即可，如图6.28所示。
6. 还可以使用不同的颜色和不同的图层不透明度来柔化边缘。在图6.21中，创建了两个新的图层。首先使用Brush（画笔）工具选用白色环绕笔刷绘制一些随意的描边曲线。要注意前景色设为白色（参见图6.29）。
7. 创建一个新的图层，命名为ceiling-1（天花板1）。使用Brush（画笔）工具采用较淡的棕色绘制一些描边曲线。之所以将前景色设为较淡的棕色，是为了柔化棕色天花板边缘的过渡。设置ceiling-1（天花板1）图层的不透明度为78%，如图6.30所示。
8. 再创建一个新的图层，命名为stair-2（楼梯2）。使用Brush（画笔）工具在楼梯间区域绘制一些描边曲线，创建出楼梯间边缘的柔和过渡。将前景色设为暖灰色，然后设置图层不透明度为76%，如图6.31所示。

图6.22和图6.23是采用了相同的方法创建水彩效果的图形。

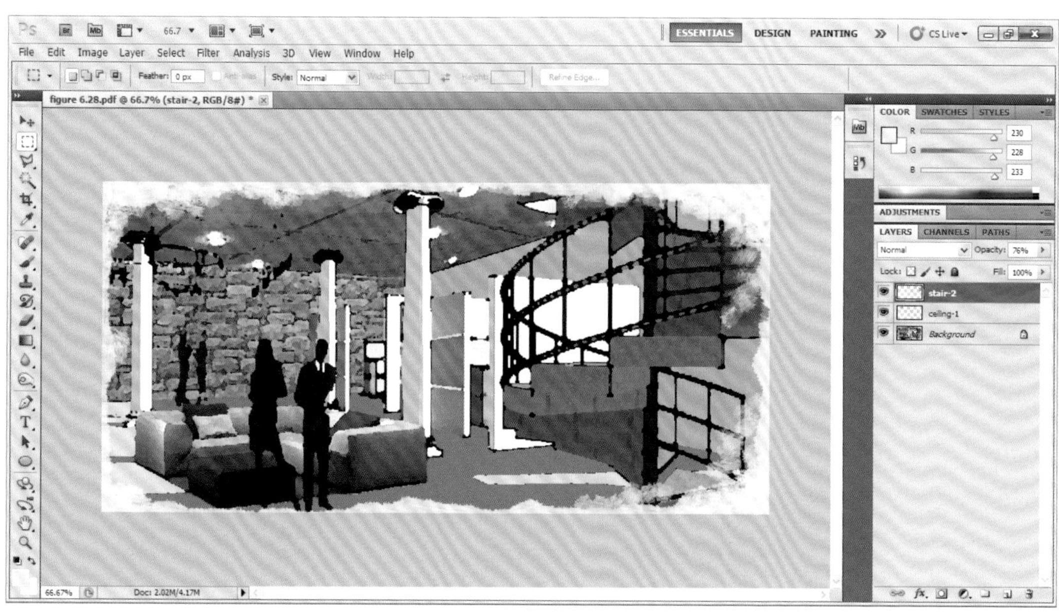

图6.31

创建蜡笔效果

在Photoshop中，可以创建出蜡笔效果的图形，操作步骤也很简单。图6.32和图6.33是两个使用蜡笔滤镜创建蜡笔手绘效果的示例。

1. 在Photoshop中打开原始图形。执行Layer（图层）>Flatten Image（拼合图像）命令，拼合图像。执行Filter（滤镜）>Artistic（艺术效果）>Rough Pastels（粗糙蜡笔）命令，如图6.34所示。
2. 弹出如图6.35所示的预览窗口。单击左下角的+或-按钮，放大或缩小预览图像。

图6.32

图6.33

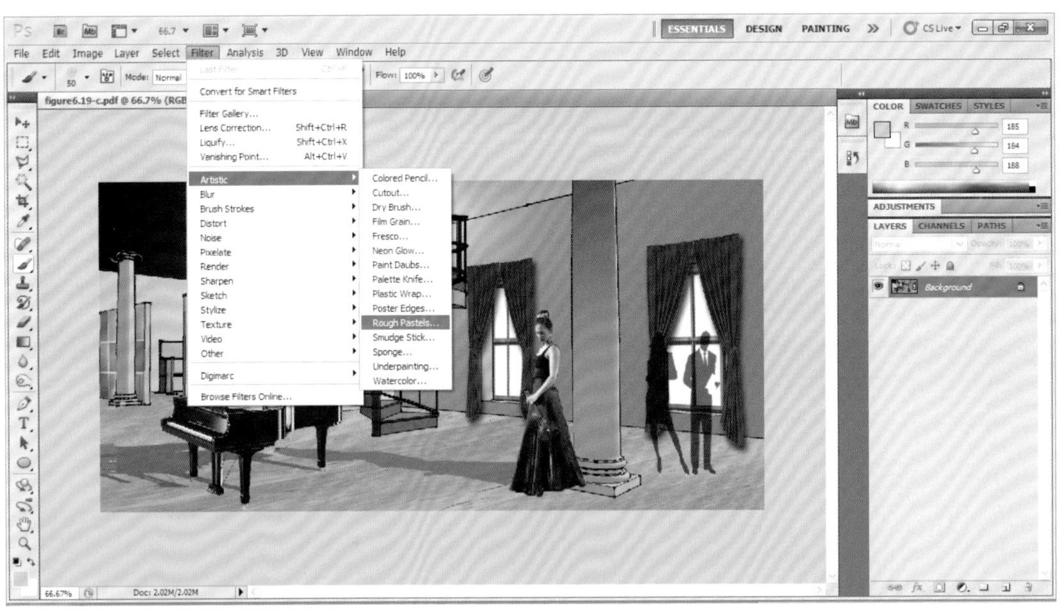

图6.34

图6.35

3. 单击OK（确定）按钮。此时图像即应用了蜡笔效果。为了使图像的蜡笔效果看起更真实，还需要使用Brush（画笔）工具创建柔和的边缘。在窗口左侧的工具栏中可调用该工具，如图6.27所示。
4. 也可以更改画笔类型和大小。单击窗口顶部选项栏左侧下拉按钮，在弹出的下拉面板中调整即可，如图6.28所示。
5. 使用不同的颜色和不同的图层不透明度来柔化边缘。首先，创建一个新的图层，如图6.32所示。然后使用Brush（画笔）工具采用浅灰色环绕笔刷绘制一些随意的描边曲线。要注意将前景色设为浅灰色，如图6.36所示。
6. 接下来创建一个新的图层，命名为ceiling-1（天花板1）。使用Brush（画笔）工具，采用淡灰色绘制一些描边曲线。之所以将前景色设为淡灰色，是为了柔化棕色天花板边缘的过渡。设置ceiling-1（天花板1）图层的不透明度为78%，如图6.37所示。

注意：图6.33的制作方法与此相同。

图6.36

图6.37

创造其他特殊效果

除了水彩效果和蜡笔效果之外，也可以使用Photoshop滤镜库创建许多其他特殊效果。下面简要介绍这些特殊效果。

Photoshop Artistic（艺术效果）滤镜

Artistic（艺术效果）类的滤镜能够帮助设计师实现手绘效果。图6.26和图6.35中显示了可用的艺术效果滤镜。以下是这些特殊效果的示例，这些特效很适合于室内建筑设计。其他的特效可能更适合于其他类型的艺术设计。执行Filter（滤镜）>Filter Gallery（滤镜库）命令，可以打开滤镜库对话框，在此对话框中可展开Artistic（艺术效果）滤镜库。

Cutout（木刻）

选择Cutout（木刻）滤镜，如图6.38所示。单击+或-按钮放大或缩小图像。也可以调整Number of Levels（色阶数）、Edge Simplicity（边缘简化度）和Edge Fidelity（边

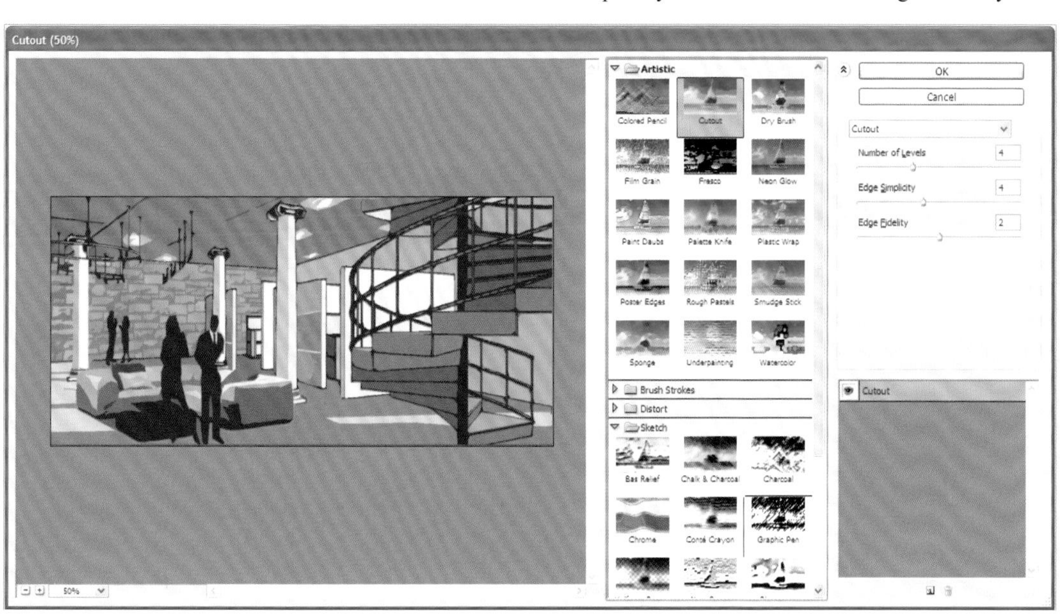

图6.38

缘逼真度）参数值，以得到需要的效果。这些参数的当前值为（4，4，2），图形效果如图6.39所示。

图6.39

Film Grain（胶片颗粒）

选择Film Grain（胶片颗粒）滤镜，如图6.40所示。使用+和-按钮放大或缩小图像。也可以调整Grain（颗粒）、Highlight Area（高光区域）和Intensity（强度）参数，得到需要的效果。这些参数的当前值为（5，5，6），如图6.40所示。单击OK（确定）按钮，图形效果如图6.41所示。

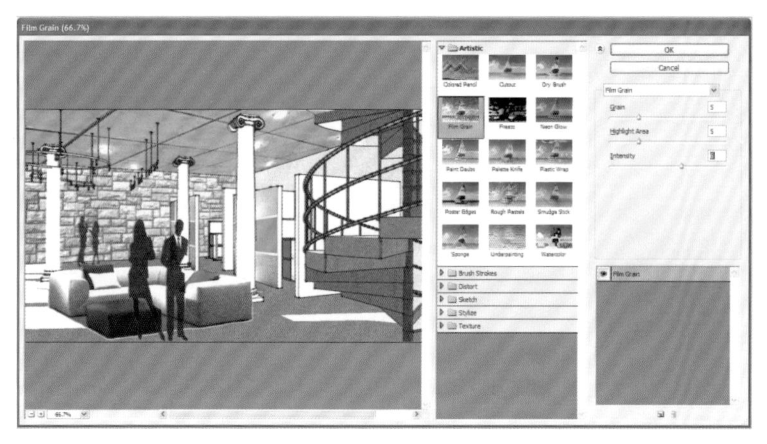
图6.40

图6.41

Fresco（壁画）

选择Fresco（壁画）滤镜，如图6.42所示。使用+和-按钮放大或缩小图像。也可以调整Brush Size（画笔大小）、Brush Detail（画笔细节）和Texture（纹理）参数，得到需要的效果。这些参数的当前值为（2，8，2），如图6.42所示。单击OK（确定）按钮，图形效果如图6.43所示。

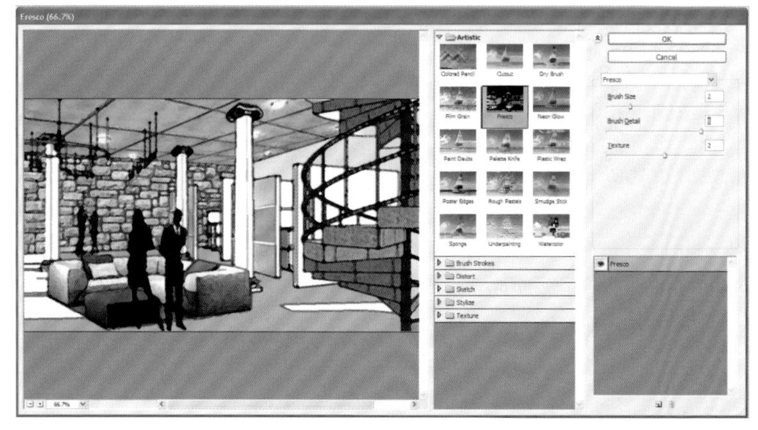
图6.42

图6.43

Poster Edges（海报边缘）

选择Poster Edges（海报边缘）滤镜，如图6.44所示。使用+和-按钮放大或缩小图像。也可以调整Edge Thickness（边缘厚度）、Edge Intensity（边缘强度）和Posterization（海报化）参数，得到需要的效果。这些参数的当前值为（2，5，4），如图6.44所示。单击OK（确定）按钮，图形效果如图6.45所示。

Smudge Stick（涂抹棒）

选择Smudge Stick（涂抹棒）滤镜，如图6.46所示。使用+和-按钮放大或缩小图像。也可以调整Stroke Length（描边长度）、Highlight Area（高光区域）和Intensity（强度）参数，得到需要的效果。这些参数的当前值为（2，4，6），如图6.46所示。单击OK（确定）按钮，图形效果如图6.47所示。

Brush Stokes（画笔描边）滤镜

Photoshop中除了Artistic（艺术效果）类的滤镜外，还有一类名为Brush Stroke（画笔描边）滤镜。这类滤镜位于艺术效果滤镜的下

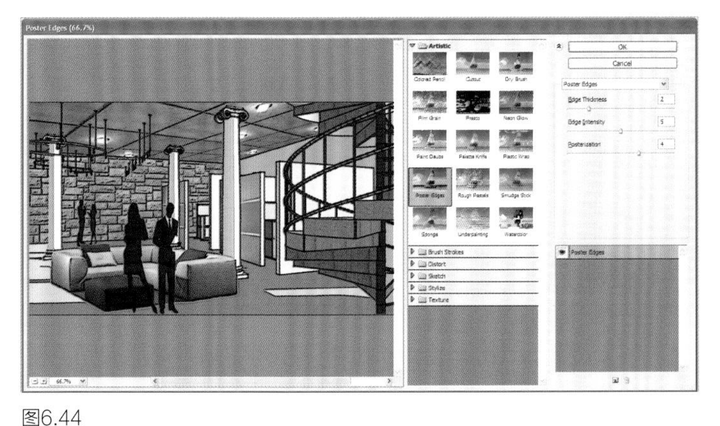

图6.44

图6.45

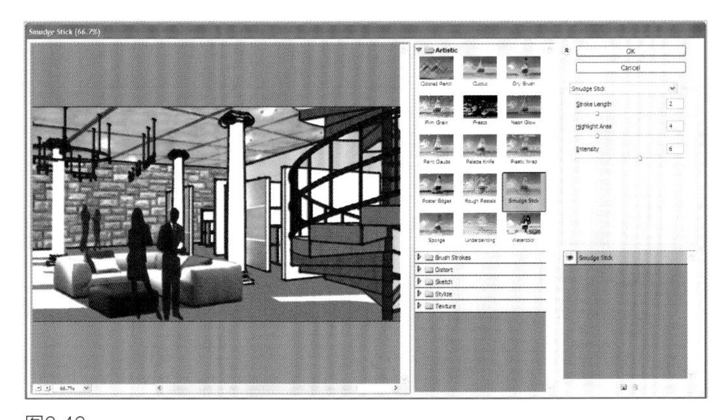

图6.46

图6.47

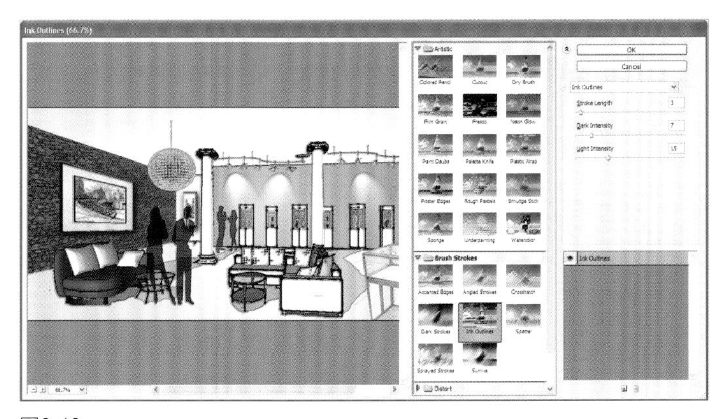

图6.48

图6.49

方，如图6.48所示。这类滤镜包含八种不同的特效，不过Ink Outlines（墨水轮廓）滤镜更适合用于室内建筑图纸。

Ink Outlines（墨水轮廓）

选择Ink Outlines（墨水轮廓）滤镜，如图6.48所示。使用+和-按钮放大或缩小图像。也可以调整Stroke Length（描边长度）、Dark Intensity（深色强度）和Light Intensity（光照强度）参数，得到需要的效果。这些参数的当前值为（3，7，15），如图6.48所示。单击OK（确定）按钮，图形效果如图6.49所示。

Sketch（素描）滤镜

除了Artistic（艺术效果）和Brush Strokes（画笔描边）类别的滤镜之外，Photoshop中还有一类名为Sketch（素描）的滤镜。这类滤镜位于Brush Strokes（画笔描边）类别的下方，如图6.50所示。其中包含14种不同的特效，不过Graphic Pen（绘图笔）滤镜更适合用于室内建筑图纸。

Graphic Pen（绘图笔）

选择Graphic Pen（绘图笔）滤镜，如图6.50所示。使用+和-按钮放大或缩小图像。也

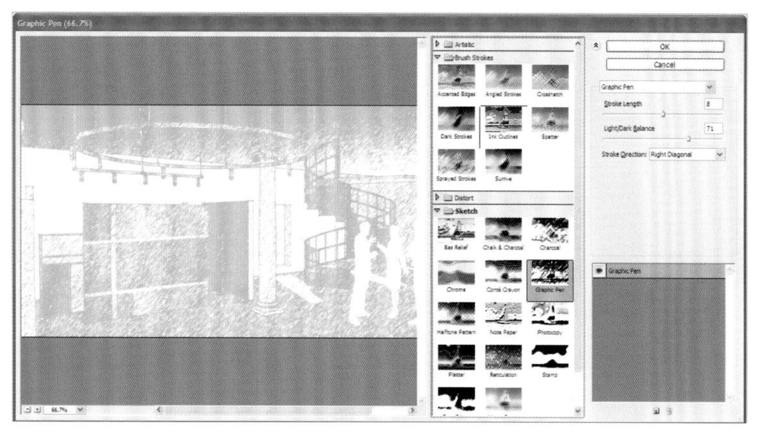

图6.50

可以调整Stroke Length（描边长度）和Light/Dark Balance（明/暗平衡）参数，得到需要的效果。这些参数的当前值为（8，71），如图6.50所示。单击OK（确定）按钮，图形效果如图6.51所示。

此时，还需执行Image（图像）>Adjustments（调整）>Brightness/Contrast（亮度/对比度）命令，使图形变暗并增加对比度。调整明暗与对比度后，图形效果如图6.52所示。

Texture（纹理）滤镜

下面介绍另一类滤镜Texture（纹理）。该类滤镜位于Sketch（素描）和Style（风格化）的下方，如图6.53所示。其中包含六种不同的特效，不过Grain（颗粒）和Texturizer（纹理化）更适合于室内建筑画形。

Grain（颗粒）

选择Grain（颗粒）滤镜，如图6.53所示。使用+和-按钮放大或缩小图像。也可以调整Intensity（强度）和Contrast（对比度）参数，

图6.51

图6.52

得到需要的效果。这些参数的当前值为（40，60），如图6.53所示。单击OK（确定）按钮，图形效果如图6.54所示。

也可以使用Grain（颗粒）滤镜使水彩效果更加逼真。在Photoshop中打开水彩效果图像，如图6.22所示。选择Grain（颗粒）滤镜，如图6.55所示。使用+和-按钮放大或缩小图像。当前的参数值为（40，60），如图6.55所示。选择Grain Type（颗粒类型）为Enlarged（扩大）。单击OK（确定）按钮，图像效果如图6.56所示。

以下是应用了Grain（颗粒）滤镜的两幅图：图6.57使用了Regular（常规）颗粒类型，而图6.58使用了Enlarged（扩大）颗粒类型，两者都为图形增加了水彩纸纹理质感。在实际操作中也可以自行决定选择最适合的图形。

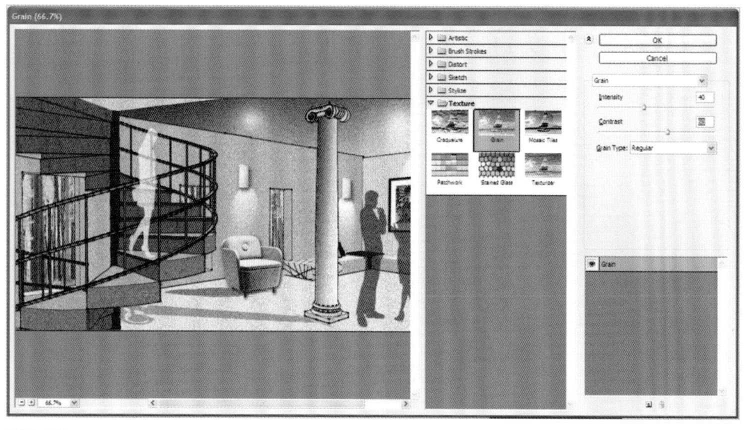

图6.53

图6.54

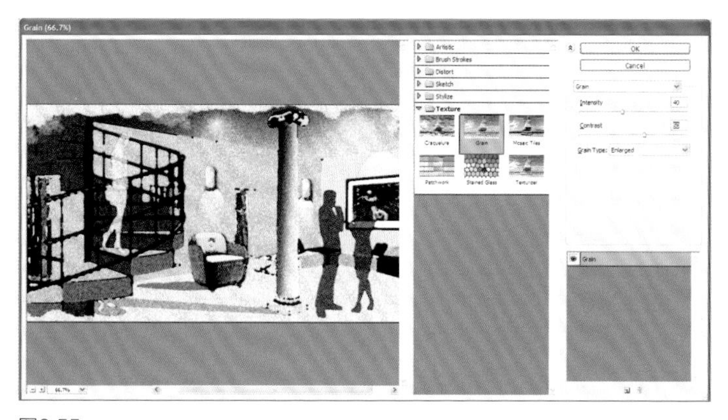

图6.55

图6.56

图6.57

图6.58

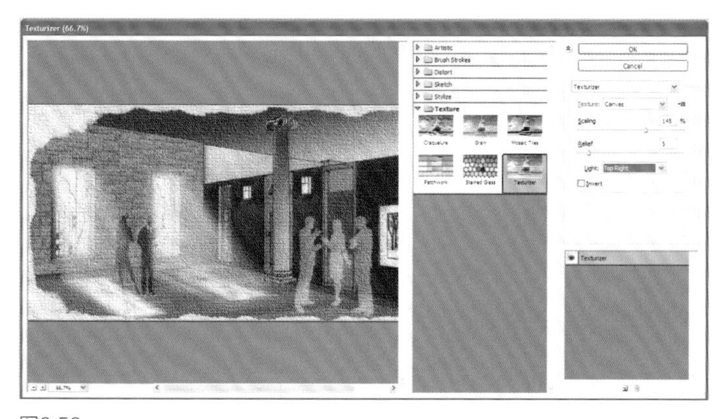

图6.59

图6.60

图6.61

Texturizer（纹理化）

选择Texturizer（纹理化）滤镜，如图6.59所示。可以使用+和-按钮放大或缩小图像。设置Texture（纹理）为Canvas（画布），然后设置Scaling（缩放）为145%，Relief（凸现）为5。在Light（光照）下拉列表中选择Top Right（右上），如图6.59所示。这是初始的参数值，也可以根据需要调整参数值，得到理想的效果。单击OK（确定）按钮，图形效果如图6.60所示。此时，图形更像是一幅油画。图6.61采用了相同的方法进行处理。

概要

本章介绍了使用Photoshop创建特效来实现各种艺术效果的技术。主要介绍和演示了以下特效：

- 创建棕褐色调，形成沉旧的效果
- 创建水彩效果，增强图形的随意感和触感
- 创建蜡笔效果，增强手动着色的质地
- 使用Cutout（木刻）滤镜
- 使用Film Grain（胶片颗粒）滤镜
- 使用Fresco（壁画）滤镜
- 使用Poster Edges（海报边缘）滤镜
- 使用Smudge Stick（涂抹棒）滤镜
- 使用Ink Outlines（墨水轮廓）滤镜
- 使用Graphic Pen（绘图笔）滤镜
- 使用Grain（颗粒）滤镜
- 使用Texturizer（纹理化）滤镜

关键术语

- Artistic（艺术效果）类滤镜
- rush Strokes（画笔描边）类滤镜
- Film Grain（胶片颗粒）滤镜
- Fresco（壁画）滤镜
- Grain（颗粒）滤镜
- Graphic Pen（绘图笔）滤镜
- Ink Outlines（墨水轮廓）滤镜
- 蜡笔效果
- Poster Edges（海报边缘）滤镜
- 棕褐色调
- Sketch（素描）类滤镜
- Smudge Stick（涂抹棒）滤镜
- Texture（纹理）类滤镜
- Texturizer（纹理化）滤镜
- 水彩效果

项目练习

1. 为第5章练习中创建的图形添加棕褐色调的色彩效果。
2. 将水彩和柔和效果添加到第5章创建的图形中。
3. 使用您当前的工程图，选择创建一些特殊效果，如Fresco（壁画）、Poster Edges（海报边缘）、Cutout（木刻）等。
4. 应用水彩和蜡笔效果，为图形添加纹理质感，使纸张和画布呈现出水彩效果。

7

添加环境对象

本章将介绍添加环境对象至图形中的技巧，通常包括人物、树木和车辆等。环境对象能提供尺寸参考，增加趣味性，表现空间的氛围。因此，合理增加环境对象能使图形更具吸引力。

添加人物和树木至图形中

图7.1是在Trimble SketchUp中创建的。除了地板材质外，还为墙壁填充了灰色，添加了墙壁上的艺术品、天花板，以及人物和树木图像，如图7.2所示。环境对象表现出了空间的尺寸和氛围。下面演示将人物和树木图像添加到图形中的操作步骤。

1. 在Photoshop中打开透视图（参见图7.1）。
2. 使用Gradient Fill（渐变填充）工具在天花板和墙壁上填充灰色，以创建出不同灰度的对比效果。也可以导入室外景观图像，如图7.3所示。
3. 将木地板材质图像添加到图形中。执行Edit（编辑）>Transform（变换）>Distort（扭曲）命令来调整地板材质的视图。将画框也添加到图形中。执行Edit（编辑）>Transform（变换）>Perspective（透视）命令，使画框的透视效果与图形相匹配。使用Drop Shadow（投影）图层样式为画框添加阴影效果，如图7.4所示。
4. 将人物和树木图像导入图形中，如图7.5所示。如果环境对象照片的背景为白色，那么复制环境对象会比较容易。首先使用Magic Wand（魔棒）工具单击背景，然后右键单击并选择Select Reverse（选择反向）命令。此时，只选中了环境对象，而不是背景。采用前面几章介绍的方法，将环境对象复制并粘贴到图形中。
5. 如果照片的背景不是白色的，如图7.6所示，则需要先清除背景再进行复制和粘贴操作。为此，要调用Polygon Lasso（多边形套索）工具，以勾勒出两个人物图像的边缘，如图7.7所示。
6. 然后，使用Magic Wand（魔棒）工具单击背景，再执行Select（选择）>Inverse（反向）命令，以排除背景区域，只选中两个图像人物，如图7.8所示。接下来执行Edit（编辑）>

图7.1

图7.2

图7.3

图7.4

图7.5

Copy（拷贝）命令和Edit（编辑）>Paste（粘贴）命令将人物添加到图形中，如图7.9所示。

7. 下面添加树木图像到图形中，先打开树木照片，然后按照步骤6的方法进行操作。参见图7.10和图7.11。

图7.6

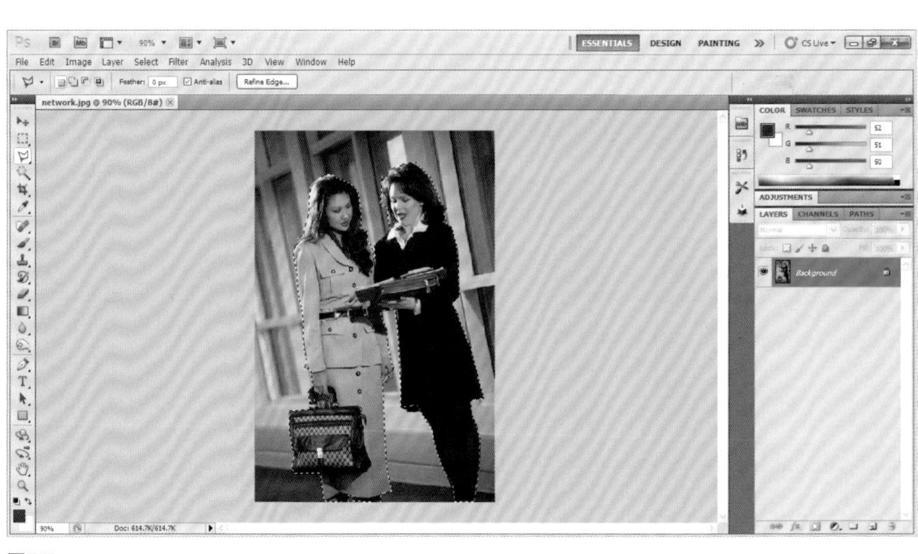

图7.7

图7.8

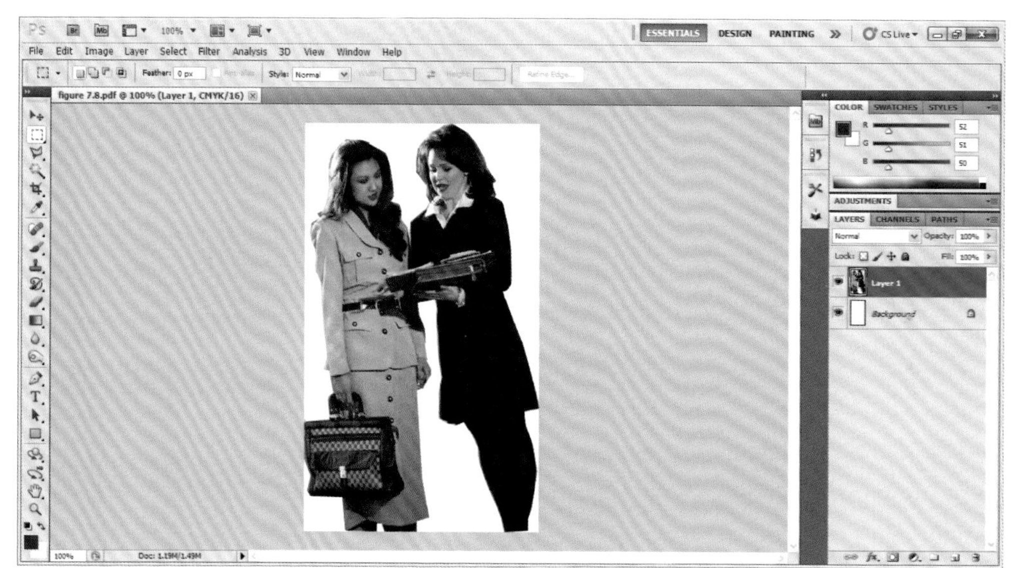

图7.9

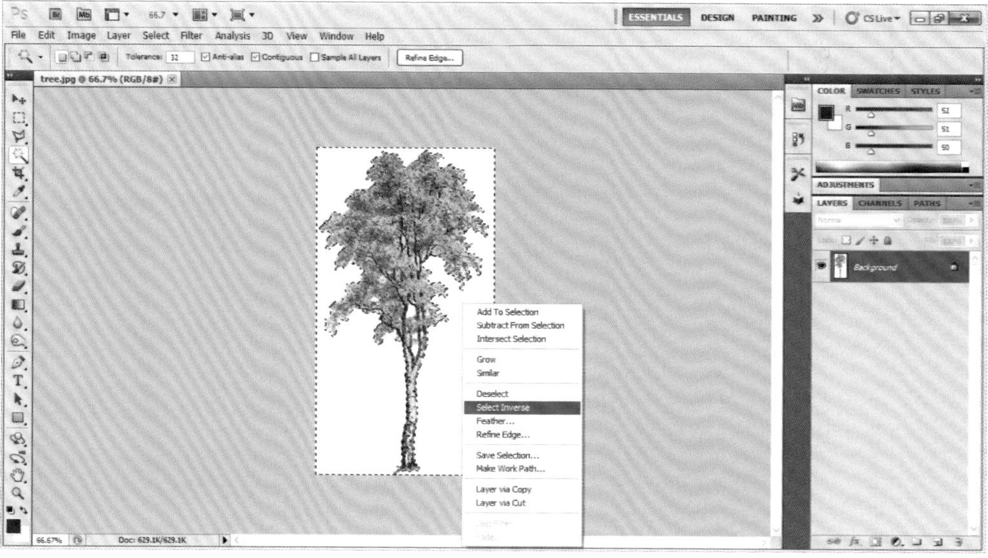

图7.10

图7.11

为环境对象添加阴影

将环境对象添加到透视图中后，还可以为其添加阴影效果。下面介绍为树木和人物添加阴影的操作步骤：

1. 在Photoshop中打开树木照片。
2. 使用Polygon Lasso（多边形套索）工具勾勒树木的边缘。
3. 使用Paint Bucket（油漆桶）工具为树木填充暗棕色，如图7.12所示。使用暗棕色是因为木制地板的色调为棕色，所以地板上的阴影也应为这种色调。如果地板颜色为灰色调，这里的阴影则应采用灰色。
4. 选择棕色的树木，执行Edit（编辑）>Copy（拷贝）命令和Edit（编辑）>Paste（粘贴）命令将其添加到图形中。执行Edit（编辑）>Transform（变换）>Distort（扭曲）命令，使树木看起来像是地板上的投影，如图7.13所示。
5. 在调整了棕色树木的透视，并与图形透视相匹配后，重新命名图层为shadow-tree（树木阴影）。更改图层不透明度为62%，使阴影半透明，这样能显露出木制地板的材质，如图7.14所示。
6. 采用同样的方法为人物添加阴影。一定要注意阴影的颜色为棕色，且是半透明的。在为人物添加阴影后，将各图层重新命名，比如shadow-person-calling（通话人物阴影），如图7.15所示。

图7.12

图7.13

图7.14

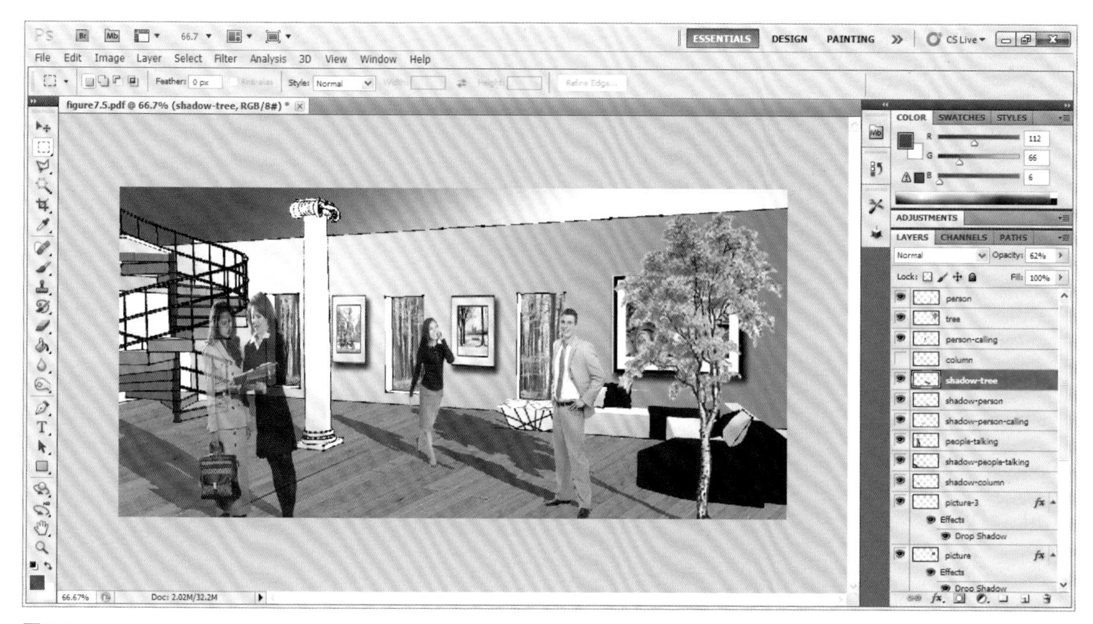

图7.15

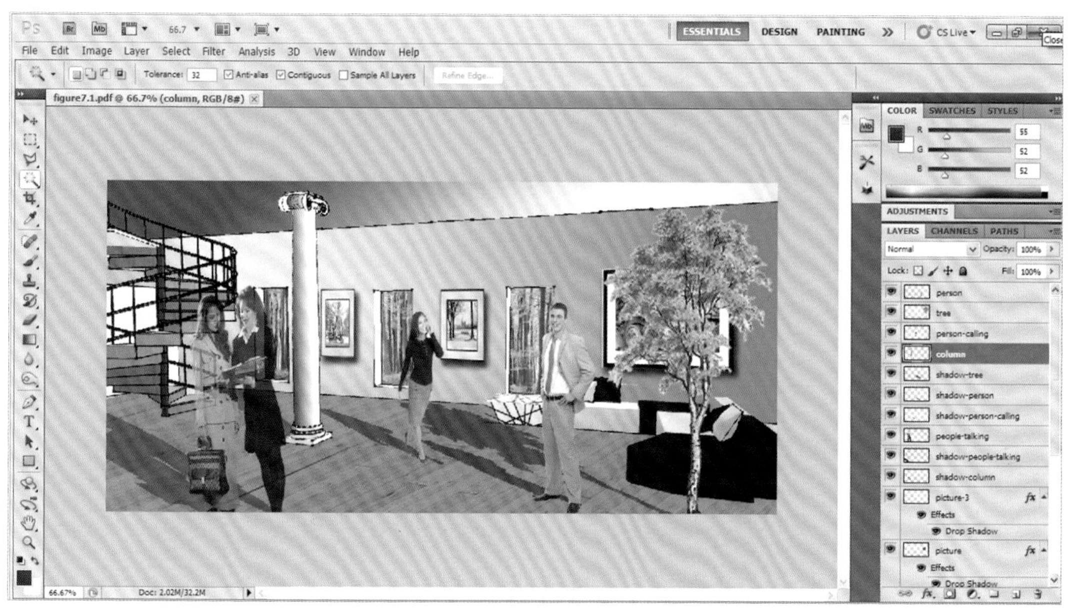

图7.16

7. 使用Gradient Fill（渐变填充）工具为立柱添加灰色。激活背景图层，使用Magic Wand（魔棒）工具选择立柱。然后创建一个名为column（立柱）的新图层，为其填充灰色渐变，以表现出立柱的圆柱形状，如图7.16所示。需要注意，光源来自于右侧，因此立柱的左侧区域较暗，而右侧区域较亮。
8. 在图形中添加所有环境对象后，继续添加光照效果，有关光照效果的详细内容请参阅第5章讲解。

图7.17是在图形中添加环境对象的另一个实例。该图是图7.8的优化版本，是在SketchUp中创建的（参见图7.18）。需要注意，图7.17中树木的颜色已被修改。

若要更改树木的颜色，则执行Image（图像）>Adjustment（调整）>Color Balance（色彩平衡）命令，弹出如图7.19所示的对话框。拖动滑块更改不同颜色的参数值，得到需要的效果。需要注意的是，此树木采用了暖色调，是因为其他颜色也是暖色调。

图7.20展示了另一个添加环境对象的实例，是图7.21的优化版本，也是在SketchUp中创建的。需要注意，树木的颜色已被修改为灰色调，还要注意的是立墙上的阴影。

图7.17

图7.18

图7.19

图7.20

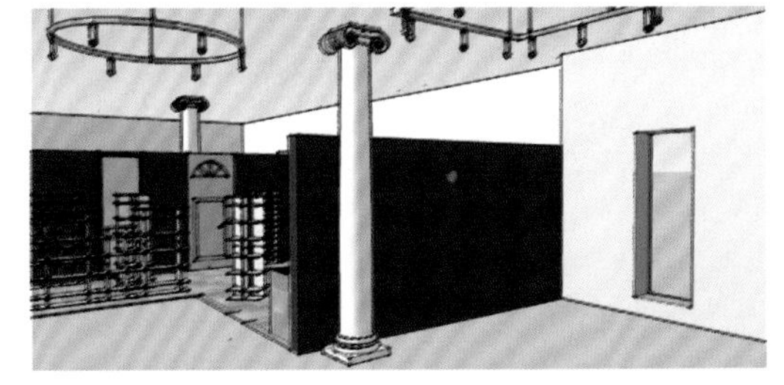
图7.21

若要将树木更改为灰色，则执行Image（图像）>Mode（模式）>Grayscale（灰度）命令，弹出如图7.22所示的对话框，单击Discard（放弃）按钮，树木图像即变成灰度模式，如图7.20所示。

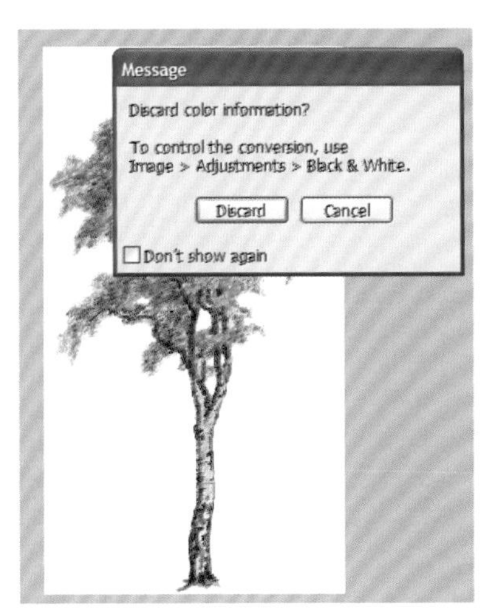

图7.22

在立墙上创建阴影

在立墙上创建阴影包含两个步骤。第一步是为地板上对象的底部创建阴影，可以采用前面实例中介绍的操作方法。第二步是为对象的顶部或“其他部分”创建立墙上的阴影。“其他部分”是指除了对象底部投射到地板上阴影之外，投射到立墙上的阴影。以下展示如何在立墙上创建阴影。

1. 使用Polygon Lasso（多边形套索）工具勾勒立柱的轮廓。并使用Paint Bucket（油漆桶）工具填充为灰色，如图7.23所示。要确保填充的灰色位于新的图层中。
2. 重命名图层为column-shadow-bottom（立柱阴影底部）。复制此图层，并将其重命名为column-shadow-top（立柱阴影顶部）。将立柱移到一边，如图7.24所示。
3. 执行Edit（编辑）>Transform（变换）>Distort（扭曲）命令，使灰色立柱看起来像是地板上的阴影（参见第5章关于添加阴影的详细内容）。将不透明度改为66%。然后使用Rectangular Marquee（矩形选框）工具选择立柱投射到墙上的阴影部分，如图7.25所示。
4. 按下Backspace键删除该部分阴影，如图7.26所示。
5. 使用Rectangular Marquee（矩形选框）工具选择立柱的下方部分，如图7.27所示。
6. 按下Backspace键删除立柱的下方部分，如图7.28所示。

图7.23

图7.24

图7.25

图7.26

图7.27

图7.28

图7.29

7. 然后取消选区，将保留的阴影移动到立墙上，使其位于底部阴影的上方。更改不透明度为66%，如图7.29所示。

添加汽车和标记至图形中

在图形中添加汽车和标记是设计师需要掌握的另一项技能。在图7.30中，已经使用Photoshop添加了汽车、标记和人物图像。

初始的图形如图7.31所示，是在SketchUp中创建的。下面介绍如何添加汽车和标记。

1. 在Photoshop中打开如图7.31所示的透视图。
2. 使用Gradient Fill（渐变填充）工具为天花板区域和左侧墙壁填充灰色。导入室外景观图像，这样能透过窗户看到室外景观，如图7.32所示。（参见第3章介绍的添加室外景观的详细内容。）
3. 创建如图7.33所示的标记。
4. 打开透视图，使用Magic Wand（魔棒）工具选择后墙，然后执行Copy（拷贝）和Paste

图7.30

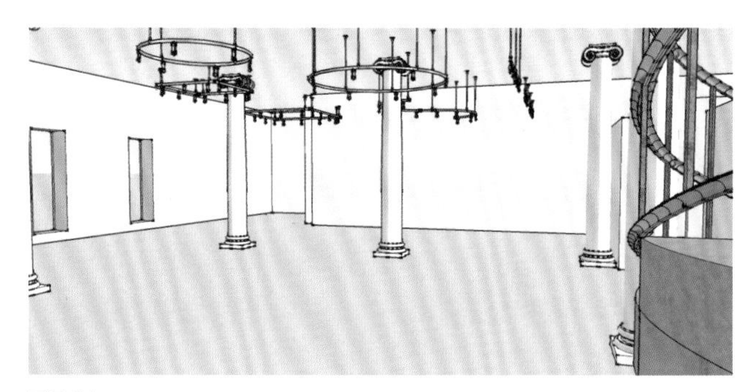

图7.31

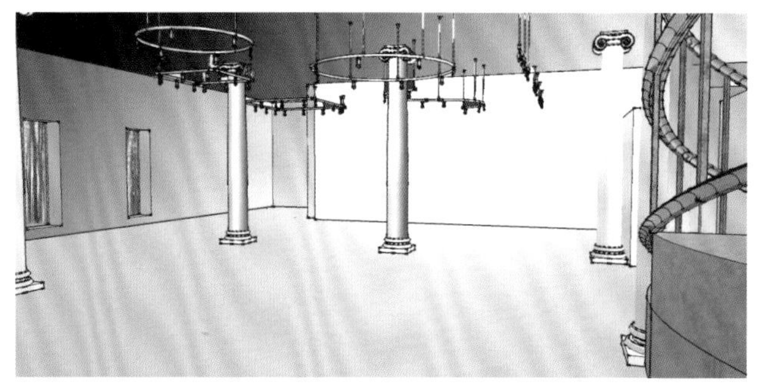

图7.32

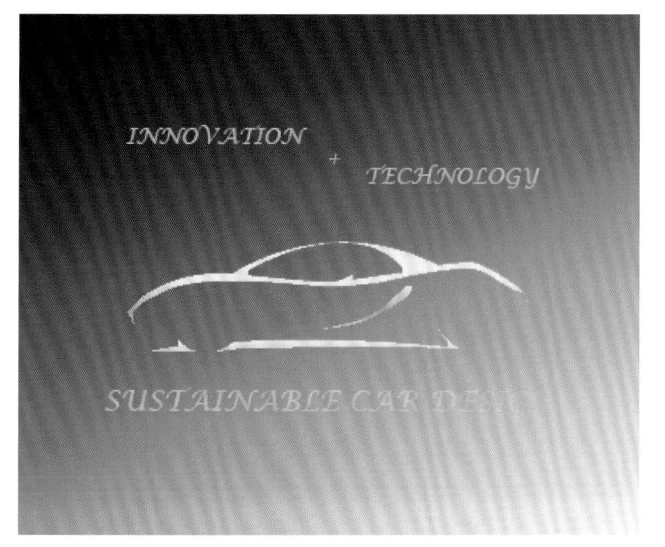

图7.33

图7.34

Special（选择性粘贴）>Paste Into（贴入）命令，将标记图像添加进图形中。执行Edit（编辑）>Transform（变换）>Perspective（透视）命令，调整透视效果，如图7.34所示。

5. 在Photoshop中打开汽车照片。使用Magic Wand（魔棒）工具单击背景。然后右键单击，并选择Select Inverse（选择反向）命令。此时将只选中黄色汽车。选择Edit（编辑）>Copy（拷贝）命令，如图7.35所示。

6. 打开透视图，执行Edit（编辑）>Paste（粘贴）命令，将黄色汽车粘贴到图形中。然后执行Edit（编辑）>Transform（变换）>Scale（缩放）命令，调整汽车图像尺寸，如图7.36所示。

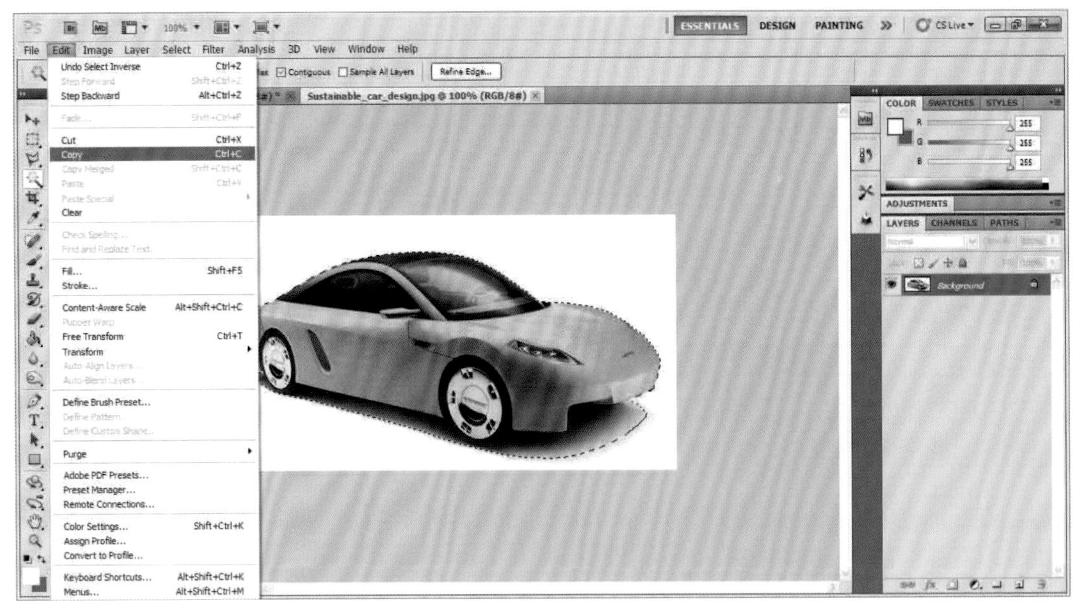

图7.35

图7.36

图7.37

图7.38

7. 使用相同的方法，将黑色汽车图像添加到透视图中，如图7.37所示。

8. 选择Gradient Fill（渐变填充）工具，使用灰色渐变填充立柱。将人物图像添加到图形中，如图7.38所示。

9. 为人物和立柱添加阴影，如图7.39所示。其方法与前面介绍的添加椅子在地板上的阴影效果是相同的（参见第5章“创建投影”内容）。窗口右侧的Layers（图层）面板中显示了所有图层和应用的效果。

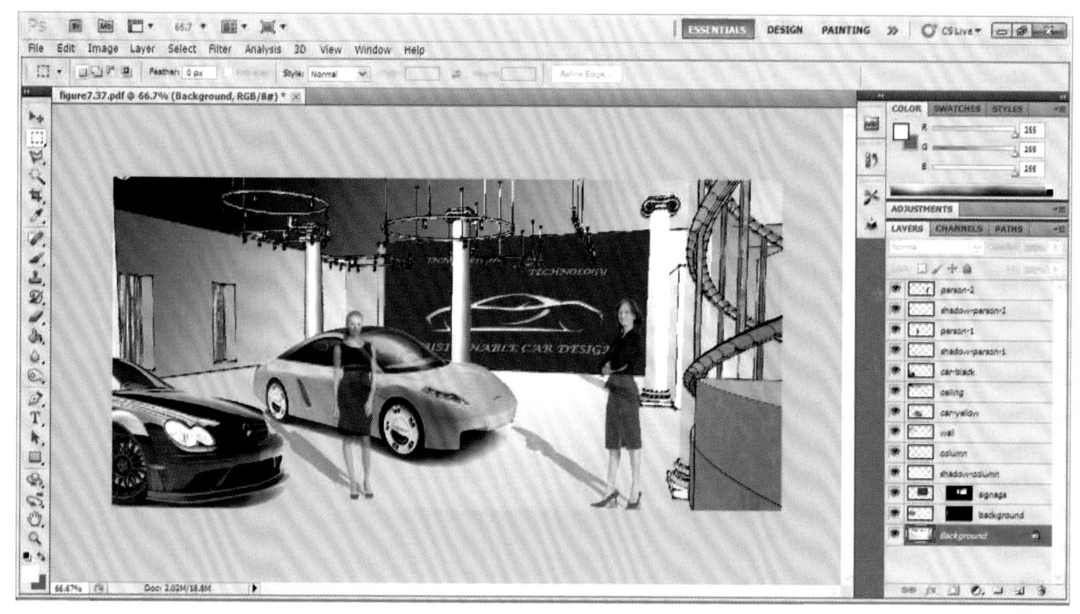

图7.39

概要

本章演示了如何添加环境对象，包括人物、树木和汽车等。还介绍了如何为环境对象添加阴影，特别是投射在立墙上的阴影。下面简要总结本章涉及到的操作：

- 添加人物。使用Copy（拷贝）和Paste（粘贴）命令导入人物图像。如果图像有杂乱背景，则使用Polygon Lasso（多边形套索）工具勾勒人物边缘，然后将其复制并粘贴到图形中。
- 添加树木。使用Copy（拷贝）和Paste（粘贴）命令导入树木至图形中。
- 添加标记。使用Copy（拷贝）和Paste Into（贴入）命令导入标记。执行Edit（编辑）>Transform（变换）> Perspective（透视）命令调整透视效果。
- 添加汽车。使用Copy（拷贝）和Paste（粘贴）命令导入汽车图像。执行Edit（编辑）>Transform（变换）>Scale（缩放）命令调整汽车的大小。
- 在立墙上创建阴影。包含以下两个步骤。首先创建底部投射在地板上的阴影。使用Paint Bucket（油漆桶）工具填充立柱为灰色。将图层不透明度调为65%左右。执行Edit（编辑）>Transform（变换）>Distort（扭曲）命令调整地板上阴影的透视。然后创建对象顶部投射在立墙上的阴影。使用Paint Bucket（油漆桶）工具填充立柱对象为灰色。将图层不透明度调为65%。使用Move（移动）工具将顶部阴影移动到需要的位置。

关键术语

- Color Balance（色彩平衡）
- Copy（拷贝）
- Paste Special（选择性粘贴）>Paste Into（贴入）
- Edit（编辑）>Transform（变换）>Scale（缩放）
- Grayscale（灰度）
- Opacity（不透明度）
- Polygon Lasso（多边形套索）工具

项目练习

1. 使用与本书配套的网站所提供的图形http://www.bloombury.com/us/photoshop-for-interior-designer-97816090154421（相关资源请加封底读者QQ群下载获取），添加环境对象到透视图中。环境对象包括人物和树木。
2. 创建标记，将其添加到透视图中，并将汽车添加到图形中。
3. 在工作项目图纸中添加环境对象。

8

应用手绘图形

本章将介绍使用手绘图形创作展示图纸的技巧，比如手绘立面图、局部图以及透视图。在Photoshop中将为数字图形添加材质、背景和环境对象，并应用特殊效果，如水彩。编辑完成的图形将同时具有手绘图形和数字图形的特征。调整后的图形为数字图形格式，并能保留真实的触觉质感和绘图过程中出现的缺陷。万神殿外观透视图的实例，首先是通过手绘来创建草图，然后在Photoshop中进行编辑和优化（参见图8.1）。

将手绘图形转变为数字图形

手绘草图能够通过笔画和线条表现出触感和个性，以及绘图过程中出现的缺陷。这是科技或计算机软件所缺少的特征。为了在数字图形中表现出手绘图形的特征，我们需要一种新的方法，即将手绘图形转变为数字图形，具体操作步骤如下：

1. 手绘一幅万神殿外观的透视图，如图8.2所示。
2. 将手绘图形扫描成PDF文件，以便于在Photoshop中使用。
3. 在Photoshop中，使用Gradient（渐变）工具为图形填充不同的颜色，如图8.3所示。如果边界未封闭，则使用Polygon Lasso（多边形套索）工具绘制轮廓，以创建封闭的边界。
4. 执行Layer（图层）>Flatten Image（拼合图像）命令，将Photoshop中的图像拼合。
5. 使用Filter（滤镜）创建出特殊效果。图8.1中的图形采用了Smudge Stick（涂抹棒）滤镜。执行Filter（滤镜）>Artistic（艺术效果）> Smudge Stick（涂抹棒）命令，如图8.4所示。
6. 单击OK（确定）按钮，如图8.4所示。图形效果如图8.1所示。

使用手绘图形创建海报——建筑部分

可以将手绘图形转换为数字图形，并用于制作海报。图8.5是一幅在Photoshop中创建的海报实例。其中，建筑物部分最初是手绘出来的。下面介绍该图形创建的步骤。

图8.1

图8.2

图8.3

应用手绘图形创建数字图形中建筑部分

1. 手绘一幅建筑图形，如图8.6所示。
2. 扫描手绘建筑图形为PDF格式文件，以便在Photoshop中使用。
3. 打开Photoshop软件，执行File（文件）>New（新建）命令，弹出如图8.7所示的对话框。如果想要用于印刷的高质量图形，则要将分辨率设置为300 dpi。在此对话框中，还可以调整宽度和高度参数值来设置图形尺寸。在Color Mode（颜色模式）下拉列表中选择CMYK Color（CMYK颜色），单击OK（确定）按钮。
4. 弹出新的空白图形。执行File（文件）>

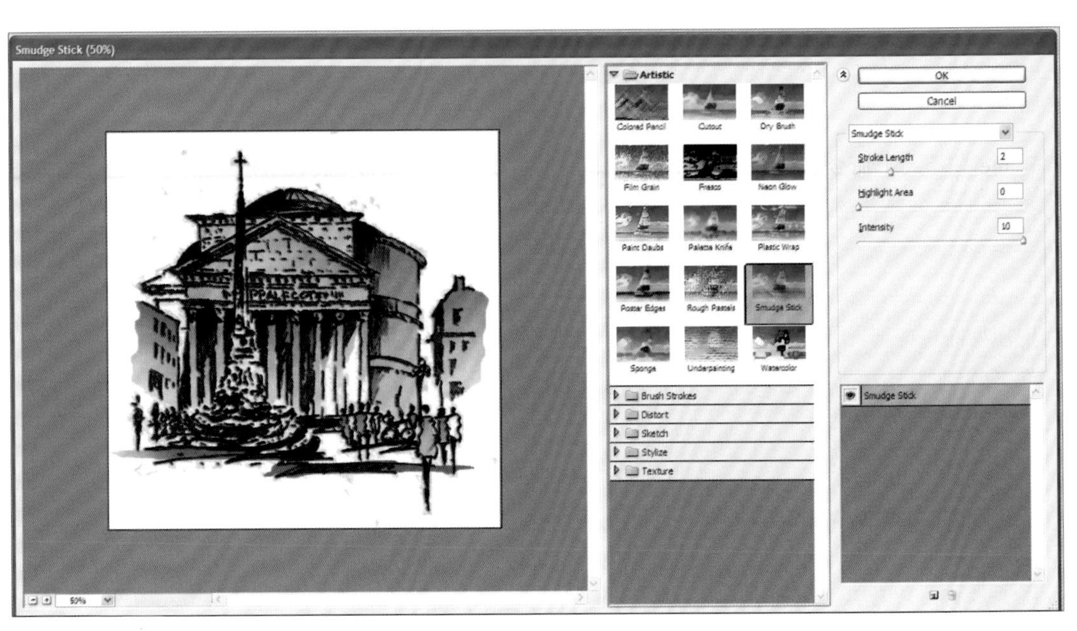

图8.4

图8.5

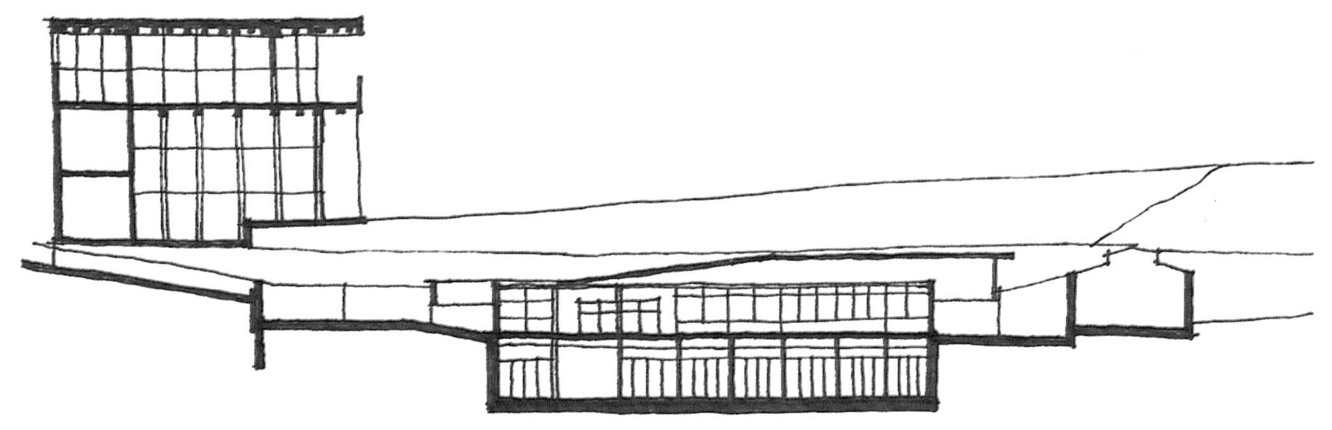
图8.6

Place（置入）命令，浏览查找手绘的建筑图形。在保存手绘建筑图形的文件夹中选择该图形，并将其置入。需要注意的是，建筑图形置入空白图形中后，会出现一个大X标记，如图8.8所示。

5. 按下Enter键，X标记即消失。
6. 使用Gradient Fill（渐变填充）工具将窗户和墙壁填充为不同的颜色，注意要分别建立图层，如图8.9所示。
7. 在图形中应用墙壁材质和地面材质。一定要将每种材质放置在单独的图层中，如图8.10所示。

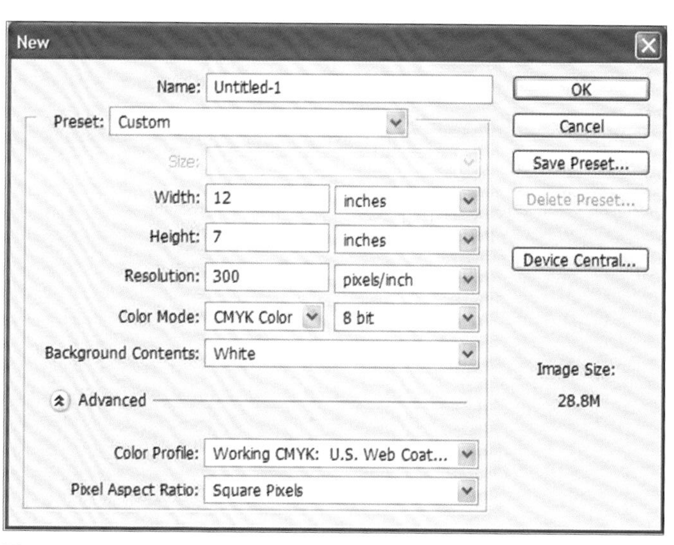

图8.7

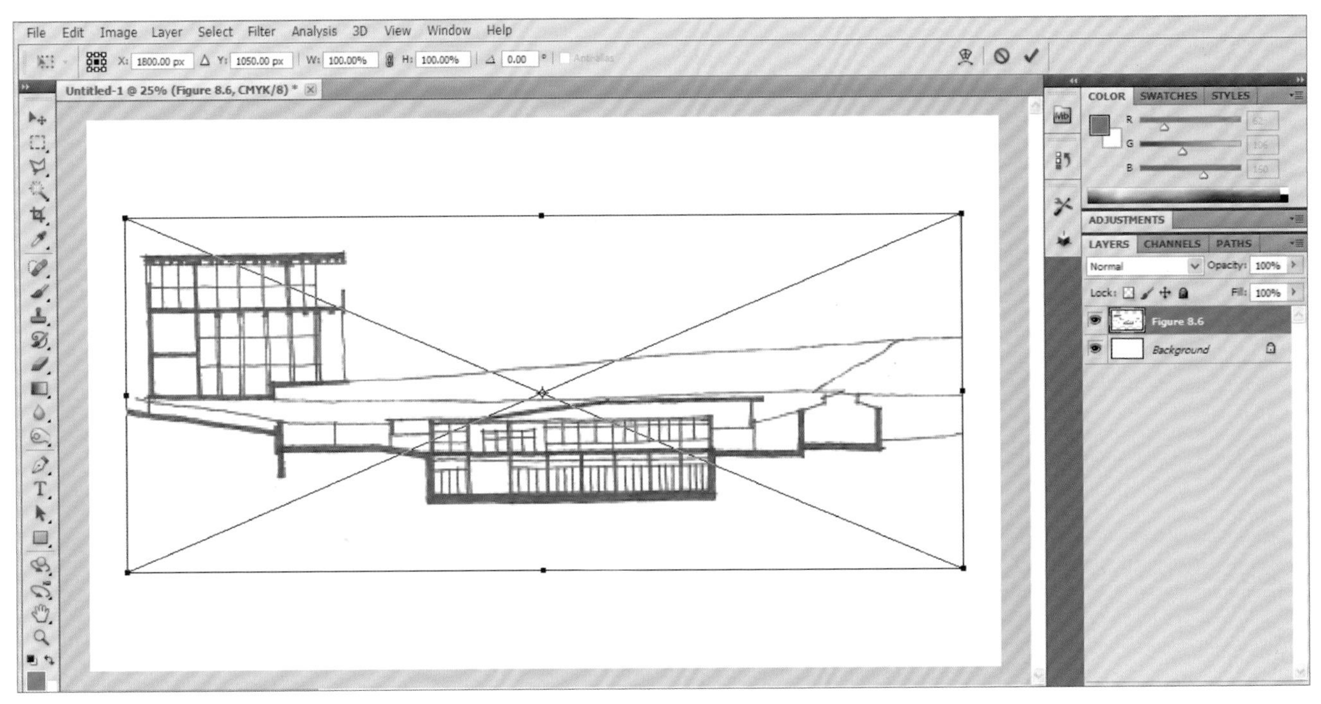
File Edit Image Layer Select Filter Analysis 3D View Window Help
X: 1800.00 px
Y: 1050.00 px
W: 100.00%
H: 100.00%
0.00
Untitled-1 @ 25% (Figure 8.6, CMYK/8) *
COLOR SWATCHES STYLES
R
G
B
ADJUSTMENTS
LAYERS CHANNELS PATHS
Normal
Opacity: 100%
Lock:
Fill: 100%
Figure 8.6
Background
图8.8

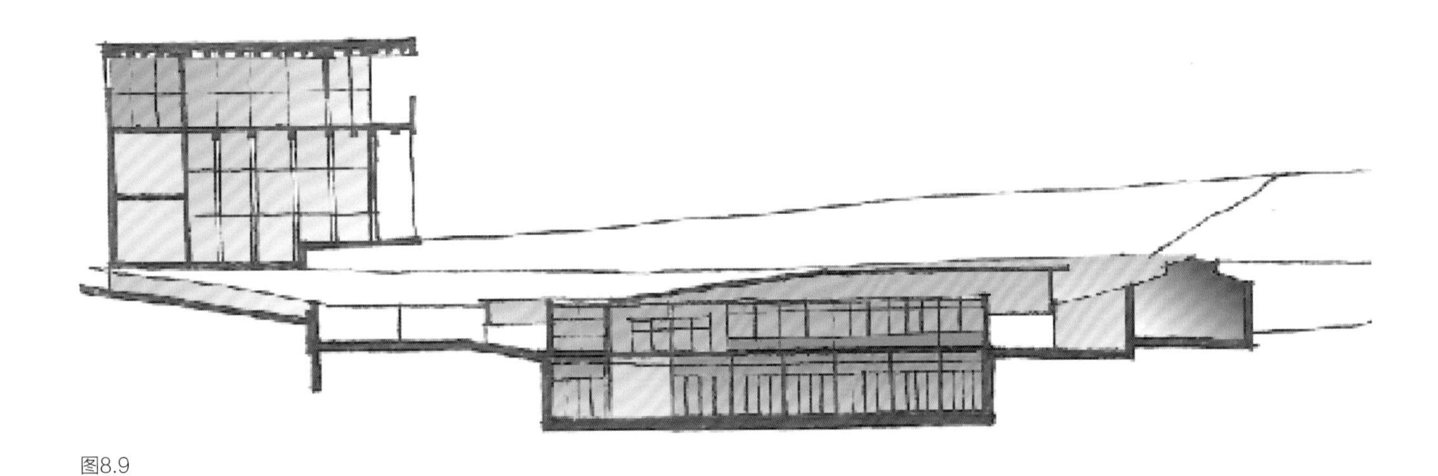
图8.9

图8.10

图8.11

8. 添加树木和人物。一定要将各个对象放在不同的图层中。注意人物图像的尺寸，参见图8.11。在将完成的建筑图形导入海报之前，先拼合图像。

在Photoshop中将建筑部分拼合到海报中

建筑部分是展示图形中的重要组成部分，它表现了建筑物的空间关系，以及每层的高度，这些是无法在平面图中呈现出来的。下面将演示在Photoshop中将建筑部分放置到海报中的快捷方法。

1. 在Photoshop中打开一个新图形。设置分辨率为300 dpi，根据需要，设置适当的页面大小。将背景导入Photoshop中。可以使用Copy（拷贝）和Paste（粘贴）命令完成导入，如图8.12所示。（注意：图8.12的背景应用了水彩效果。）
2. 创建一个新的图层。使用Rectangular Marquee（矩形选框）工具在白色区域绘制一个矩形。然后使用Gradient Fill（渐变填充）工具填充蓝色渐变，如图8.13所示。
3. 使用Copy（拷贝）和Paste（粘贴）命令将建筑图形粘贴到海报中，如图8.14所示。使用Magic Wand（魔棒）工具单击建筑图形的背景。然后右键单击并选择Select Inverse（选择反向）命令。此时，已选中建筑图形，且不包含白色背景。将建筑图形粘贴到海报中。

图8.12

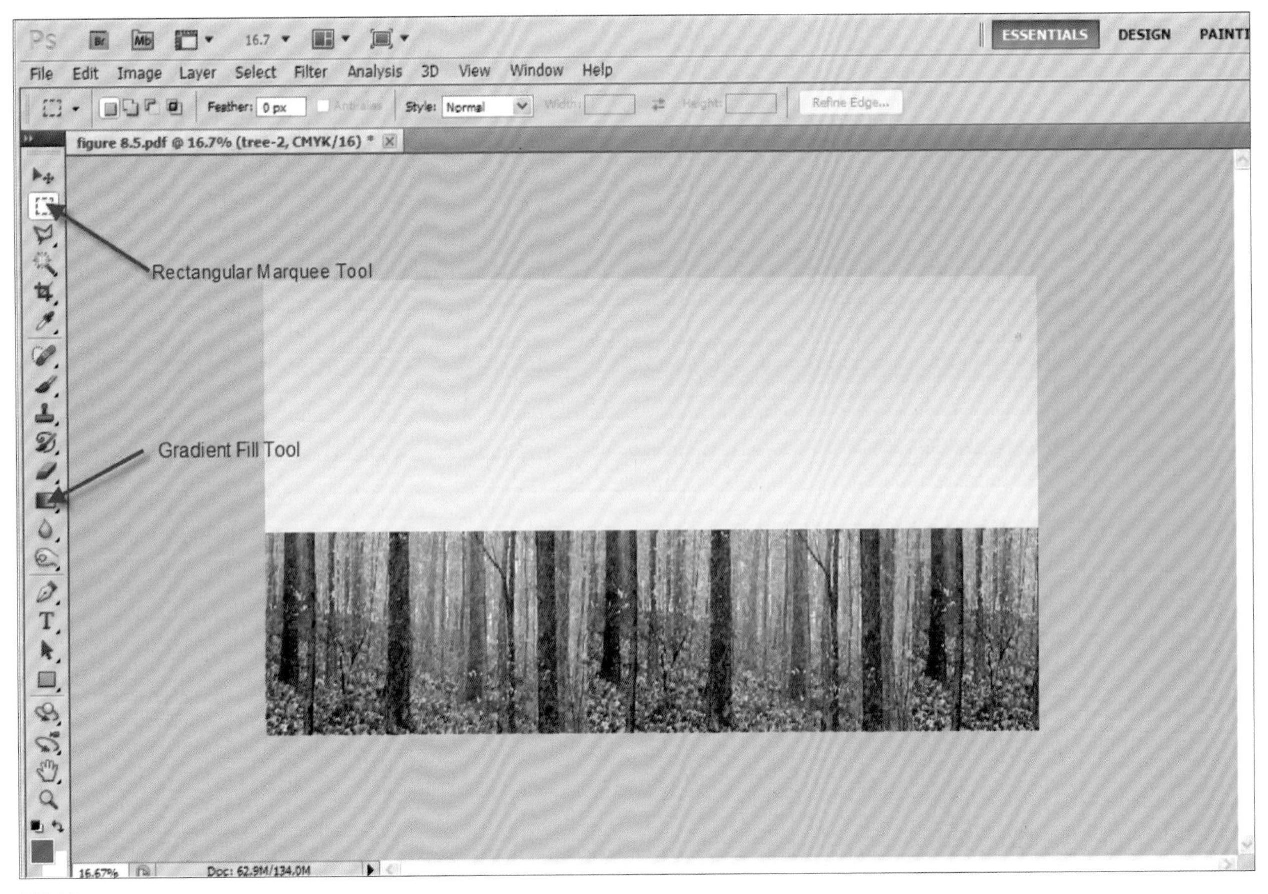
ESSENTIALS
DESIGN
File Edit Image Layer Select Filter Analysis 3D View Window Help
Feather: 0 px
Style: Normal
Refine Edge...
figure 8.5.pdf @ 16.7% (tree-2, CMYK/16) *
Rectangular Marquee Tool
Gradient Fill Tool
16.67%
Doc: 62.9M/134.0M
图8.13

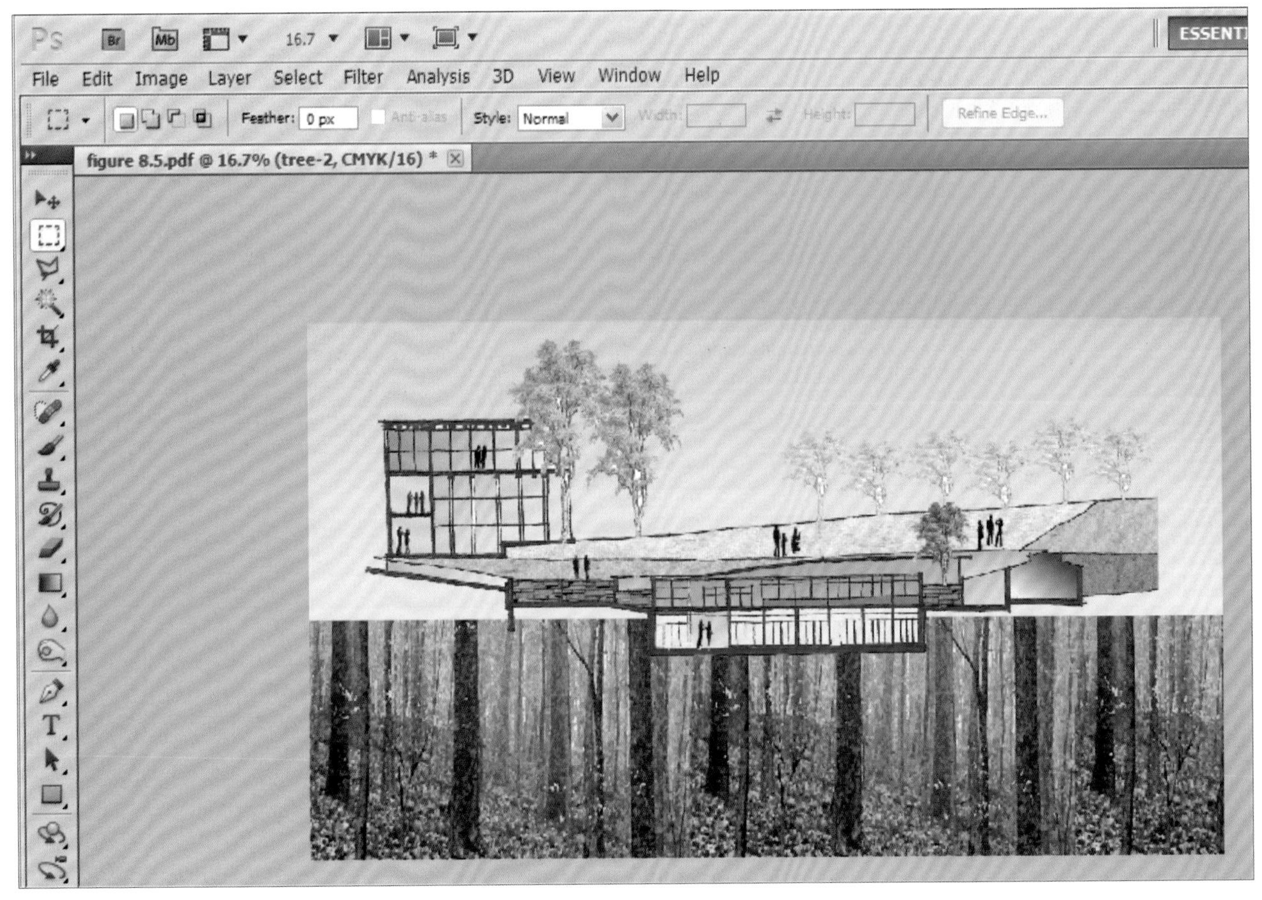
File Edit Image Layer Select Filter Analysis 3D View Window Help
Feather: 0 px
Style: Normal
Refine Edge...
figure 8.5.pdf @ 16.7% (tree-2, CMYK/16) *
图8.14

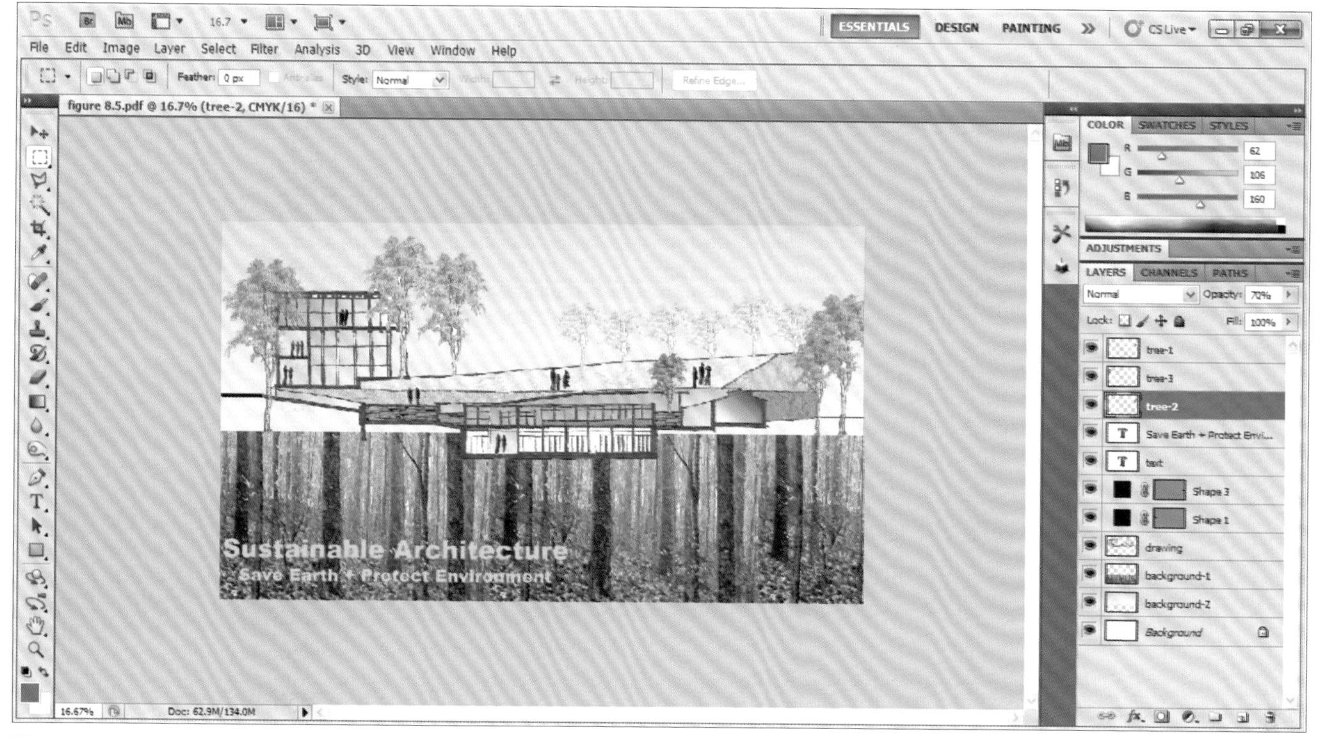

图8.15

4. 在海报中添加树木和文字。要注意将每个对象放置在单独的图层上。可以添加多个树木以增加更多的颜色，如图8.15所示。

使用手绘图形创建海报——立面图和透视图

在Photoshop中，也可以将手绘立面图和透视图转换为数字格式。图8.16是使用手绘立面图和透视图创建的。初始的立面图和透视图是手绘的，之后在Photoshop中进行编辑。下面介绍具体操作过程。

使用手绘立面图创建数字图形

1. 手绘一幅立面图，如图8.17所示。
2. 扫描立面图并保存为PDF格式文件，以便于在Photoshop中使用。
3. 打开Photoshop软件，执行File（文件）> New（新建）命令，弹出如图8.7所示的对话框。如果想要用于印刷的高质量图形，则将分辨率设置为300 dpi。在此对话框中，还可以调整宽度和高度参数值来设置图形尺寸。在Color Mode（颜色模式）下拉列表中选择CMYK Color（CMYK颜色）。单击OK（确定）按钮。

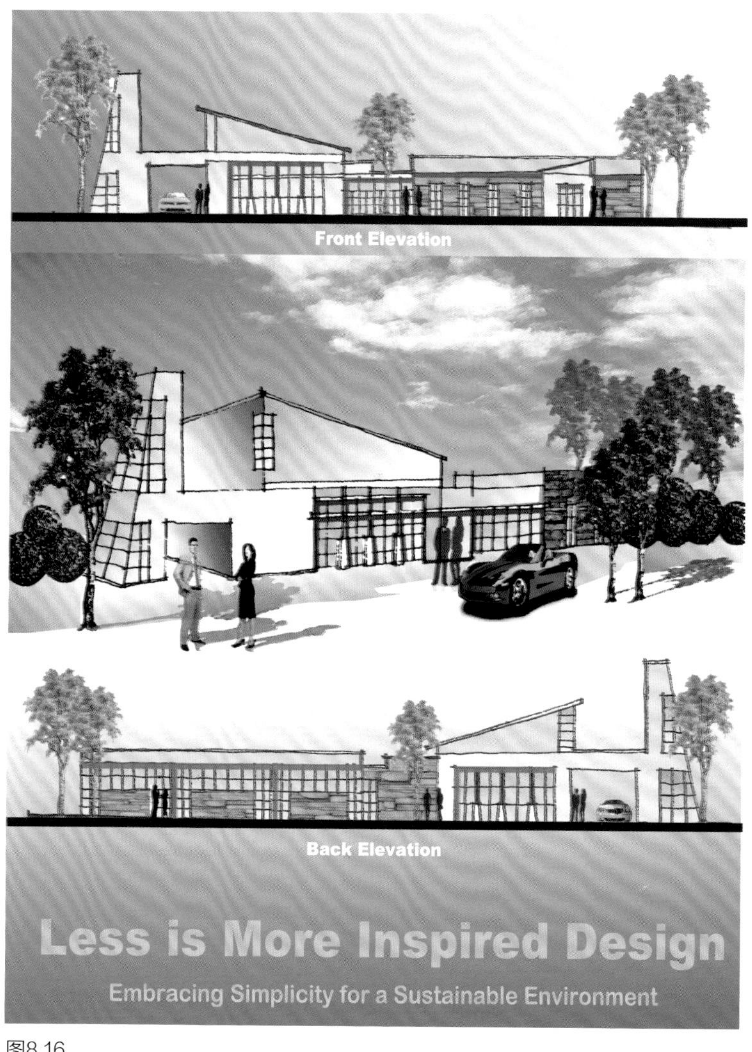

图8.16

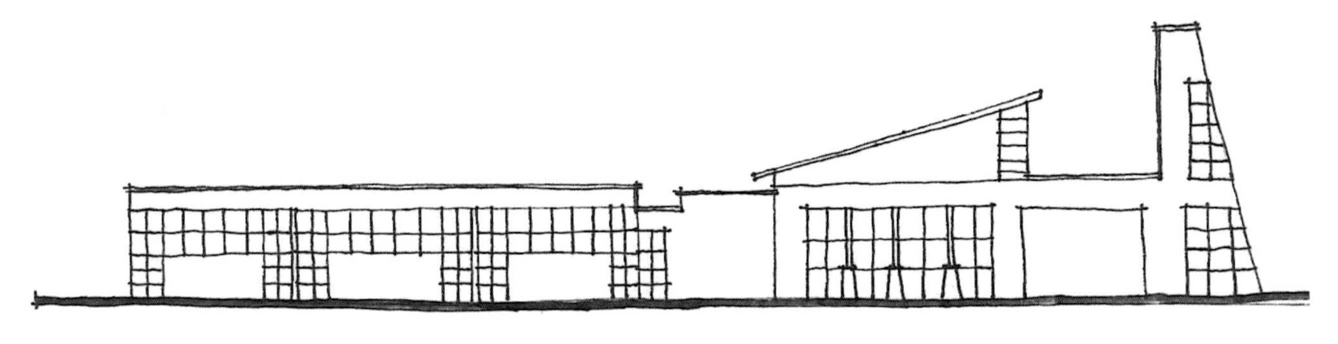

图8.17

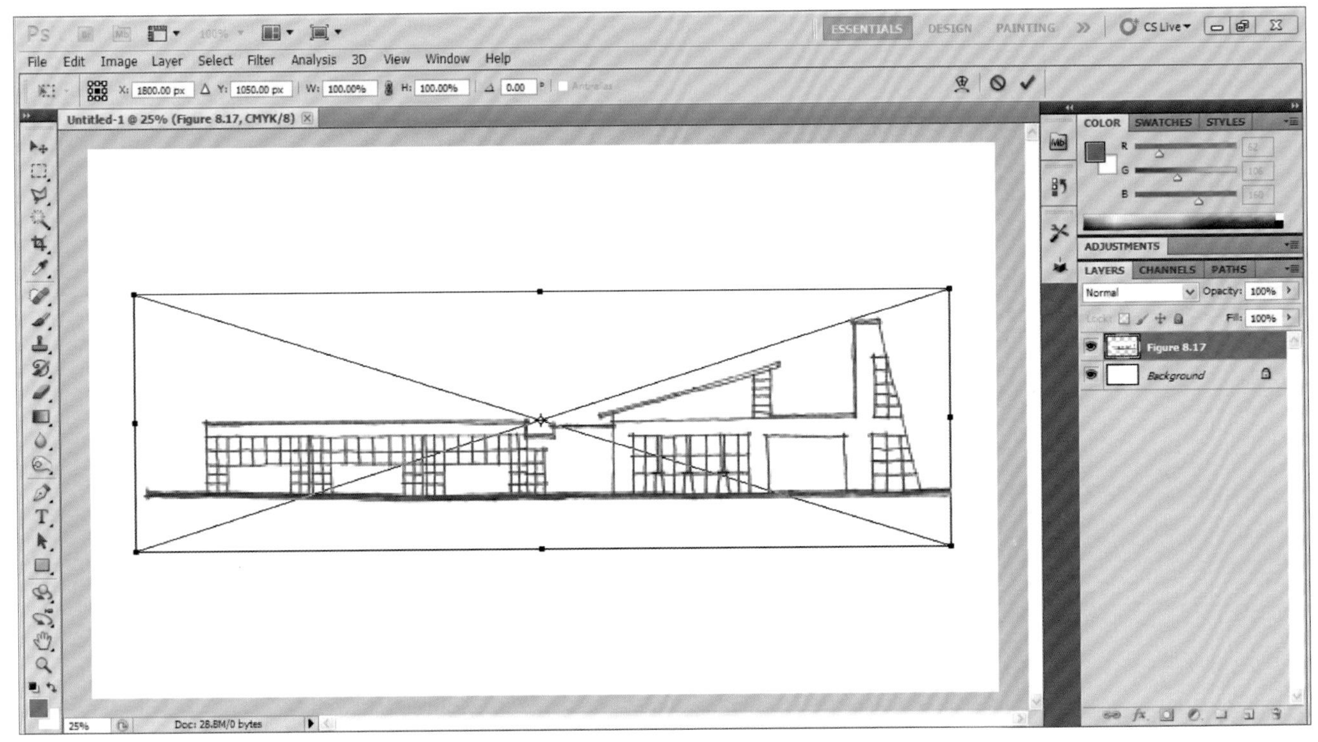

图8.18

4. 此时弹出新的空白图形。执行File（文件）>Place（置入）命令，浏览并选择手绘的建筑立面图，将其置入。需要注意的是，建筑图形置入空白图形中后，会出现一个大X标记，如图8.18所示。
5. 按下Enter键，X标记即消失。
6. 在Layers（图层）面板中，单击图层混合模式下三角按钮，选择Multiply（亮光），如图8.19所示。然后单击Lock（锁定）图标，将图层锁定。
7. 使用Gradient Fill（渐变填充）工具将窗户和墙壁填充为不同的颜色，注意要分别建立图层，如图8.20所示。
8. 在图形中应用石头材质。一定要将每种材质放置在单独的图层中，如图8.21所示。

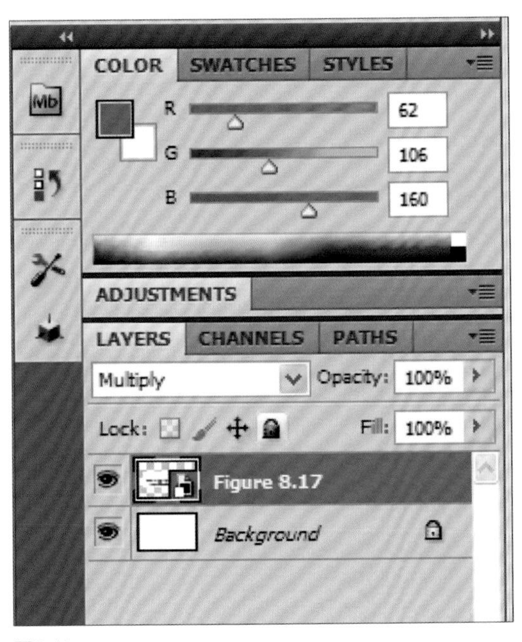

图8.19

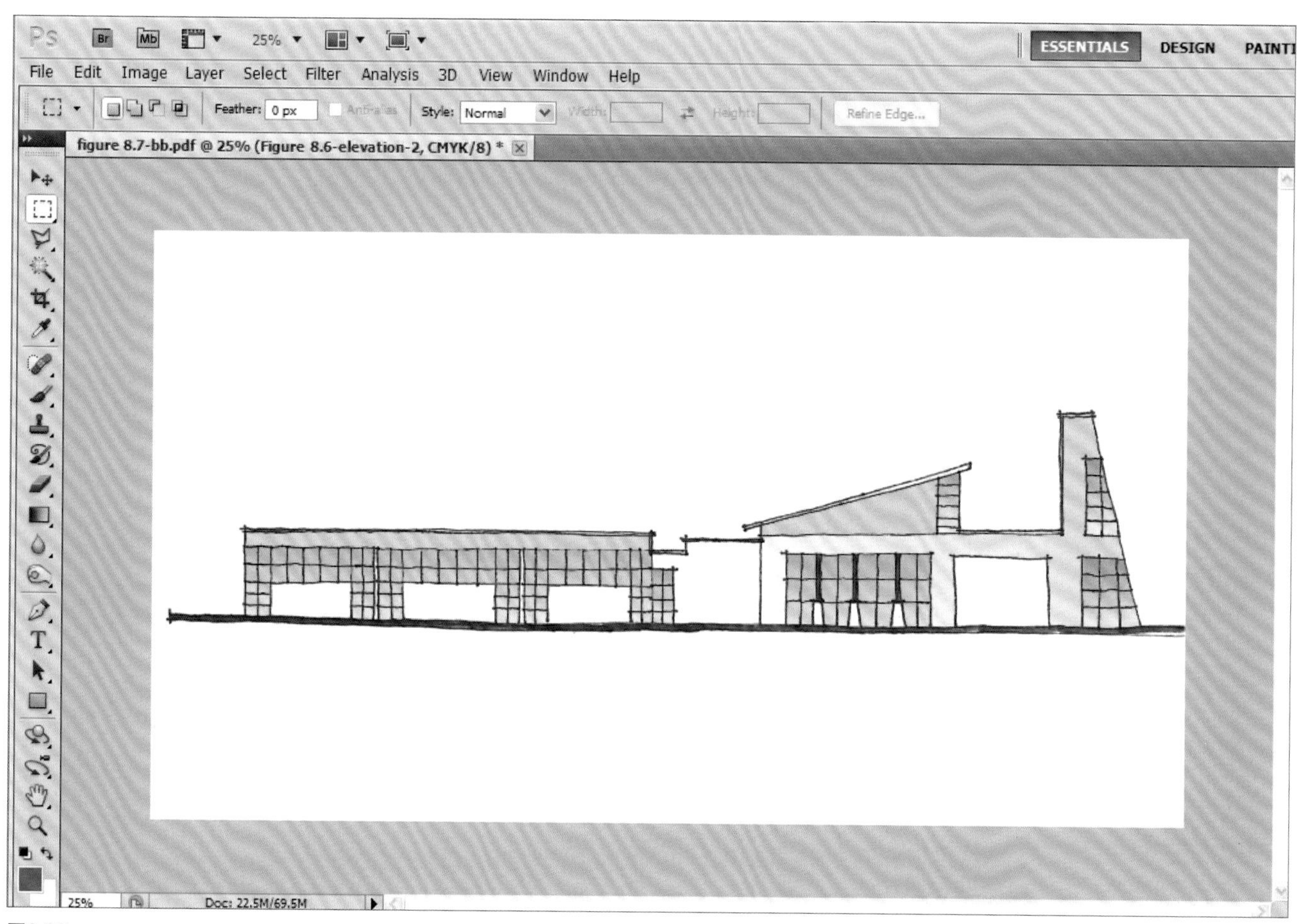
ESSENTIALS
DESIGN
PAINTI
File Edit Image Layer Select Filter Analysis 3D View Window Help
Feather: 0 px
Style: Normal
Refine Edge...
figure 8.7-bb.pdf @ 25% (Figure 8.6-elevation-2, CMYK/8) *
25%
Doc: 22.5M/69.5M
图8.20

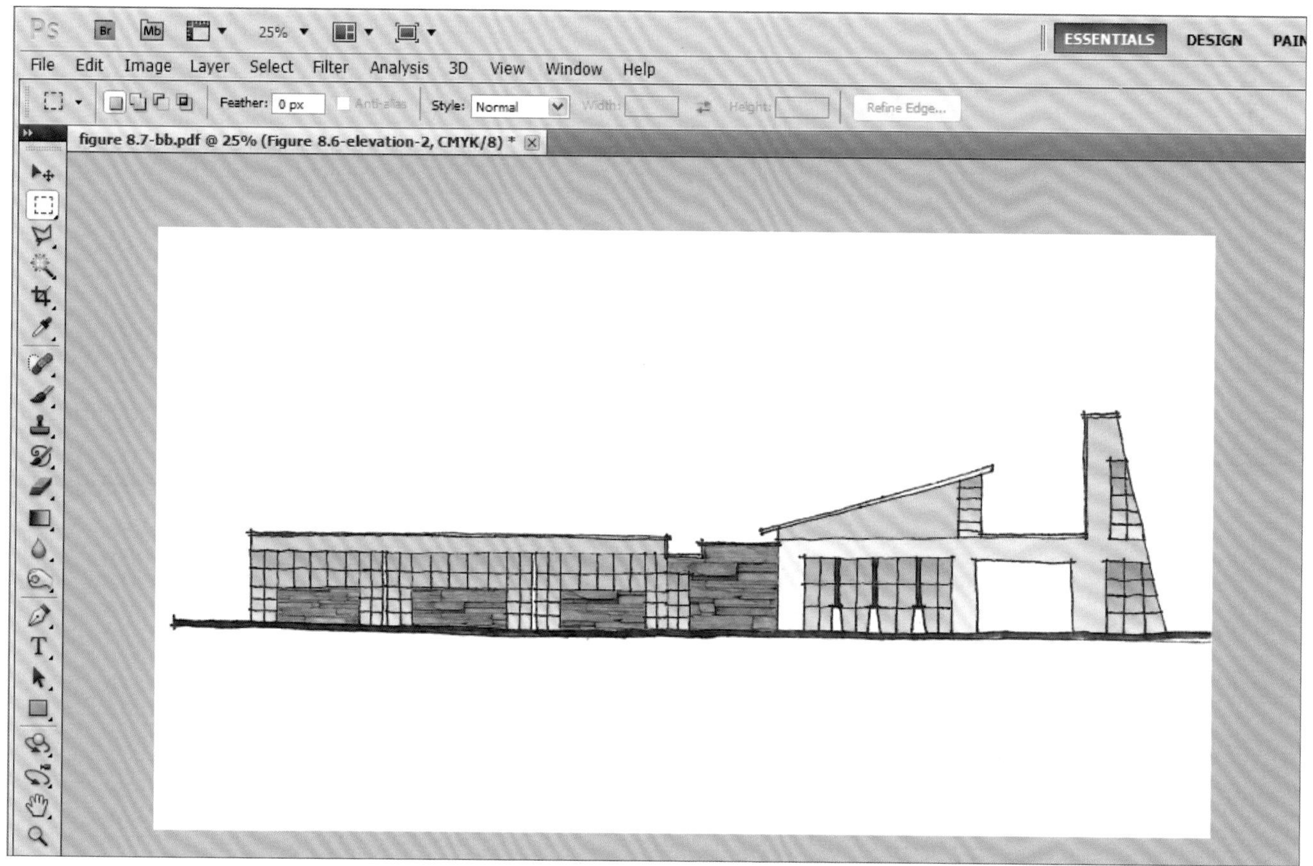
ESSENTIALS
DESIGN
PAIN
File Edit Image Layer Select Filter Analysis 3D View Window Help
Feather: 0 px
Style: Normal
Refine Edge...
figure 8.7-bb.pdf @ 25% (Figure 8.6-elevation-2, CMYK/8) *
图8.21

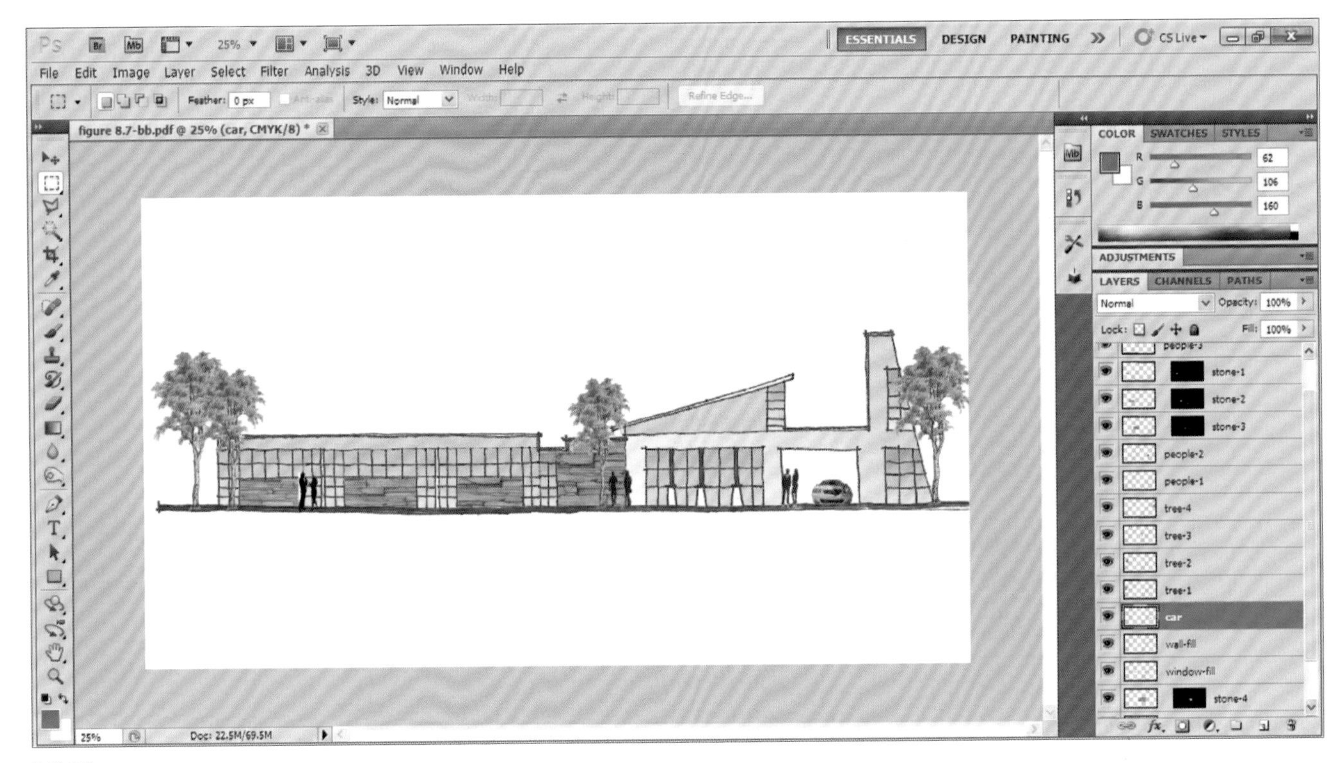

图8.22

图8.23

图8.24

9. 添加树木、人物以及汽车图像至图形中。一定要将各个对象放在不同的图层中。注意人物图像的尺寸，如图8.22所示。在将完成的立面图形导入海报之前，先拼合图像。

10. 最后一步是为立面图添加阴影。新建一个图层，命名为shadow（阴影），并设置不透明度为70%，使阴影半透明。使用Paint Bucket（油漆桶）工具填充灰色。完成的立面图如图8.23所示。

11. 采用相同的方法创建其他立面图。完成效果如图8.24所示。

使用手绘透视图创建数字图形

建筑物的透视图是展示图形中另一个重要的组件，用于表现建筑物的材质和高度，以及空间关系。下面将演示在Photoshop中快速创建透视图的方法。

1. 手绘一幅建筑物的立面图，如图8.25所示。

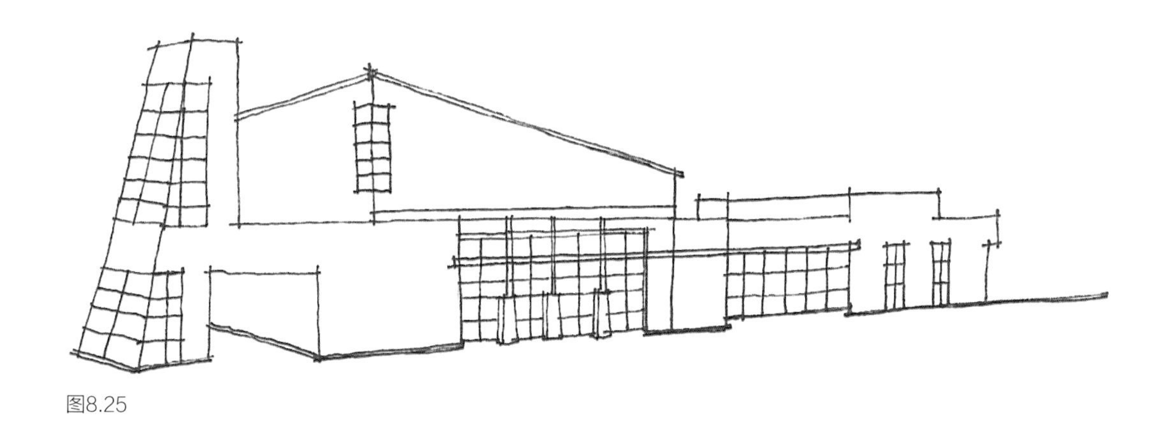

图8.25

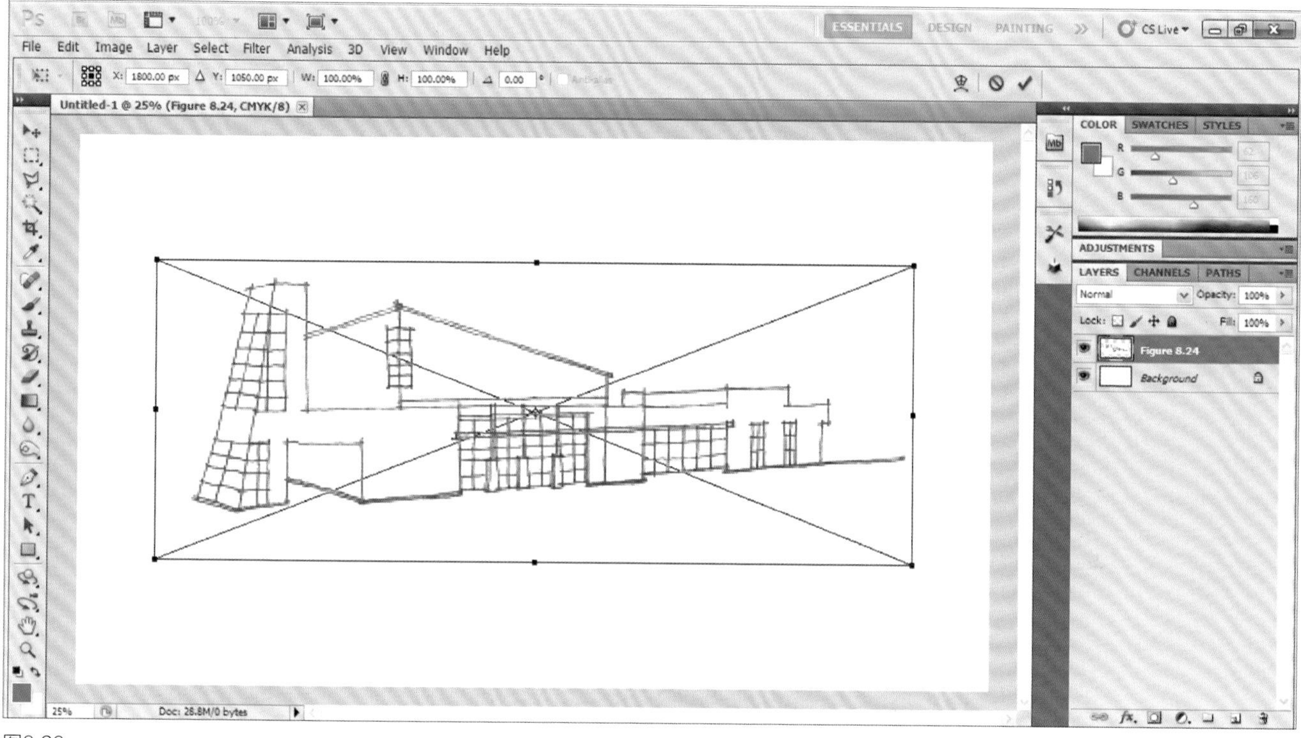

图8.26

2. 扫描立面图并保存为PDF格式文件，以便于在Photoshop中使用。
3. 打开Photoshop软件，执行File（文件）> New（新建）命令，弹出如图8.7所示的对话框。如果想要用于印刷的高质量图形，则将分辨率设置为300 dpi。在此对话框中，还可以调整宽度和高度参数值来设置图形尺寸。在Color Mode（颜色模式）下拉列表中选择CMYK Color（CMYK颜色）。单击OK（确定）按钮。
4. 此时弹出新的空白图形。执行File（文件）> Place（置入）命令，浏览并选择手绘的建筑立面图，将其置入。需要注意的是，建筑图形置入空白图形中后，会出现一个大X标记，如图8.26所示。
5. 按下Enter键，X标记即消失。
6. 在Layers（图层）面板中，单击图层混合模式下三角按钮，选择Multiply（亮光），如图8.19所示。然后单击Lock（锁定）图标，将图层锁定。
7. 使用Gradient Fill（渐变填充）工具将窗户和墙壁填充为不同的颜色，注意要分别建立不同的图层。在图形中应用石墙材质，如图8.27所示。
8. 添加树木、灌木丛图像至图形中。一定要将各个对象放在不同的图层中，如图8.28所示。为了表现出透视图中的距离感，需要应用不同颜色、不同尺寸的树木图像。

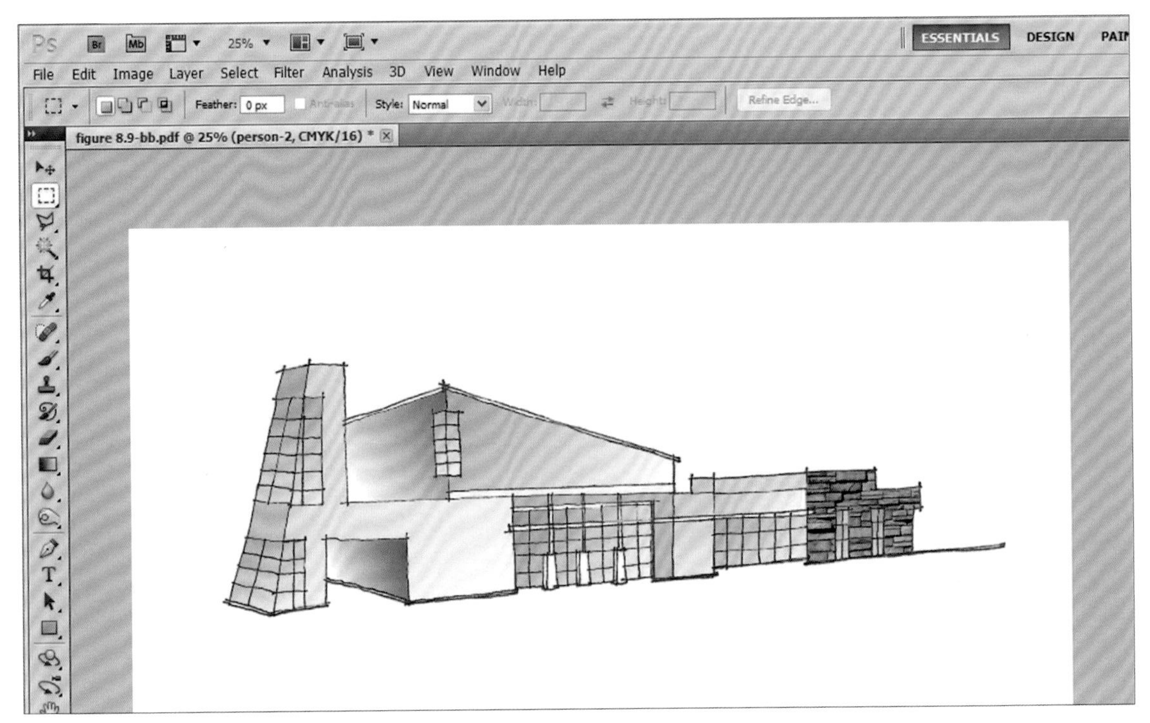

图8.27

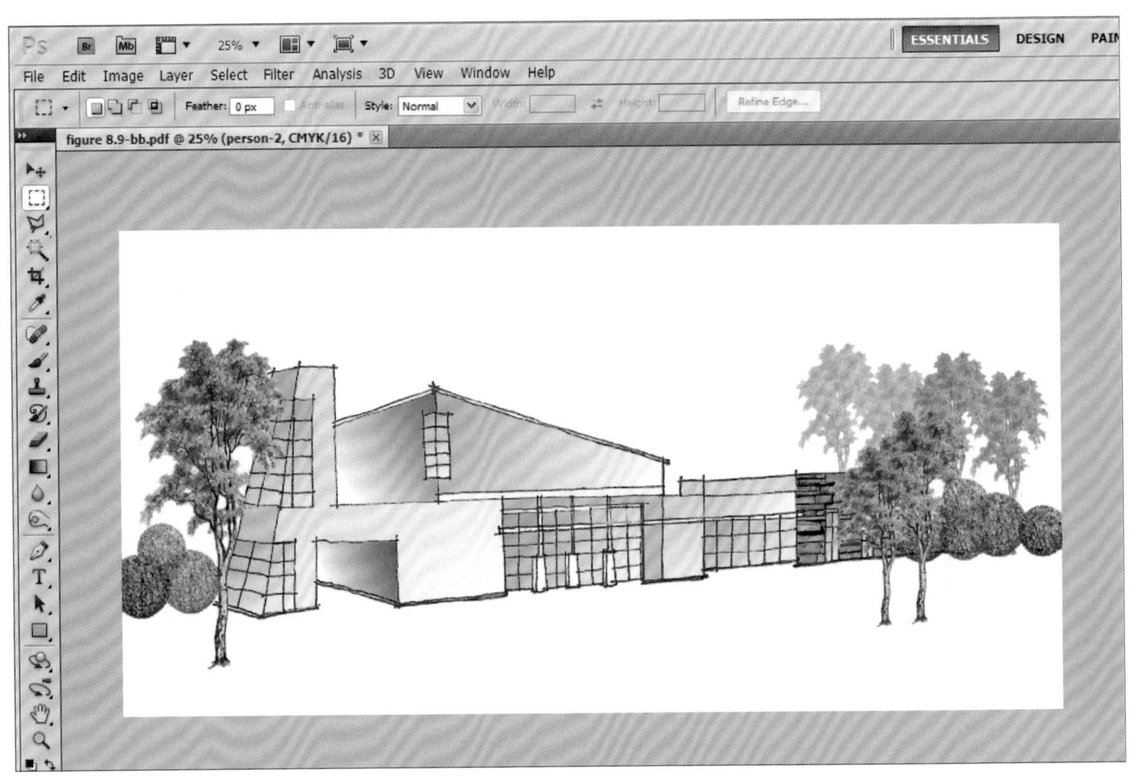

图8.28

9.将人物和汽车图像添加到透视图中，如图8.29所示。为每个对象创建单独的图层。将包含环境对象的图层不透明度调至70%左右。

10.为树木、人物添加阴影，制作投射到建筑物和地面上的阴影。使用Polygon Lasso（多边形套索）工具绘制阴影轮廓，然后使用Gradient Fill（渐变填充）工具填充灰色。如图8.30所示。为每个对象创建单独的图层。

11.在Photoshop中为透视图添加蓝天。使用Copy（拷贝）和Paste（粘贴）命令将蓝天图像导入图形中，如图8.31所示。可以从网上下载蓝天图像。

12.在Photoshop中使用Filter（滤镜）创建特殊

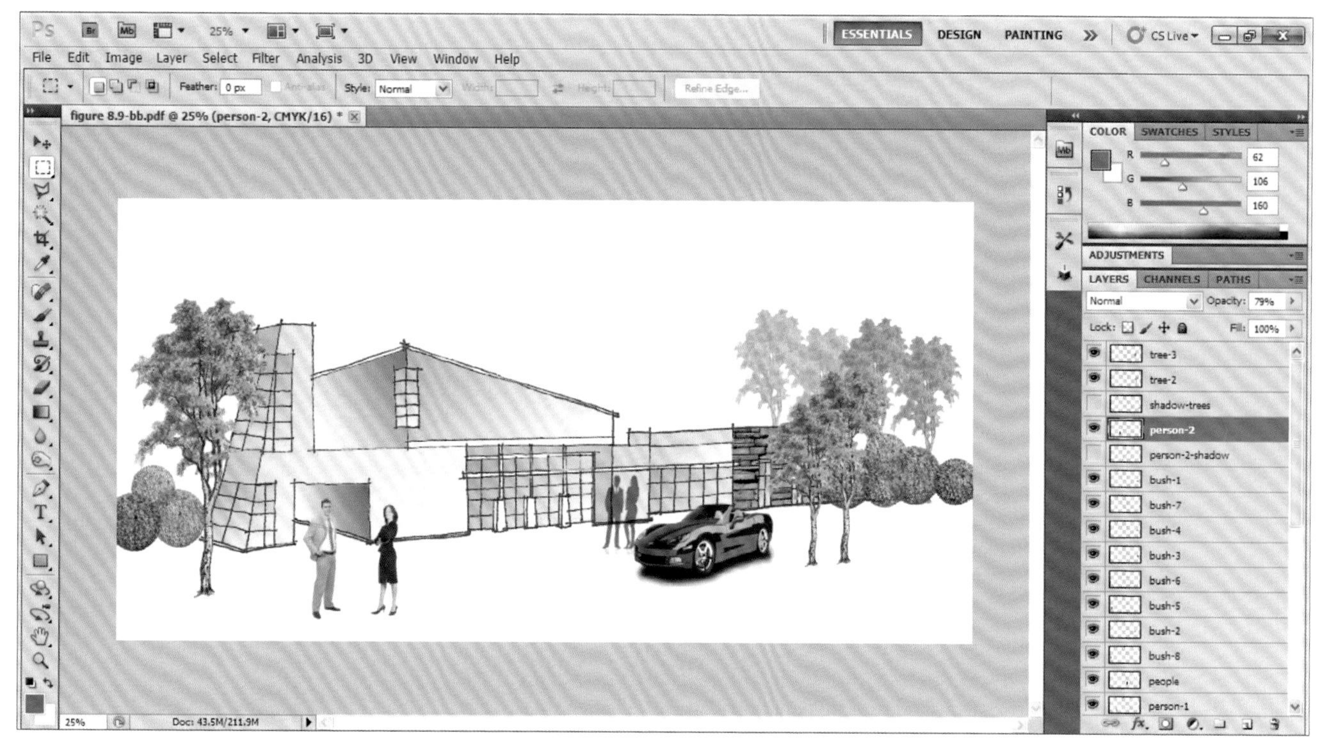

图8.29

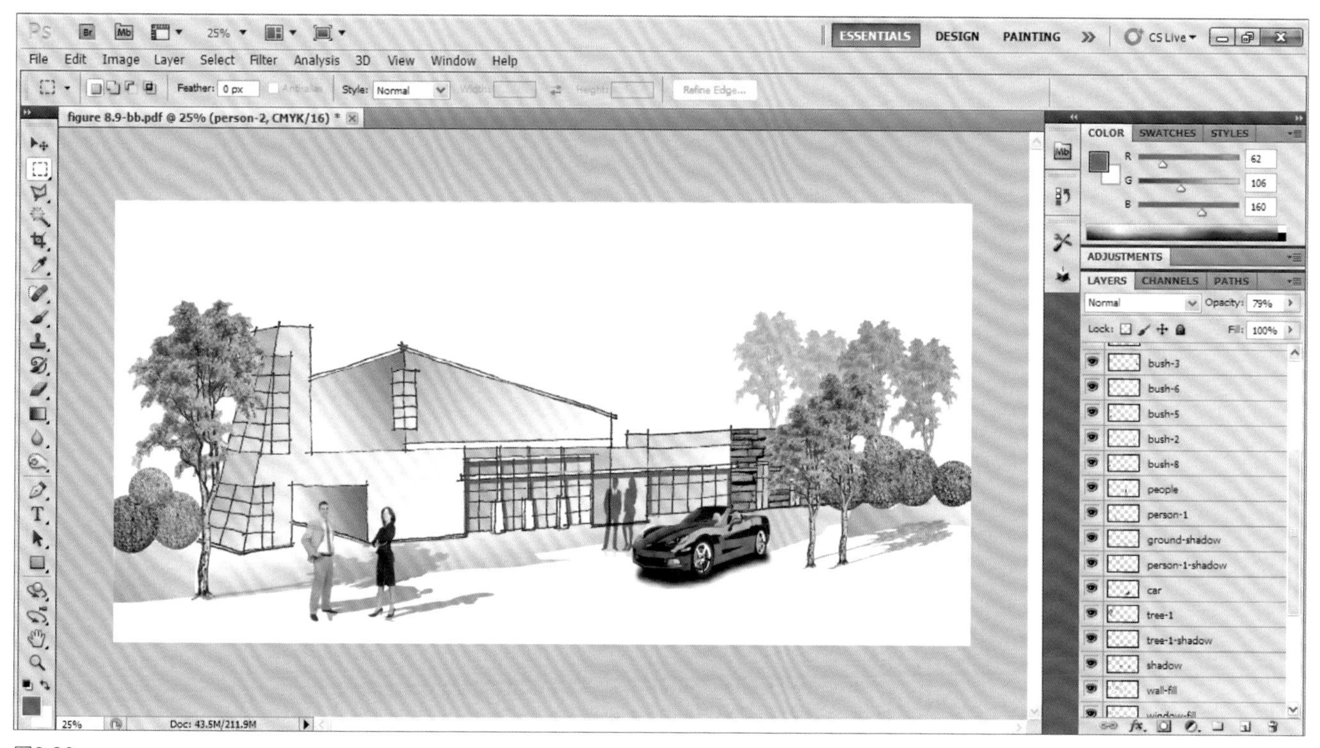

图8.30

效果，比如水彩和蜡笔效果。但是在应用滤镜之前，一定要先执行Layer（图层）>Flatten Image（拼合图像）命令，将图像拼合，将所有图层合并为一个图层。

13. 在应用艺术效果滤镜之前，一定要将Mode（模式）设为RGB Color（RGB颜色）和8 Bits/Channel（8位/通道），执行Image（图像）>Mode（模式）命令，在子菜单中选择即可，如图8.32所示。

14. 执行Filter（滤镜）>Filter Gallery（滤镜库）命令，弹出对话框，选择Watercolor（水彩）滤镜。应用滤镜后透视图效果如图8.33所示。

图8.31

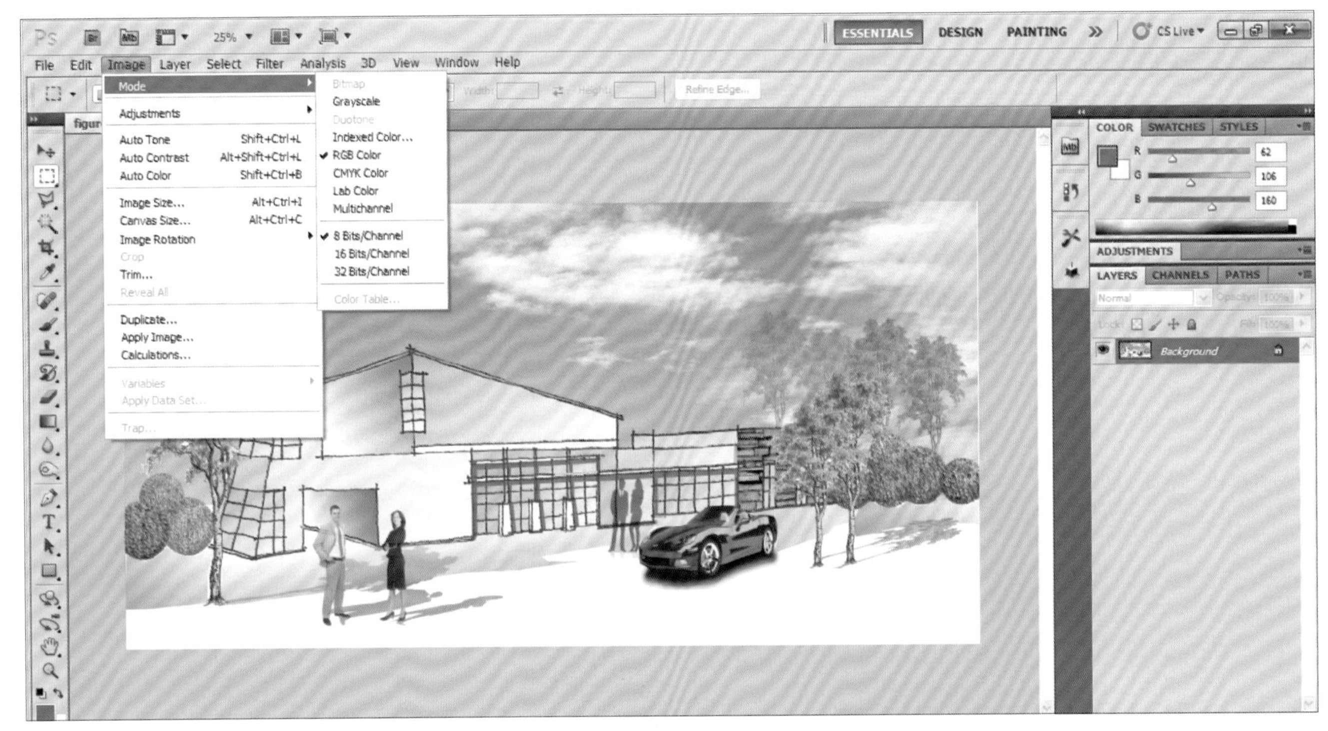

图8.32

在Photoshop中拼合已转换格式的手绘图形

一个优秀的海报展示图形应当包含平面图、立面图、局部图和透视图，或这4种图形的其他组合。根据项目的需要，有时候将建筑物的立面图和透视图组合起来作为海报展示图形，比如下面的实例。也有时候将平面图和透视图组合起来。若需要在Photoshop中将立面图和透视图组合成一个展示图纸，则按照下列步骤进行操作：

1. 在Photoshop中打开一个新图形。设置分辨率在300dpi，根据需要设置适当的页面大小。在Photoshop中使用Copy（拷贝）命令，将转换格式后的立面图和透视图粘贴到图形中，只粘贴图像而不要粘贴背景。为此，使用Magic Wand（魔棒）工具单击背景，然后右键单击并选择Select Inverse（选择反向）命令，即可只选中立面图或透视图，而不包含背景。
2. 将立面图和透视图粘贴到海报中，如图8.34

图8.33

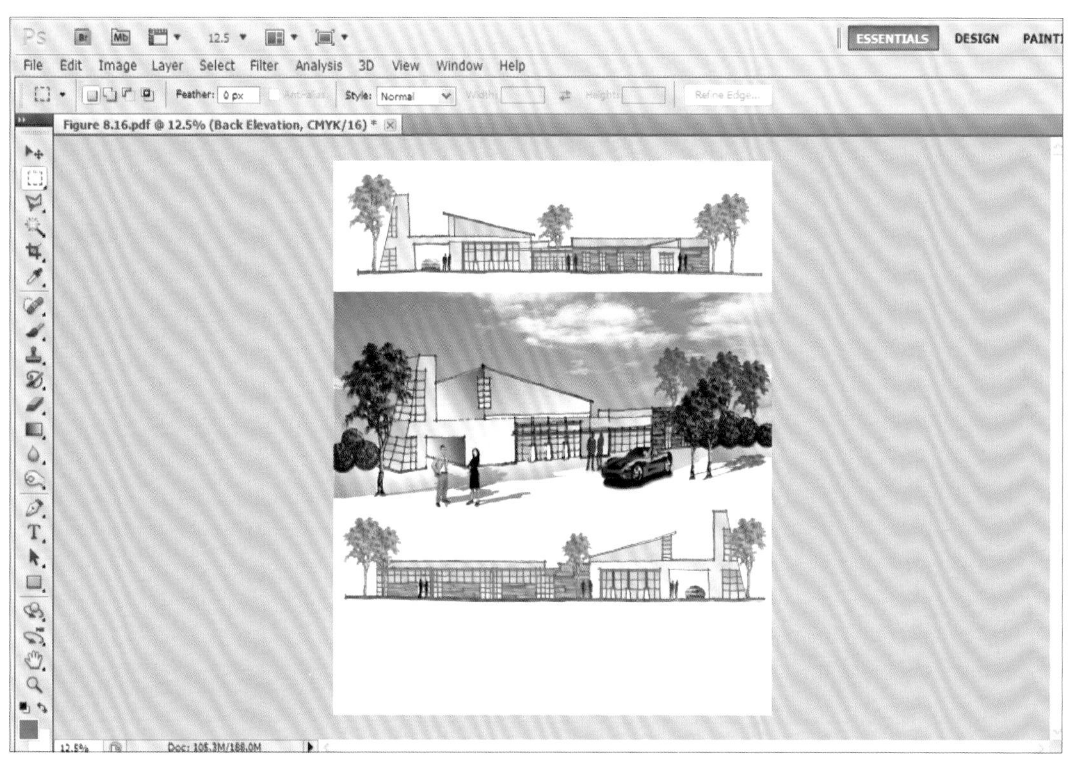

图8.34

所示。一定要将各个图形放置在单独的图层中，并将图层重命名为elevation-1（立面图1）、elevation-2（立面图2）和perspective（透视图）。

3. 创建一个新的图层，命名为background（背景）。使用Rectangular Marquee（矩形选框）工具在白色区域绘制一个矩形。然后使用Gradient Fill（渐变填充）工具填充蓝色渐变，如图8.35所示。移动elevation-1（立面图1）、elevation-2（立面图2）和perspective（透视图）图层至background（背景）图层上方（在图层面板的列表中，这些图层将显示于背景图层上方）。
4. 调用Rectangle（矩形）工具，采用黑色笔触在各立面图下方绘制一条粗黑线。然后在海报中添加文字。同样的，一定要将各个对象放置在单独的图层中，如图8.36所示。

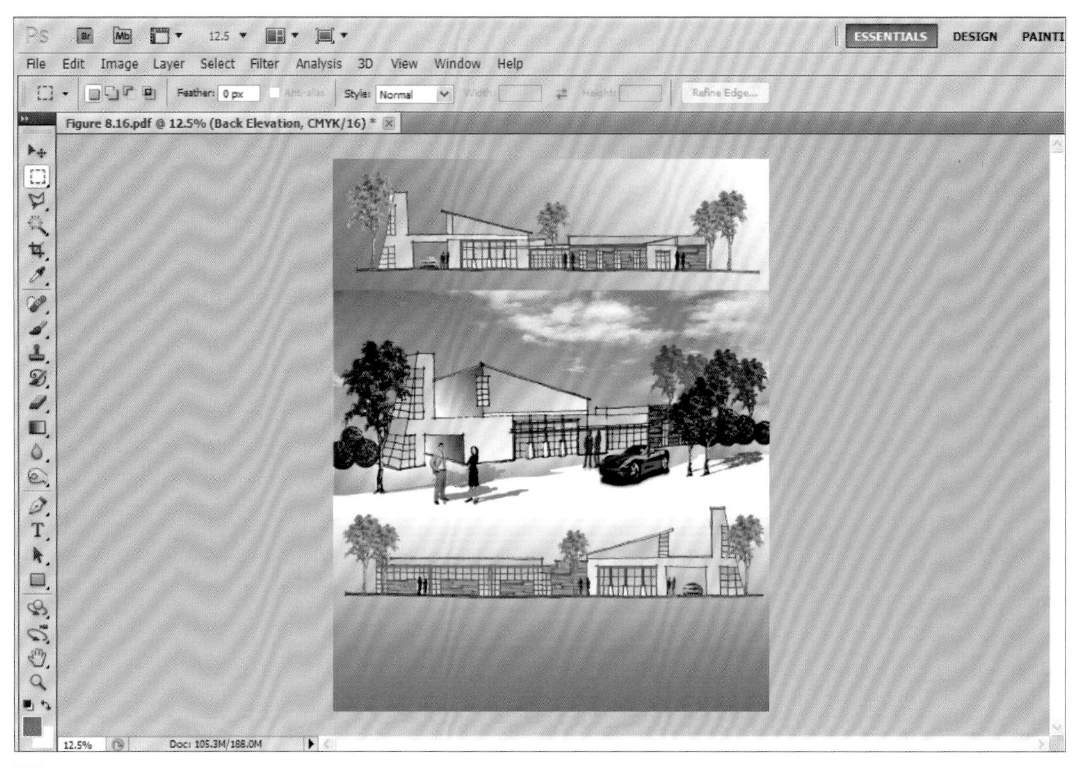
ESSENTIALS
DESIGN
File Edit Image Layer Select Filter Analysis 3D View Window Help
Feather: 0 px
Style: Normal
Refine Edge...
Figure 8.16.pdf @ 12.5% (Back Elevation, CMYK/16) *
12.5%
Doc: 105.3M/188.0M
图8.35

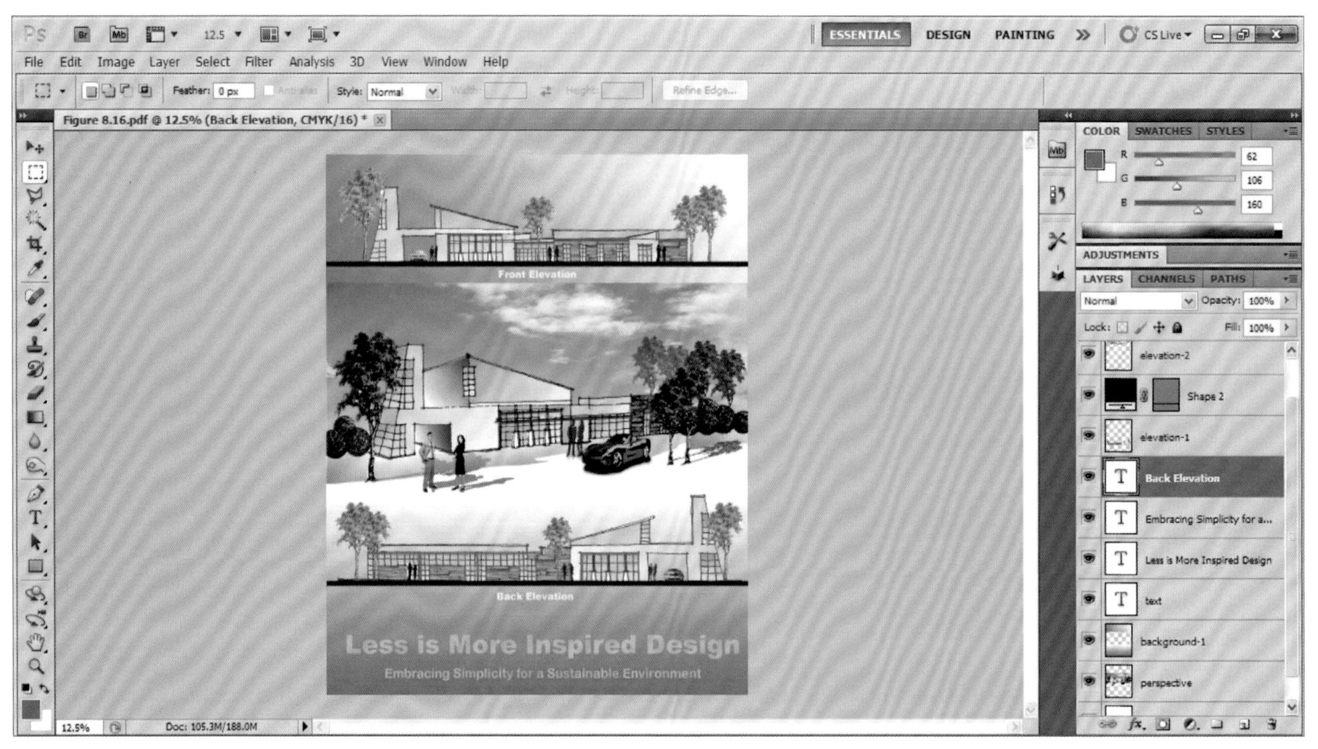
ESSENTIALS
DESIGN
PAINTING
CS Live
File Edit Image Layer Select Filter Analysis 3D View Window Help
Feather: 0 px
Style: Normal
Refine Edge...
Figure 8.16.pdf @ 12.5% (Back Elevation, CMYK/16) *
Front Elevation
Back Elevation
Less is More Inspired Design
Embracing Simplicity for a Sustainable Environment
COLOR
SWATCHES
STYLES
R 62
G 106
B 160
ADJUSTMENTS
LAYERS
CHANNELS
PATHS
Normal
Opacity: 100%
Lock:
Fill: 100%
elevation-2
Shape 2
elevation-1
Back Elevation
Embracing Simplicity for a...
Less is More Inspired Design
text
background-1
perspective
12.5%
Doc: 105.3M/188.0M
图8.36

概要

本章介绍了在Photoshop中将手绘图形转换为数字图形的技术，还演示了在数字图形中添加真实材质和环境对象，以及使用滤镜为图形添加特殊效果，比如水彩效果。主要内容概括如下：

- 准备好手绘图形
- 在图形中添加材质
- 在图形中添加环境对象
- 在图形中添加特殊效果
- 在Photoshop中拼合海报图形

关键术语

- 8 Bits/Channel（8位/通道）
- CMYK Color（CMYK颜色）
- Color Mode（颜色模式）
- Filter Gallery（滤镜库）
- File（文件）>Place（置入）
- Flatten Image（拼合图像）
- Select Inverse（选择反向）

项目练习

1. 为你正在开展的设计项目拼合一个海报图形，表现你的设计理念。你可以组合使用手绘图形和数字图形，在海报中包含平面图、立面图、局部图和透视图。
2. 使用已经在Photoshop中编辑过的手绘平面图、立面图或透视图，添加材质和环境对象到转换格式后的数字图形中。
3. 使用Photoshop拼合海报图形，其中包括背景、文字和前面所述的所有必要的内容。

9

使用InDesign组合图形

本章介绍组合Photoshop图形的技术。从创建背景开始，然后使用平面图、立面图、等轴视图、透视图或其他相关图像组成图形，本章将演示具体的操作过程。本章的重点是InDesign软件，使用InDesign将在Photoshop中创建的图形组合起来。如前所述，InDesign是一款专门用于页面布局和构图的软件。使用这一软件，还可以轻松为展示图形添加文字和图形背景。这是一款灵活而强大的排列图形和文字的软件，因此，也是创建视觉作品、表达设计理念的理想选择。

InDesign基础知识

在前几章中，我们学习了如何在Photoshop中创建和优化单个图形。现在需要将所有单个的图形组合到一起，以海报的形式“讲述”设计理念。由于我们只是要将多个图形组合成海报，因此不必掌握InDesign中的每个工具及其操作方法，只需重点掌握以下操作即可。

- 设置一个新的图形
- 为每个对象创建单独的图层
- 创建背景
- 创建实色或渐变背景
- 导入单个图形
- 添加文字

以下是InDesign的一些基础知识，在演示操作之前，需要先了解一下。

创建新的图形

可以在Photoshop中创建一个全新的海报展示图形。但InDesign是专门用于页面布局的软件，并且能够灵活地创建更复杂的展示图

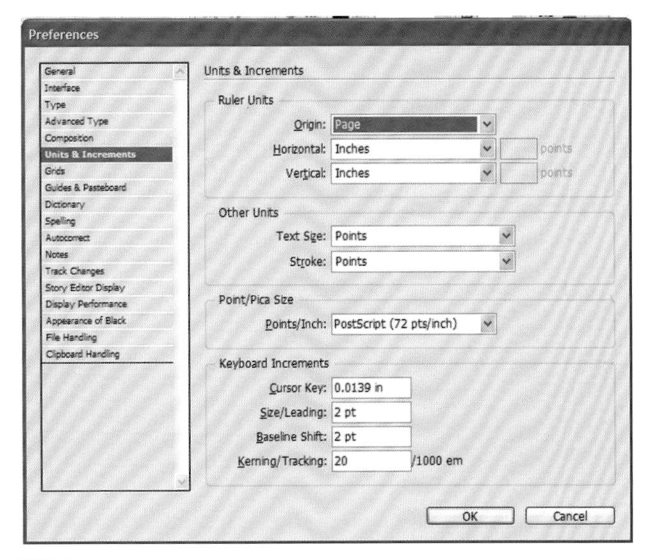

图9.1

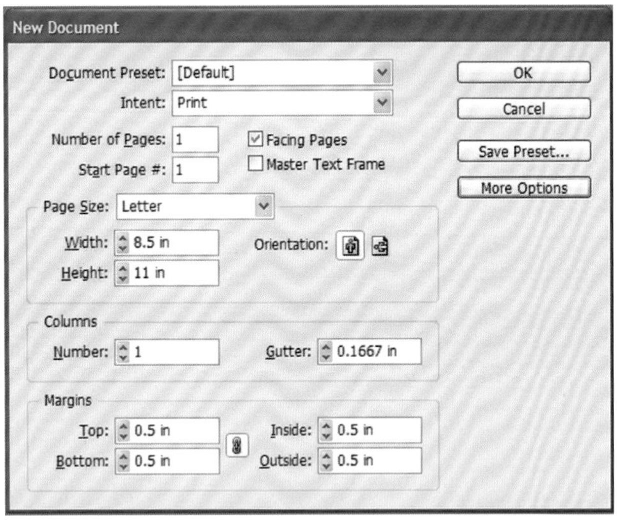

图9.2

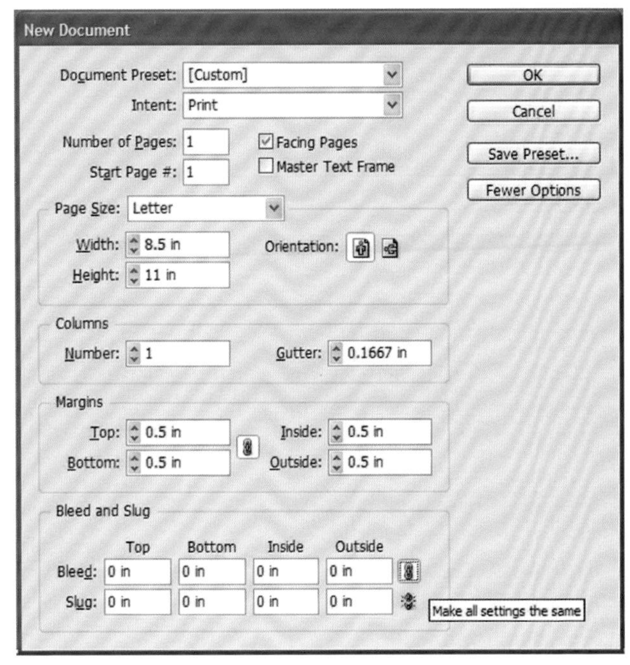

图9.3

形。下面介绍在InDesign中创建新图形的操作。

在InDesign中设置新页面之前，请先确认以inches（英寸）为单位。执行Edit（编辑）>Preferences（首选项）>Units & Increments（单位和增量）命令。弹出一个对话框，如图9.1所示。在Horizontal（水平）和Vertical（垂直）下拉列表中选择Inches（英寸）。在Origin（原点）下拉列表中选择Page（页面）。

1. 执行File（文件）>New（新建）>New Document（文档）命令。即弹出New Document（新建文档）对话框，如图9.2所示。对话框中的设置包括文档预设、页边距和分栏，以及出血、辅助信息区等。可以随时根据需要更改这些设置。

新建文档对话框中包含文档预设、页边距、分栏以及出血、辅助信息区等参数，以便设置页面大小，页边距和分栏位于同样的位置。我们可以随时更改这些设置。

指定图形设置

若要指定出血和辅导信息区的尺寸，则单击More Options（更多选项）按钮（如果已打开更多选项，则这些选项已经在对话框中显示）。出血和辅助信息区是我们定义的页面边缘向外延伸的区域。若需要在各个边缘扩大出血或辅助信息区，则单击Make All Settings The Same（将所有设置设为相同）图标，如图9.3所示。此时会出现一个链接图标。以下是New Document（新建文档）对话框中参数的含义。

- Document Preset（文档预设）：此选项用于选择之前保存的预设。当创建新文档时，显示为default（默认）。
- Intent（用途）：此处通常选择Print（打印）选项。如果选择Web选项，则对话框中的参数会有所变化，比如Facing Pages（对页）复选框会取消勾选，Orientation（页面方向）会由纵向改为横向，并根据显示器分辨率自动调整页面大小（单位改为像素，而不是英寸）。我们可以随时更改这些设置，但是一旦创建文档后，即无法再更改Intent（用途）设置。
- Number of Pages（页数）：在这里可以指定新建文档中的页面数量以及文档的起始页码。如果指定了偶数页（如2），并且勾选了Facing Pages（对页）复选框，则文档将以对页开始。

- Facing Pages（对页）：选择此选项使页面中左边和右边页面相对称展开，就像书籍和杂志。取消勾选该选项，则每个页面都独立显示，比如，当正在打印传单或海报，或者需要对象出血到边缘时，可以取消勾选此项。
- Page Size（页面大小）：从下拉列表中选择一个预设页面尺寸，或者在Width（宽度）和Height（高度）数值框中输入数值。页面大小指的是出血和其他标记被裁切后的最终页面尺寸。
- Orientation（页面方向）：单击Portrait（纵向）或Landscape（横向）图标进行选择。当设置Height（高度）为较大的值时，Portrait（纵向）图标即为选中状态。当设置Width（宽度）为较大的值时，则Landscape（横向）图标为选中状态。单击未选中的图标，可切换Height（高度）和Width（宽度）值。
- Bleed（出血）：在出血区域可以打印放置于页面尺寸以外的对象。如果对象位于定义的页面尺寸边缘之外，则打印区域的边缘可能会出现一些白色，表示在打印或裁切时有轻微的未对准情况。因此，应将对象放置在稍微越过边缘的位置，在打印之后进行裁切。文档中，出血区域以红线显示。可以在Print（打印）对话框中指定出血区域。
- Slug（辅助信息区）：当对文档进行裁切形成最终页面大小时，辅助信息区将被裁掉。这个区域包含打印信息、自定义颜色信息，或文档的其他相关介绍和说明信息。位于辅助信息区的对象（包括文本框）会被打印出来，但是在裁切文档为最终页面大小时，会被裁切掉。超出出血或辅助信息区的对象将不会打印出来。

注意：也可以单击Save Preset（保存预设）按钮，保存文件设置以便将来使用。此时，会弹出一个对话框，在此可以指定预设的名称，如图9.4所示。

2. 单击OK（确定）按钮，按照设置创建并打开一个新的文档。图9.5显示了一个采用指定设置和预设设置的新文档。

定义文档预设

您可以将包含页面大小、分栏、出血、辅助信息栏等设置的文档预设保存，这样既能节省时间，又能确保创建类似图纸时的一致性。

1. 选择File（文件）>Document Preset（文档预设）>Define（定义）命令。弹出一个对话框，如图9.6所示。
2. 单击New（新建）按钮。
3. 将预设命名为Document Preset 2（文件预设2），然后在New Document（新建文档）对话框中设置新文档的基本布局选项，如图9.7所示。
4. 单击此对话框和上一个Document Presets（文档预设）对话框中OK（确定）按钮。

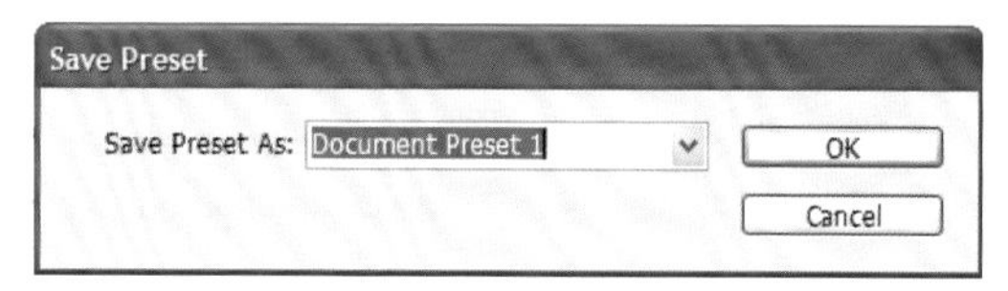

图9.4

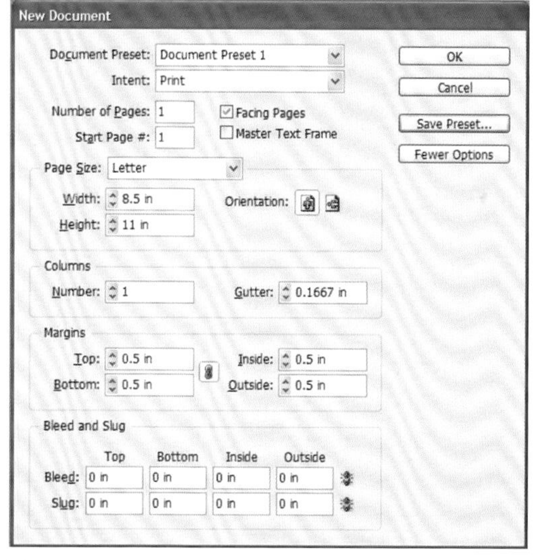

图9.5

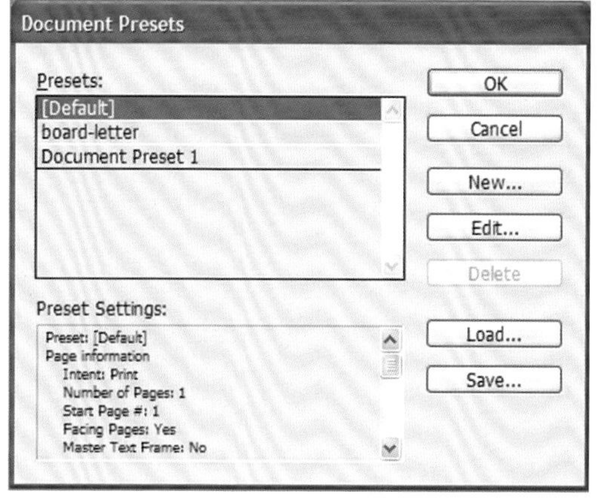

图9.6

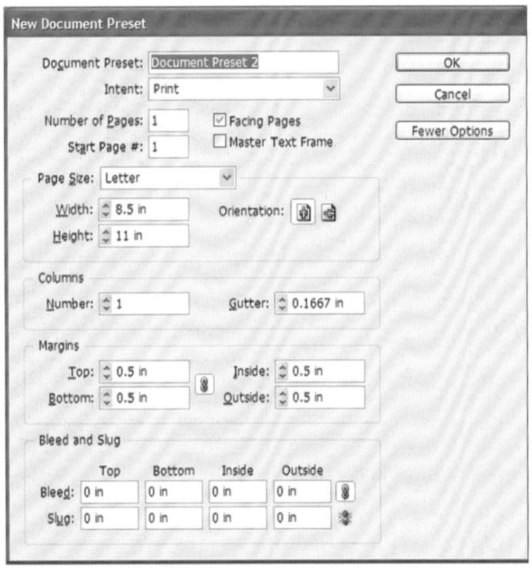

New Document Preset
Document Preset: Document Preset 2
Intent: Print
Number of Pages: 1
Start Page #: 1
Facing Pages
Master Text Frame
Page Size: Letter
Width: 8.5 in
Height: 11 in
Orientation:
Columns
Number: 1
Gutter: 0.1667 in
Margins
Top: 0.5 in
Bottom: 0.5 in
Inside: 0.5 in
Outside: 0.5 in
Bleed and Slug
Top Bottom Inside Outside
Bleed: 0 in 0 in 0 in 0 in
Slug: 0 in 0 in 0 in 0 in
OK
Cancel
Fewer Options

图9.7

创建新图层

每个文档至少包含一个已命名的图层。通过使用多个图层，可以创建和编辑文档中的特定区域或特定类型的内容，而不会影响其他区域或类型的内容。例如，如果需要对较小的区域稍作修改，则可以单独将该图层隔离出来进行更改，或者完全替换单个图像。还可以使用图层在相同的布局中显示不同的设计构思。可以把图层想象为彼此叠加的透明胶片。如果一个图层中没有对象，就可以透过它看到下面图层中的对象。

可以随时添加图层，先选中当前图层，然后右键单击，选择New Layer（新建图层）命令即可。另一种方法是通过Layers（图层）面板中的菜单新建图层，如图9.8所示。或者也可以使用Layers（图层）面板底部的Create New Layer（创建新图层）按钮，如图9.8所示。文档中可以拥有的最多图层数量是由InDesign可用的RAM决定的。

现在打开Layers（图层）面板：

1. 执行Window（窗口）>Layers（图层）命令，如图9.9所示。
2. 若要在所选图层上方创建新图层，则单击Create New Layer（创建新图层）按钮，如图9.9所示。也可以在Layers（图层）面板中拖动图层到现有图层的上面或下面。

准备背景

第1章中图1.1是在创建了每个单独的图形后，使用InDesign拼合完成的。背景填充为黑色。下面介绍准备背景的操作过程：

1. 在InDesign中打开一个新的图形。设置辅助信息区和出血均为0。
2. 单击工具栏左侧的Rectangle（矩形）工具，并从辅助信息区的左上角向右下角拖动，绘制一个矩形框，如图9.10所示。
3. 双击窗口左侧的小方框，以选择背景颜色。此时弹出一个对话框，如图9.11所示。单击OK（确定）按钮，设置背景颜色为黑色。
4. 双击图层，将其重命名。此时将弹出一个对话框，如图9.12所示。在Name（名称）文本

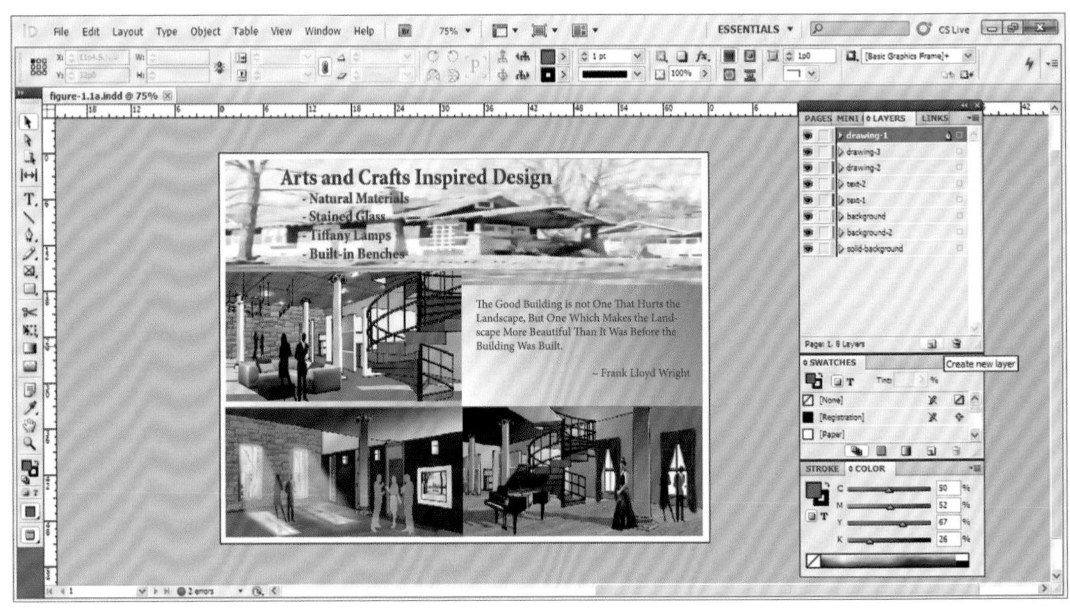

图9.8

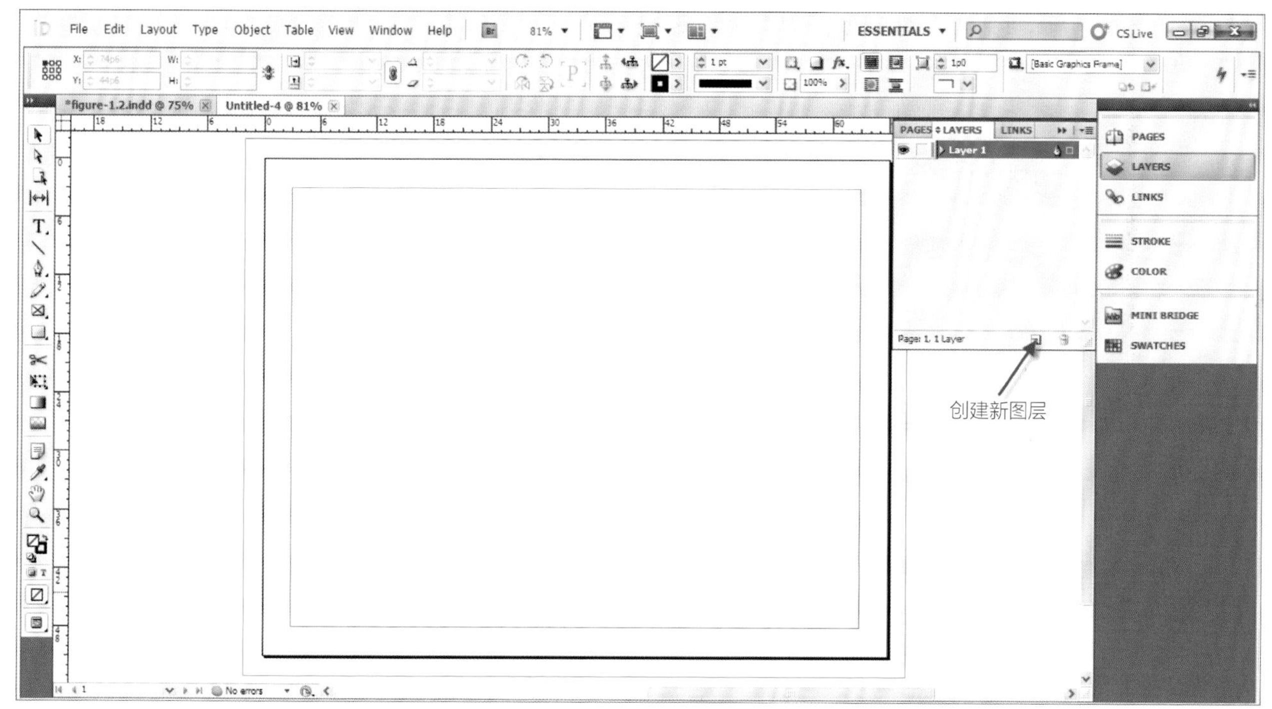

图9.9

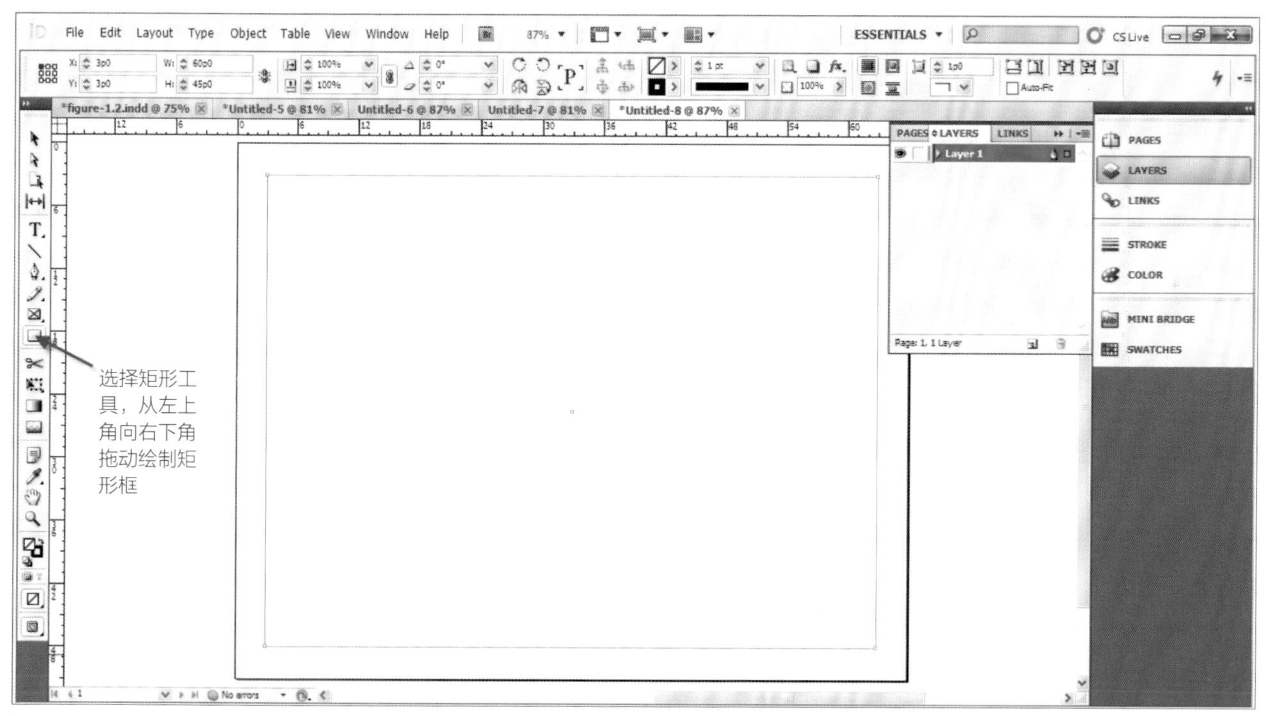

图9.10

框中输入background（背景）。

5. 为了便于操作，单击Layers（图层）面板中图层名称background（背景）旁边的小方框以锁定图层。此时眼睛图标旁边出现了一个锁形图标。

6. 接下来，确认名为background（背景）的图层处于激活状态，单击眼睛图标和锁形图标，将图层关闭并解锁。

7. 创建一个新的图层，命名为band-2（横幅2）。

8. 选择左侧工具栏中Rectangle Frame（矩形框架）工具，然后创建一个矩形框架，矩形框架以蓝色显示，如图9.13所示。此时，选择Gradient Swatch（渐变色板）工具，为划线矩形添加渐变填充，如图9.13所示。

需要注意的是，在使用Rectangle Frame（矩形框架）工具绘制框架时，通常情况下框

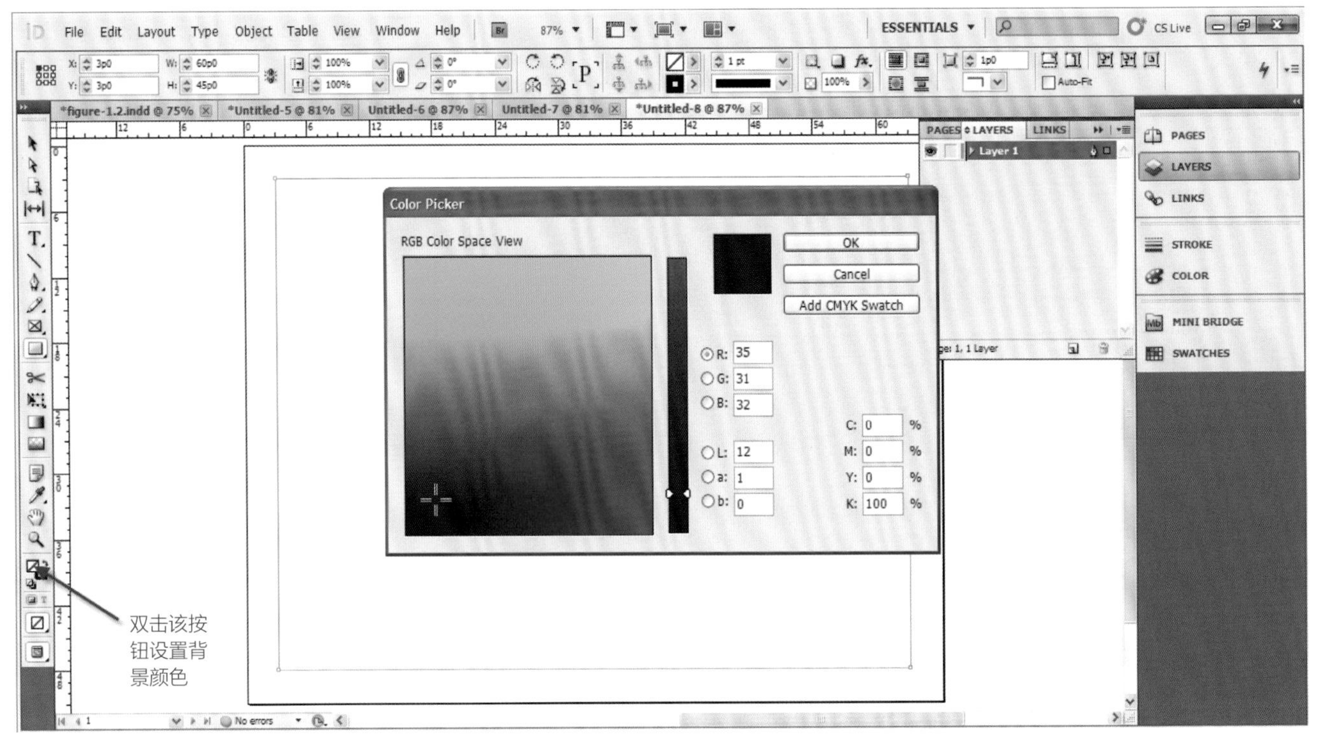

图9.11

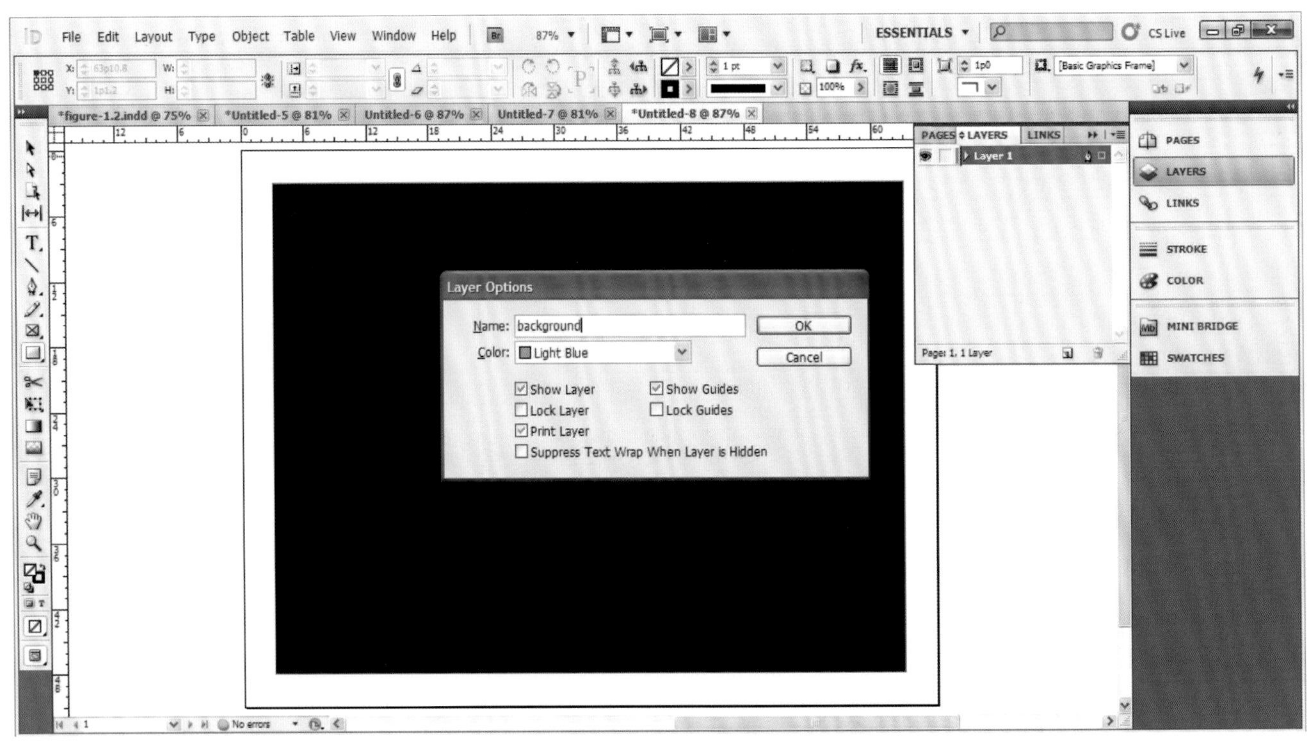

图9.12

架是可见的。如果需要将框架关闭为不可见，则右击窗口左侧工具栏最后一个图标，然后选择Preview（预览）命令，如图9.14所示，将隐藏所有框架。

9. 采用相同的方法创建band-1（横幅1）图层中的渐变背景，如图9.15所示。单击眼睛和锁形图标，以显示background（背景）图层并锁定图层，如图9.16所示。

添加单个图像至图层中

任何新的对象或图像都需要放置在某一目标图层中，图层将会显示在Layers（图层）面板中，并出现一个

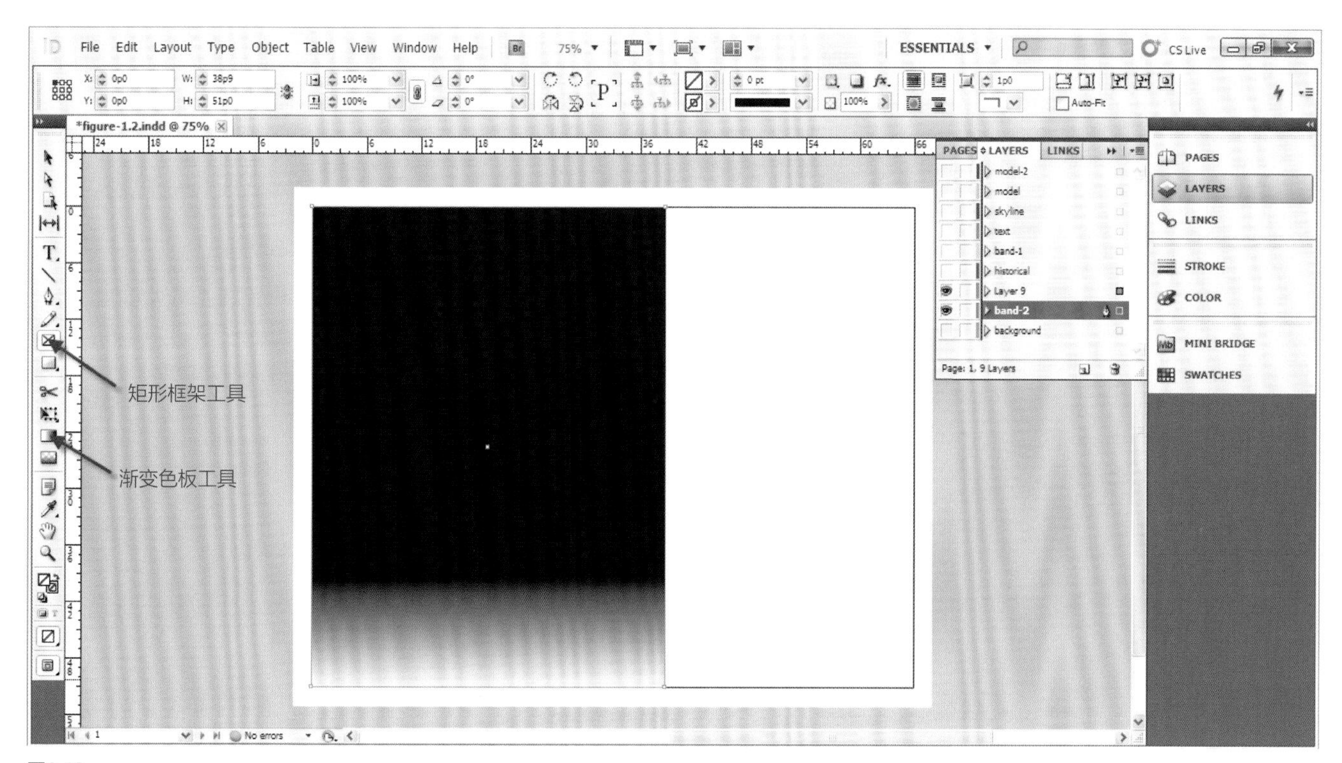

图9.13

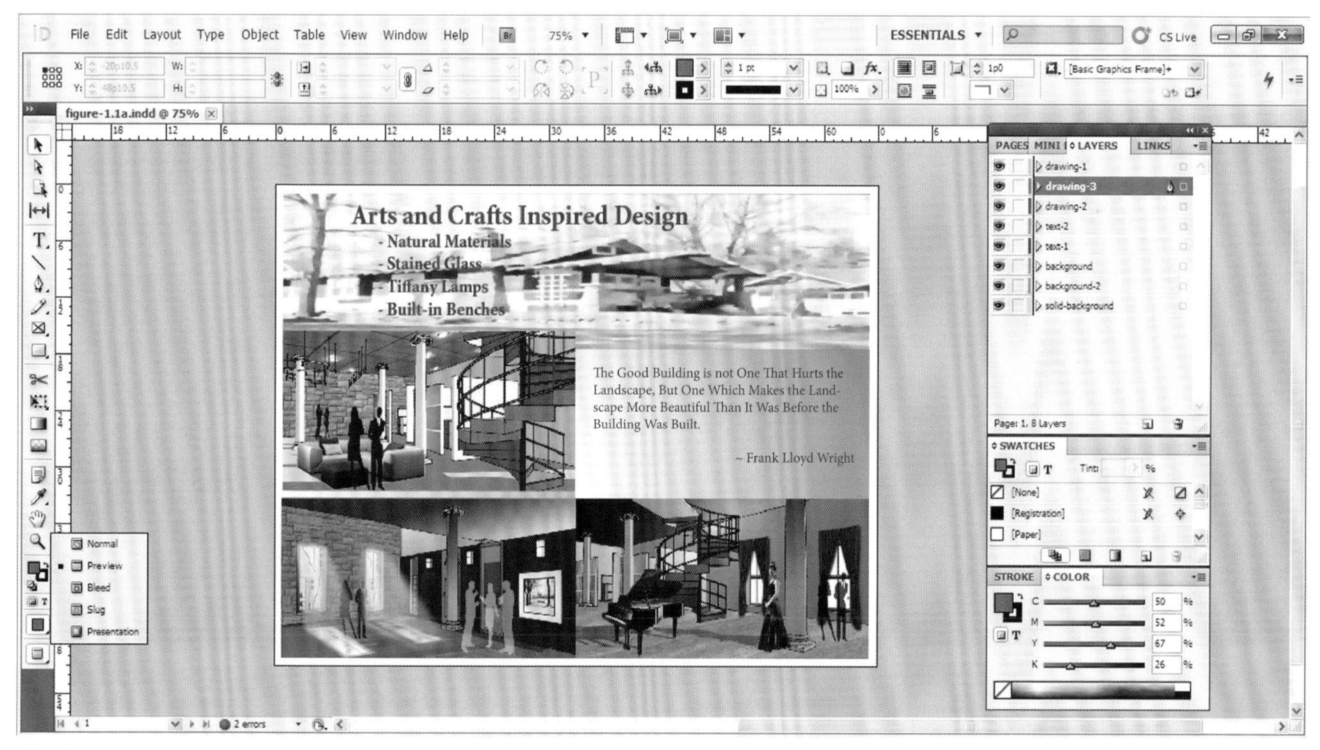

图9.14

Pen（钢笔）图标。我们可以采用下述任一方法将图像添加到目标图层中：

- 使用Type（文字）工具或绘图工具创建新对象。
- 导入、置入或粘贴文本或图形。
- 选择其他图层中的对象，然后移到新的图层中。

在隐藏或锁定的图层中无法绘制或放置新的对象。如果目标图层为隐藏或锁定状态，在选择绘图工具或Type（文字）工具时，或者

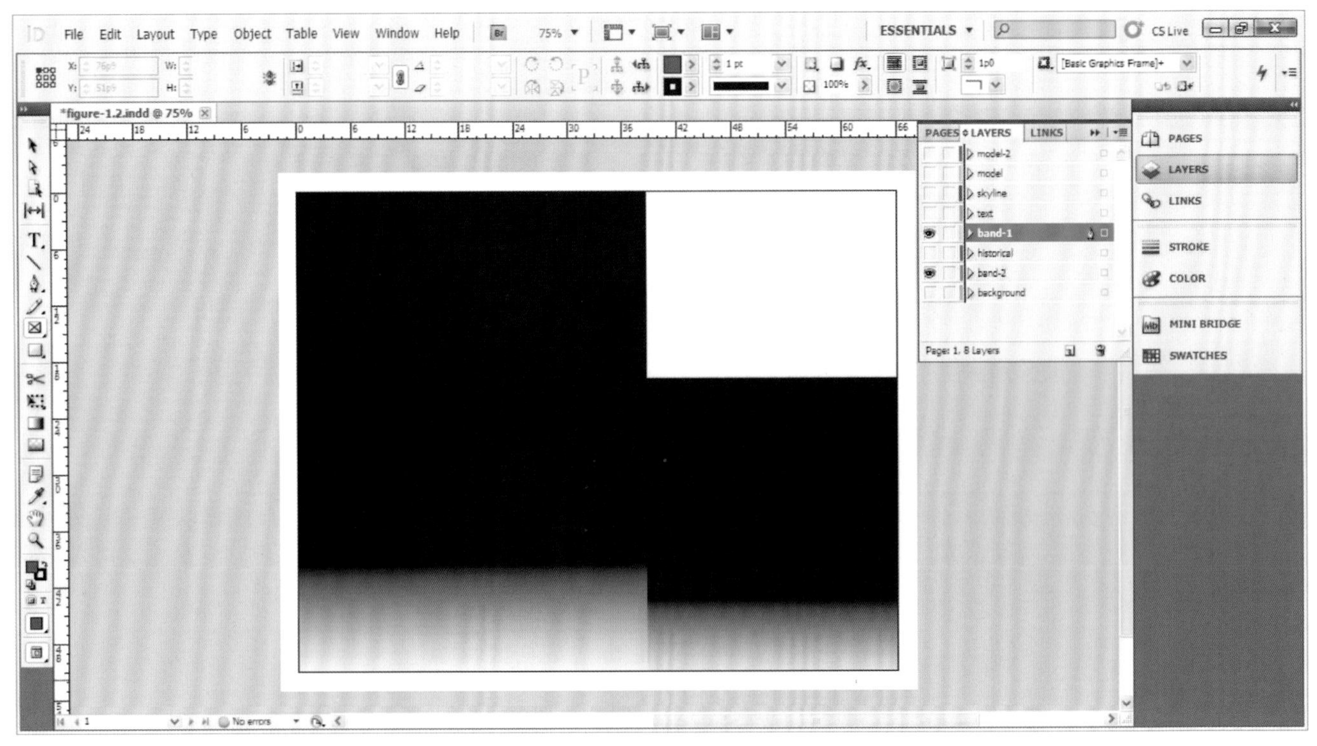

图9.15

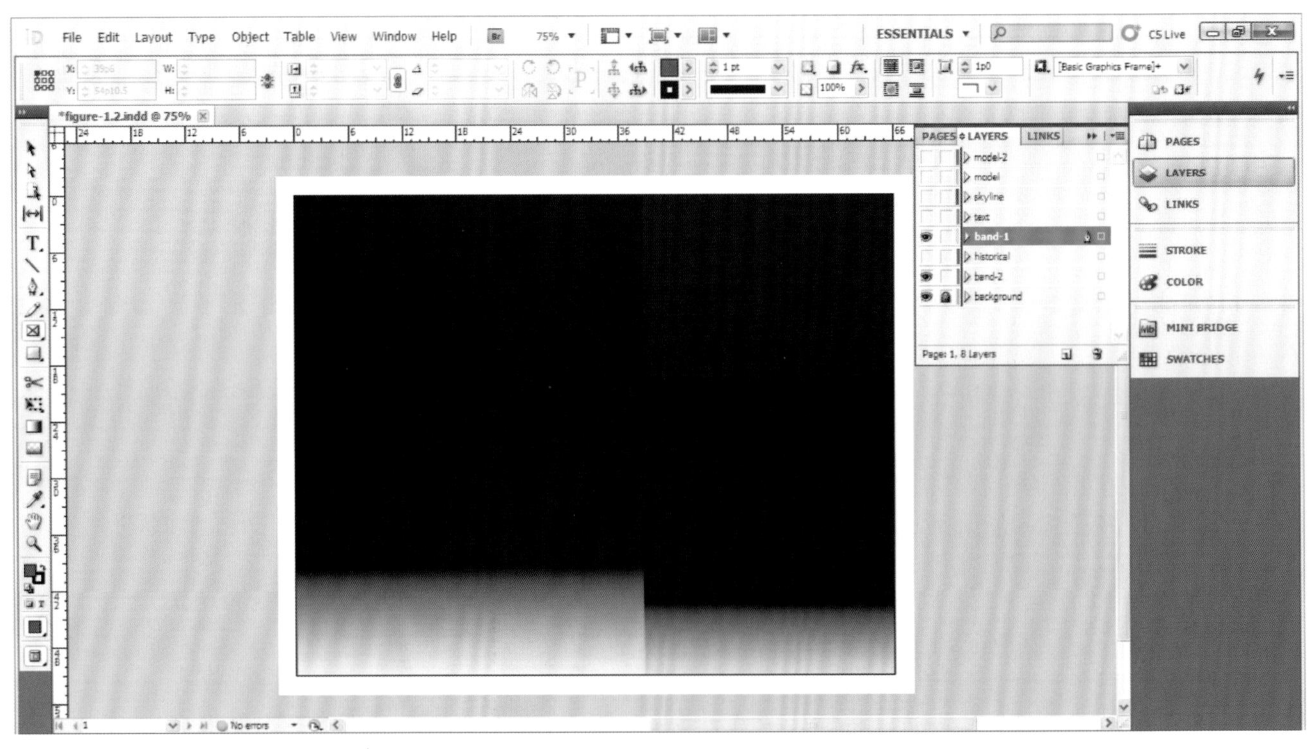

图9.16

在置入文件时，将光标移到文档窗口中会变为铅笔和斜线图标，除非将目标图层取消隐藏或解锁，或者选择另一个可见、未锁定的图层。如果在目标图层隐藏或锁定状态下，执行Edit（编辑）>Paste（粘贴）命令，则会提示是否显示或解锁目标图层。当在Layers（图层）面板中单击一个图层将其选中时，选中的图层上会出现一个钢笔图标，且图层将高亮显示表明已经选中。

接下来演示如何在已经创建背景的海报中添加图像。

1. 创建一个新的图层，命名为sky-line（天际线）。
2. 单击窗口左侧的Mini Bridge，如图9.17所

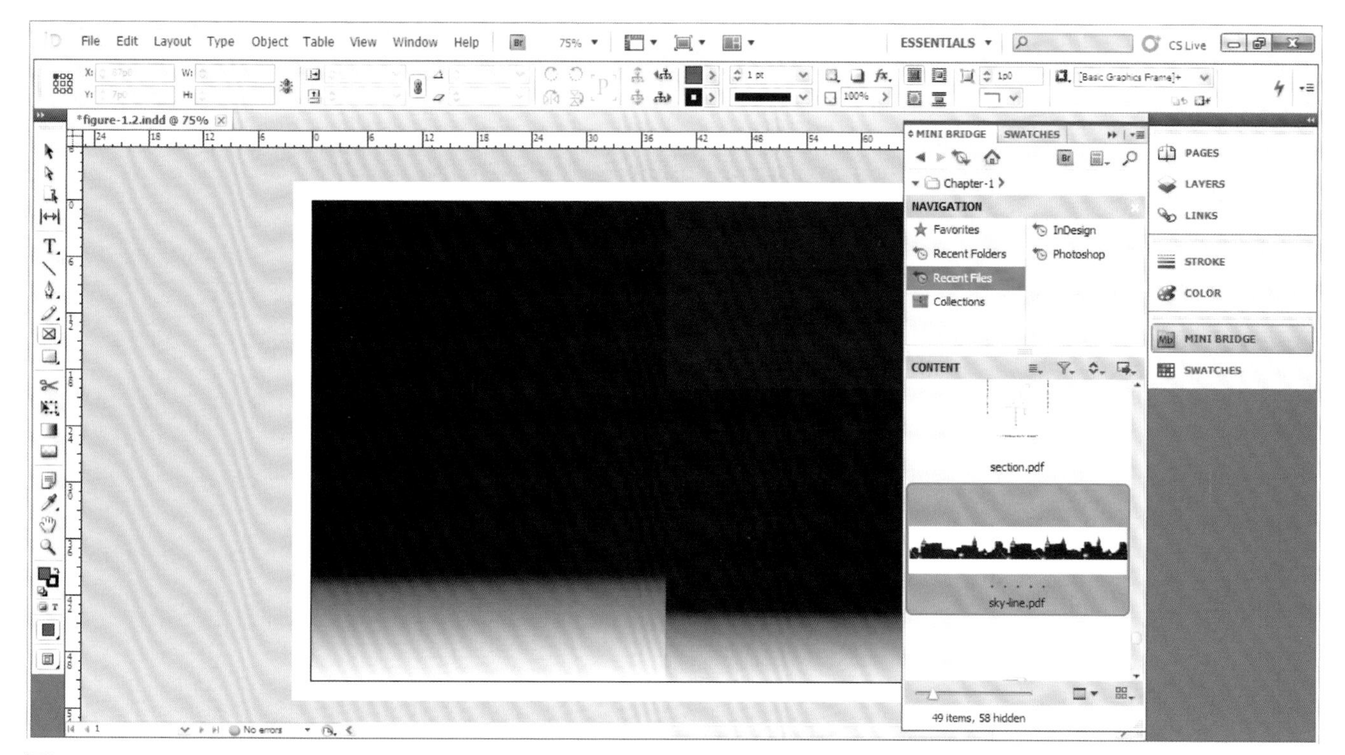

图9.17

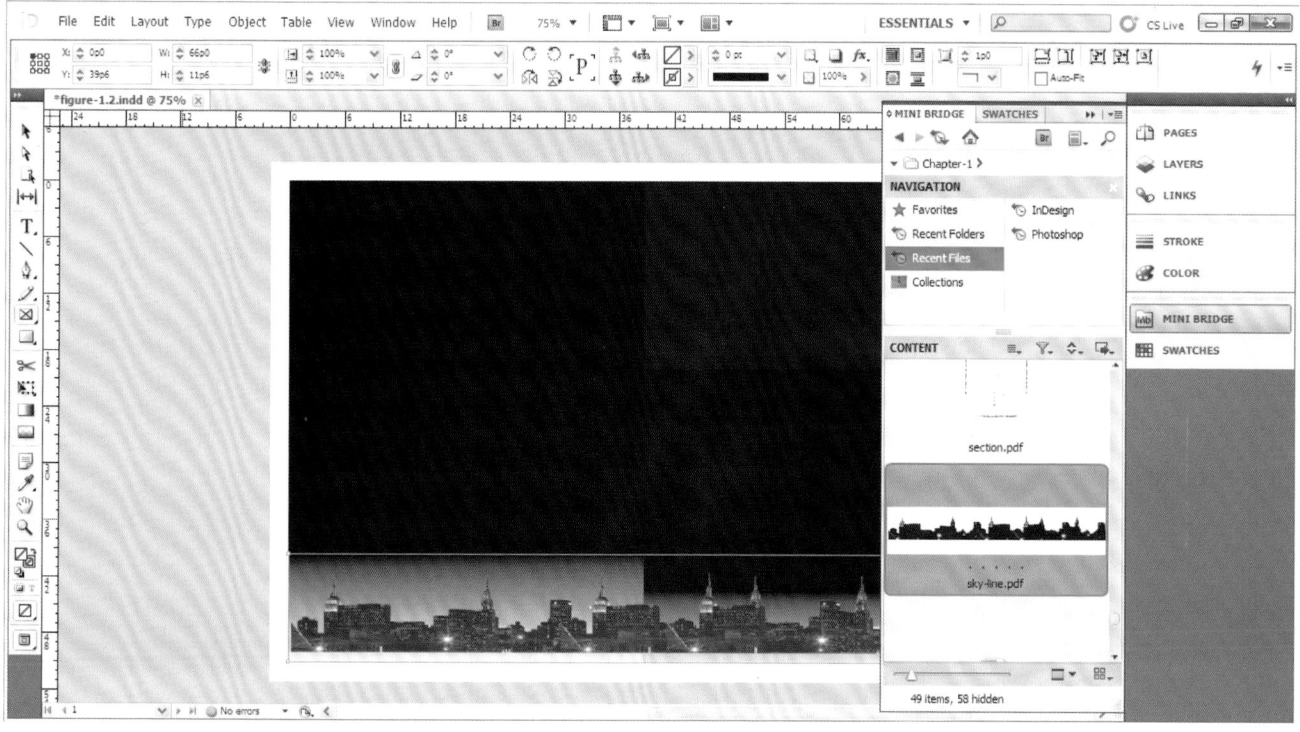

图9.18

示。当前的图层面板为隐藏状态。浏览并将天际线图像添加到海报中。

3. 单击Rectangle Frame（矩形框架）工具，拖动到海报底部，创建一个绿线显示的框架。从Mini Bridge中拖动天际线图像到绿线框架中。天际线图像即放置到了海报底部，如图9.18所示。

4. 双击信息辅助区，绿线框架即消息。采用相同的方法将建筑图像添加到海报的左上角，将室内景观图像添加到海报的右上角，如图9.19所示。

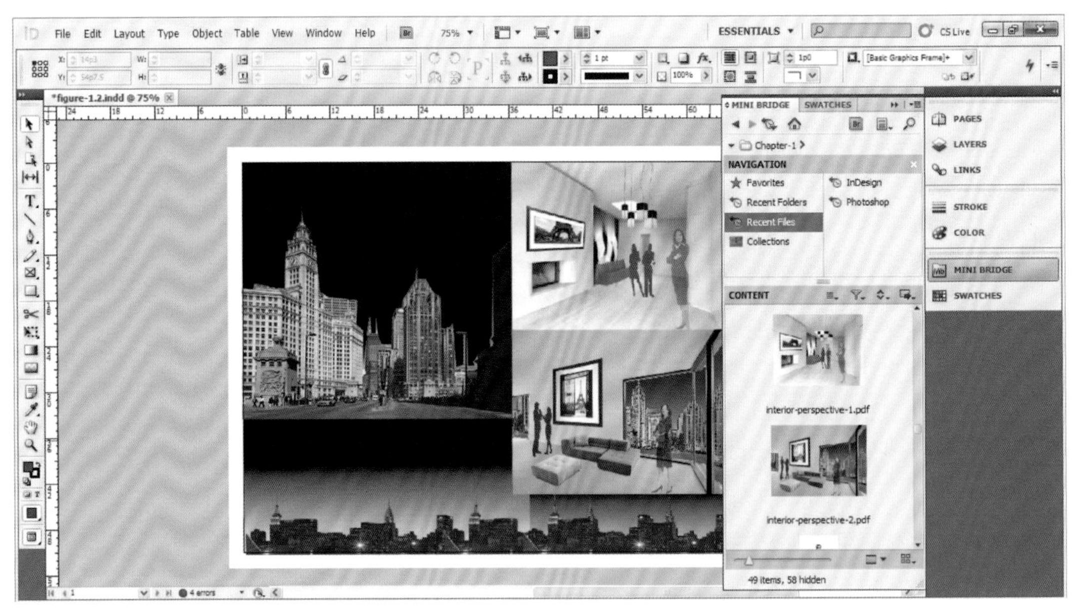

图9.19

添加文本

可以通过输入或直接从文字处理软件中粘贴文本，从而向海报添加文本。如果文字处理软件支持拖放功能，则可以直接将文字拖入InDesign的框架中。对于大块的文字，使用Place（置入）命令向海报添加文字是更高效、更方便的方法。InDesign支持多种文字处理、电子表格和文本文件格式。可以参考InDesign帮助文件，查看支持的文件格式列表。

当放置或粘贴文本时，不需要事先创建文本框，InDesign将自动创建文本框。

在InDesign中输入文本操作如下：

1. 创建一个图层，命名为text（文本）。
2. 单击Type（文字）工具，并拖动以创建文本框，如图9.20所示。
3. 文本框中出现闪烁的光标，此时即可输入文字。可以在窗口顶部的选项栏中更改文字字体、字号和颜色。输入所有需要的文本后，即完成海报，如图1.1所示。

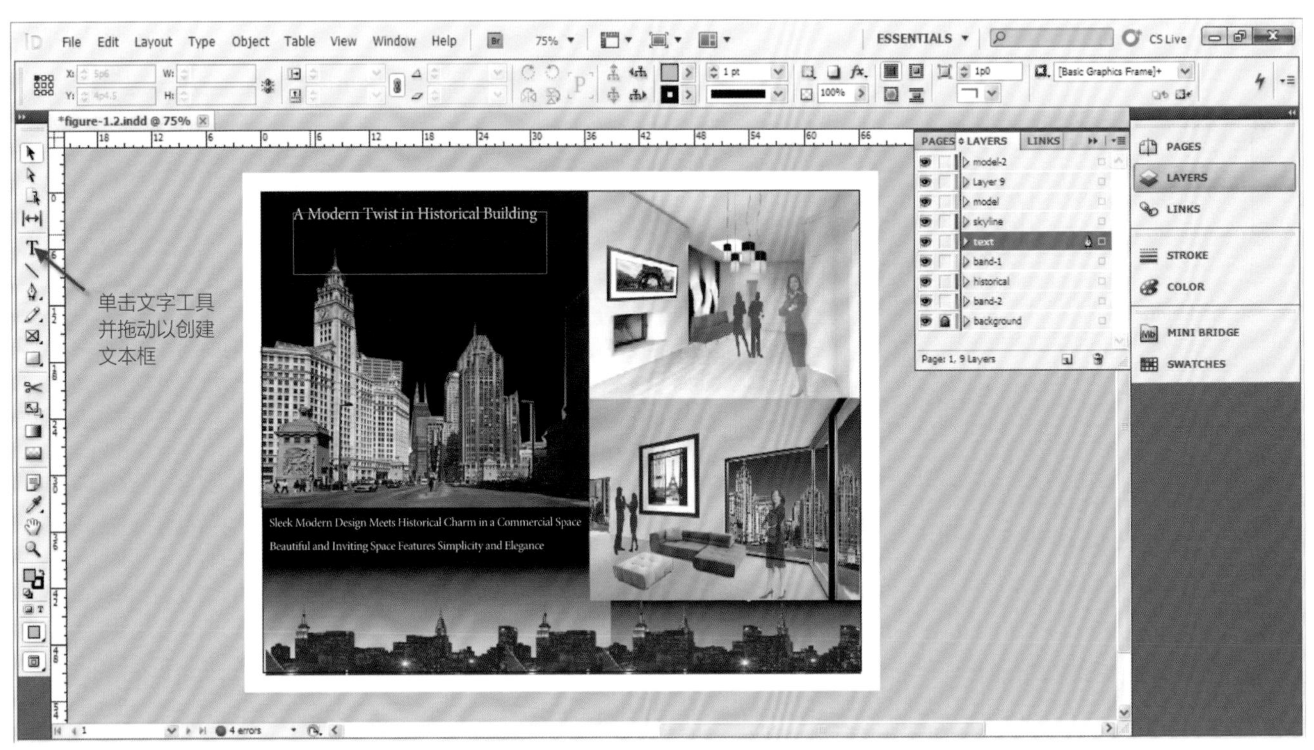

图9.20

视觉“讲述”

视觉“讲述”在设计过程中至关重要。视觉“讲述”是一个关于历史、关于设计过程和设计意图的故事板。它通过视觉图像和文字的组合讲述这个故事，不过，通常由图像主宰整个故事板。下面是视觉“讲述”的两个实例，这些将对我们了解创建视觉“讲述”的重要性和操作过程有所帮助。

工艺美术——创意设计：实例1

工艺美术设计既是一种设计风格，又是从1860年至1910年蓬勃发展的国际设计运动，特别是这个时期的后半段，这项设计运动一直持续不间断，直到20世纪30年代。这场运动在19世纪60年代由艺术家和作家威廉·莫里斯（William Morris，1834-1896）引领，在不列颠群岛发起，但扩展到了整个欧洲和北美。这场运动在很大程度上是对工业革命及其机器生产方式的反对。它强调传统工艺的简单形式，并经常应用中世纪的浪漫或民谣风格的装饰。工艺运动促进了个人主义、工艺水平，并将艺术融入日常生活，倡导经济社会改革。

受此影响，弗兰克·劳埃德·赖特（Frank Lloyd Wright）奠定了他20世纪有影响力的美国建筑师的地位，他的建筑设计往往与工艺美术运动有关联。工艺、自然材质、彩色玻璃、建筑长凳和与自然环境的融合已成为弗兰克·劳埃德·赖特的标志。

设计风格的灵感来自于具有工艺美术风格和特色的天然材质，如石头、彩色玻璃等典型工艺特色。该设计也试图建立室内和室外的连接，强调与室外景观的融合。

文字说明完成了，下面开始视觉“讲述”。以下是在InDesign中创建视觉“讲述”的过程：

1. 在InDesign中打开一个新文档。方法与本章前面介绍的一致。
2. 创建一个名为Background（背景）的新图层。使用Rectangle Frame（矩形框架）工具绘制一个矩形（小正方形），如图9.21所示。然后从Mini Bridge中拖动图像到矩形框架中。单击Fit Content to Frame（框架适合内容），如图9.21所示，这样图像将适合于刚创建的框架。
3. 创建一个名为background-2（背景2）的新图层。使用Rectangle（矩形）工具绘制矩形。单击Gradient Swatch（渐变色板）工具，填充灰色渐变，如图9.22所示。
4. 创建新的图层，并分别命名为drawing-1

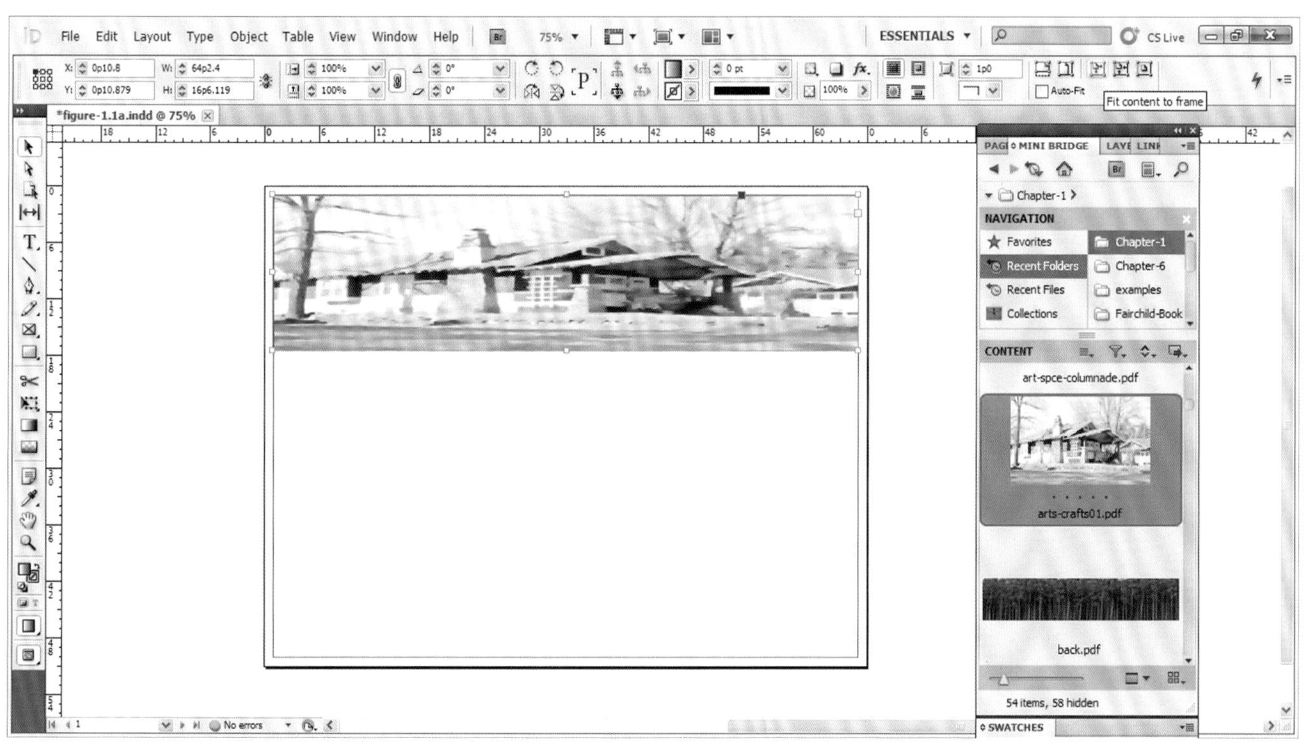

图9.21

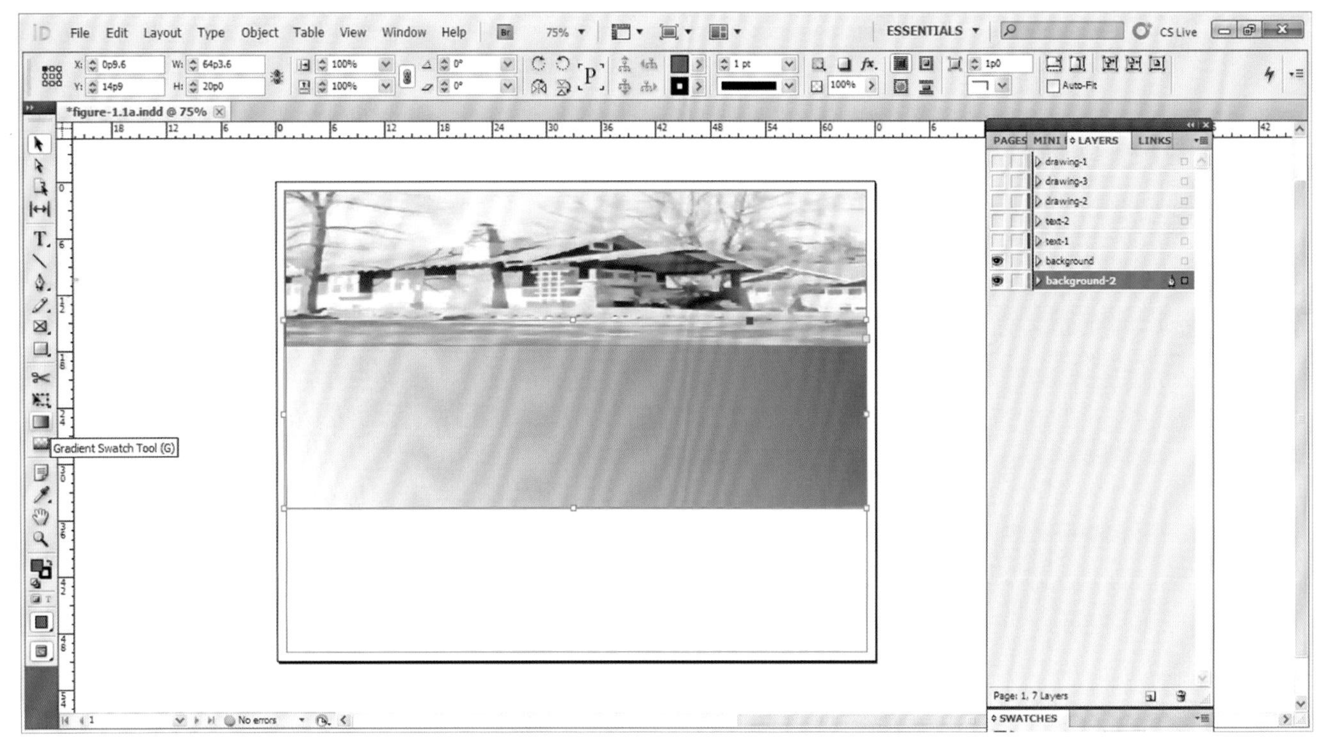

图9.22

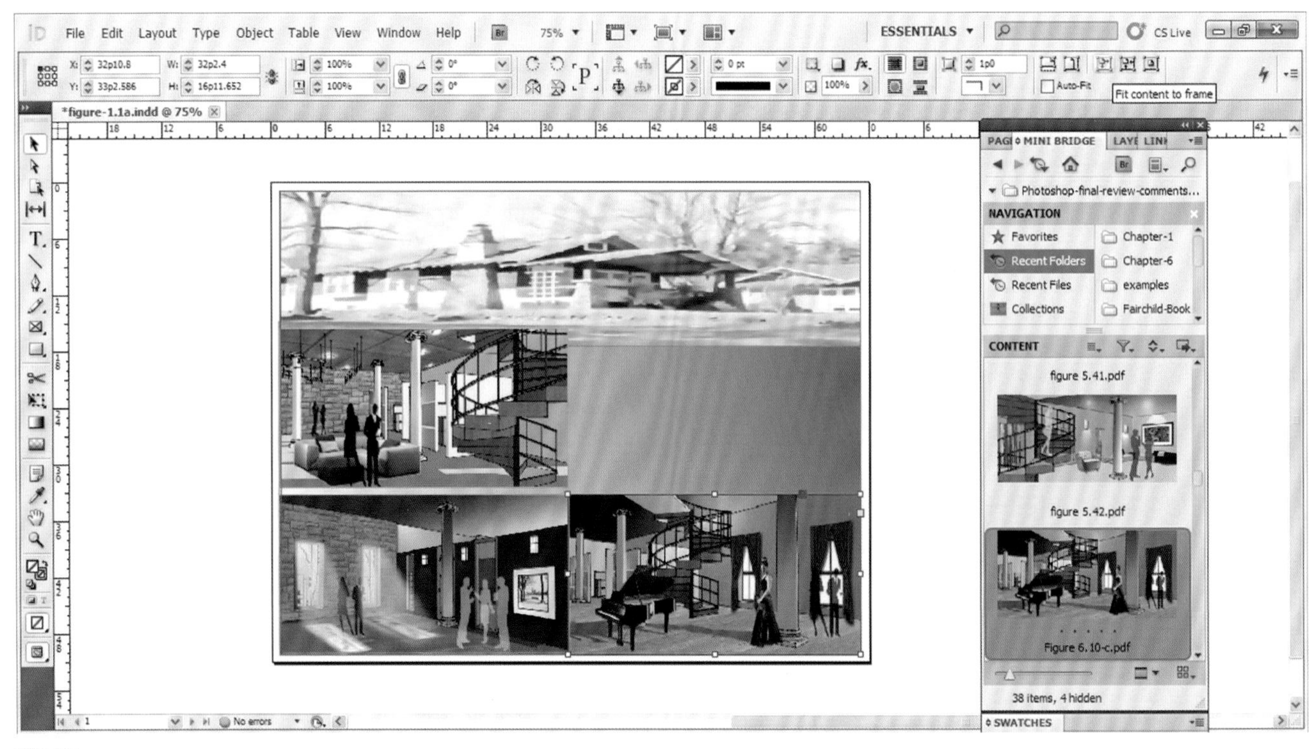

图9.23

（图形1）、drawing-2（图形2）和drawing-3（图形3），如图9.22所示。使用Rectangle Frame（矩形框架）工具绘制一个矩形框架。然后拖动图像至矩形框架中。在添加图像时，一定要激活目标图层。注意，在图9.23中，添加第3个图像时要激活drawing-3（图形3）图层。单击Fit Content to Frame（框架适合内容），使图像适合于刚创建的框架。

5. 创建新的图层，分别命名为text-1（文本1）和text-2（文本2），用于输入视觉“讲述”的文字。使用Rectangle Frame（矩形框架）工具绘制矩形框架。单击Type（文字）工具，如图9.24所示，在窗口中输入文字。

6. 使用Rectangle Frame（矩形框架）工具再绘制一个矩形框架，单击Type（文字）工具输入文字，如图9.25所示。也可以更改文字的颜色、字体和字号。若要更改文字的颜色，则双击Fill（Drag to Apply）【描边（拖动以应用）】按钮，如图9.25所示。弹出一个对话框，在此可以选择颜色。

7. 将所有图形导入并添加文字后，右键单击工具栏中最后一个图标，选择Preview（预览）命令，如图9.26所示。此时，视觉“讲述”效果如图9.26所示。

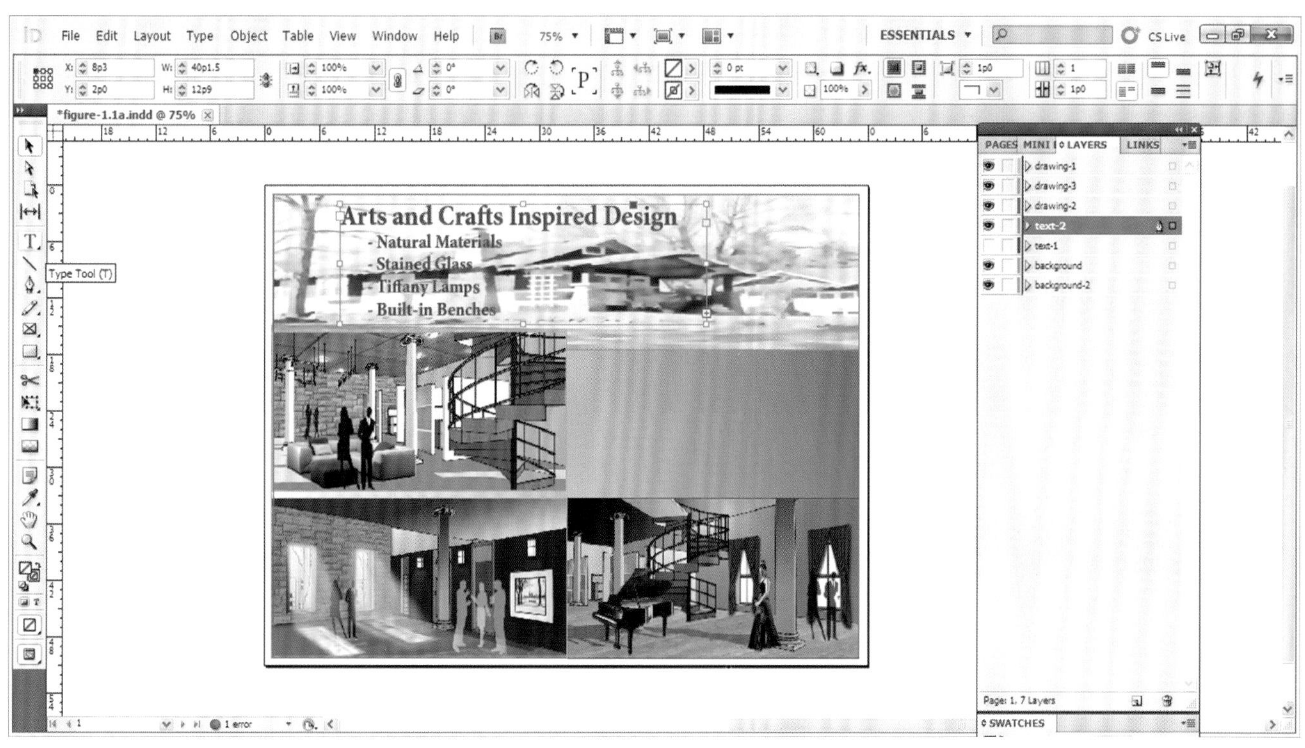

图9.24

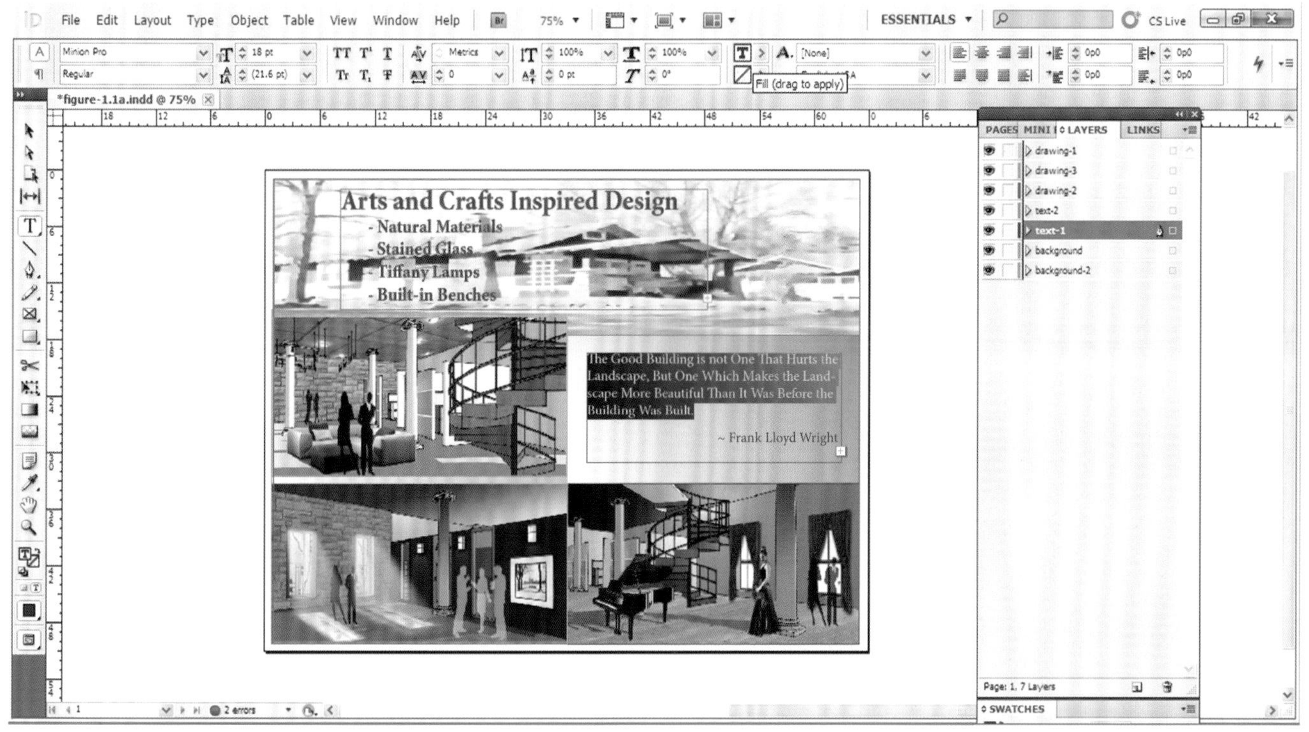

图9.25

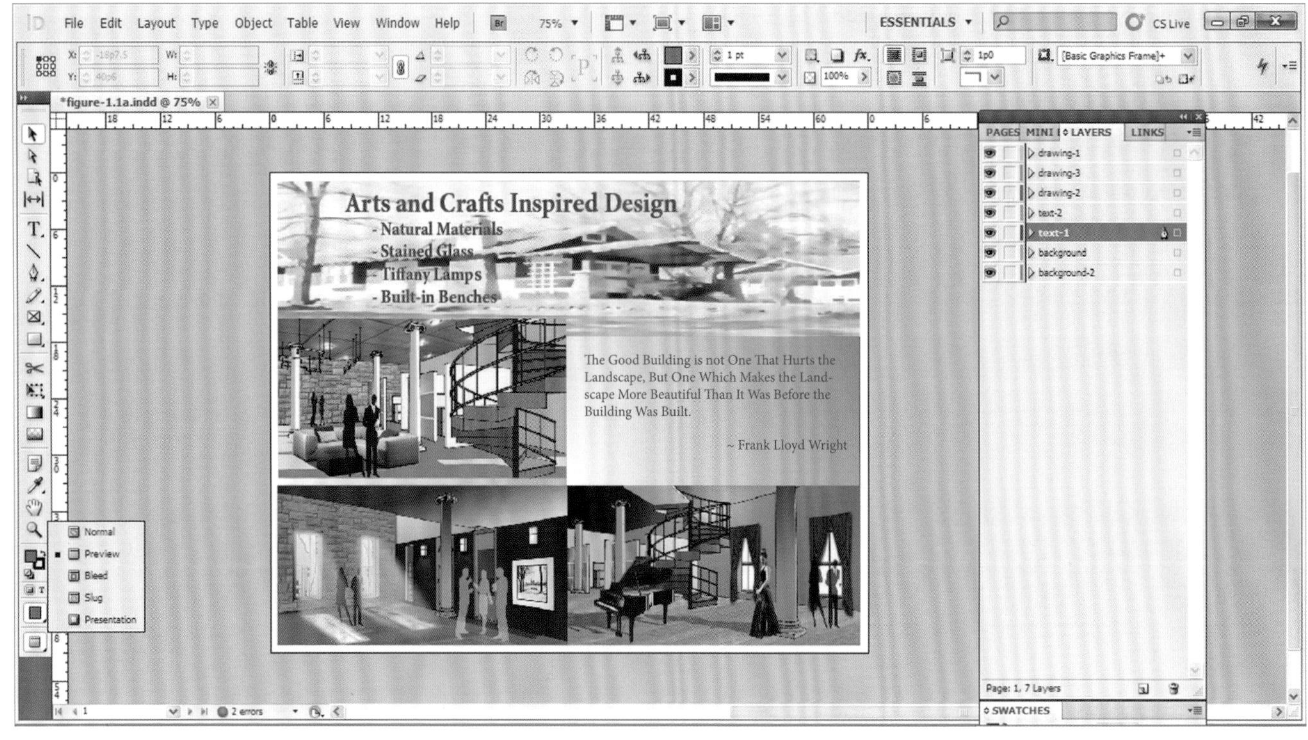

图9.26

富有含义空间的可持续设计：实例2

可持续设计是物理对象和建筑环境的设计理念，与经济和生态可持续性发展原则相匹配。可持续设计的目的是通过精湛、人性化的设计减少对环境的负面影响。可持续设计的建筑表现为可再生资源的应用和对环境的最低限度影响，以及人与自然环境的联系。事实上，许多建筑师和设计师正在努力倡导这一理念。

本例中的画廊空间位于自然景观的包围之中。该画廊空间不仅应具有作为艺术画廊的主要功能，还应当具有表达生态、经济、社会友好的设计理念的重要功能。画廊空间应该体现出可持续设计的原则。

文字说明完成后，现在是时候开始创建视觉“讲述”了。以下是在InDesign中创建视觉“讲述”的过程：

1. 在InDesign中打开一个新文档。方法与本章前面介绍的一致。
2. 创建一个名为background（背景）的新图层。单击Rectangle（矩形）工具，绘制一个矩形，如图9.27所示。然后单击Gradient Swatch（渐变色板）工具，填充灰色渐变，如图9.27所示。
3. 创建一个新的图层，命名为Background（背景）。使用Rectangle Frame（矩形框架）工具绘制一个矩形（带小方块），如图9.28所示。然后从Mini Bridge中拖动图像到矩形框架中。单击Fit Content to Frame（框架适合内容），如图9.29所示，使图像适合于刚才创建的框架。
4. 创建新的图层，并命名为drawing-1（图形1）、drawing-2（图形2）和drawing-3（图形3），如图9.29所示。使用Rectangle Frame（矩形框架）工具绘制一个矩形框架。然后将图像拖动到矩形框架中。一定要在导入图像时先激活目标图层。在图9.29中，导入第2个图像时，先激活drawing-2图层。然后单击Fit Content to Frame（框架适合内容），使图像适合于刚才创建的框架，如图9.29所示。
5. 创建新的图层，并分别命名为title（标题）、text-1（文本1）和text-2（文本2），用于输入视觉“讲述”的文字内容。使用Rectangle Frame（矩形框架）工具绘制矩形框架。单击Type（文字）工具，如图9.30所示，输入文字内容。
6. 使用Rectangle Frame（矩形框架）工具再绘制一个矩形框架，单击Type（文字）工具，输入文字内容，如图9.31所示。也可以更改

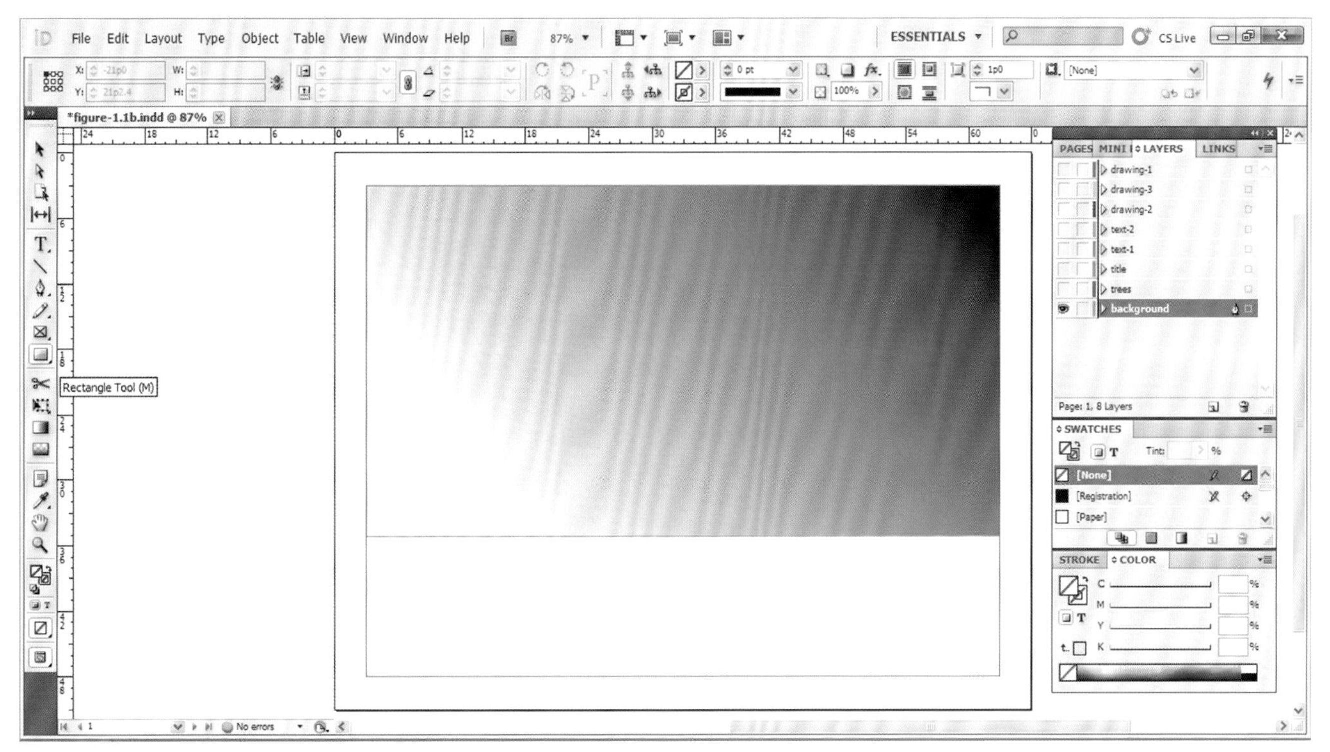
File Edit Layout Type Object Table View Window Help
87%
ESSENTIALS
CS Live
*figure-1.1b.indd @ 87%
Rectangle Tool (M)
PAGES MINI LAYERS LINKS
drawing-1
drawing-3
drawing-2
text-2
text-1
title
trees
background
Page: 1, 8 Layers
SWATCHES
Tint:
[None]
[Registration]
[Paper]
STROKE COLOR
No errors
图9.27

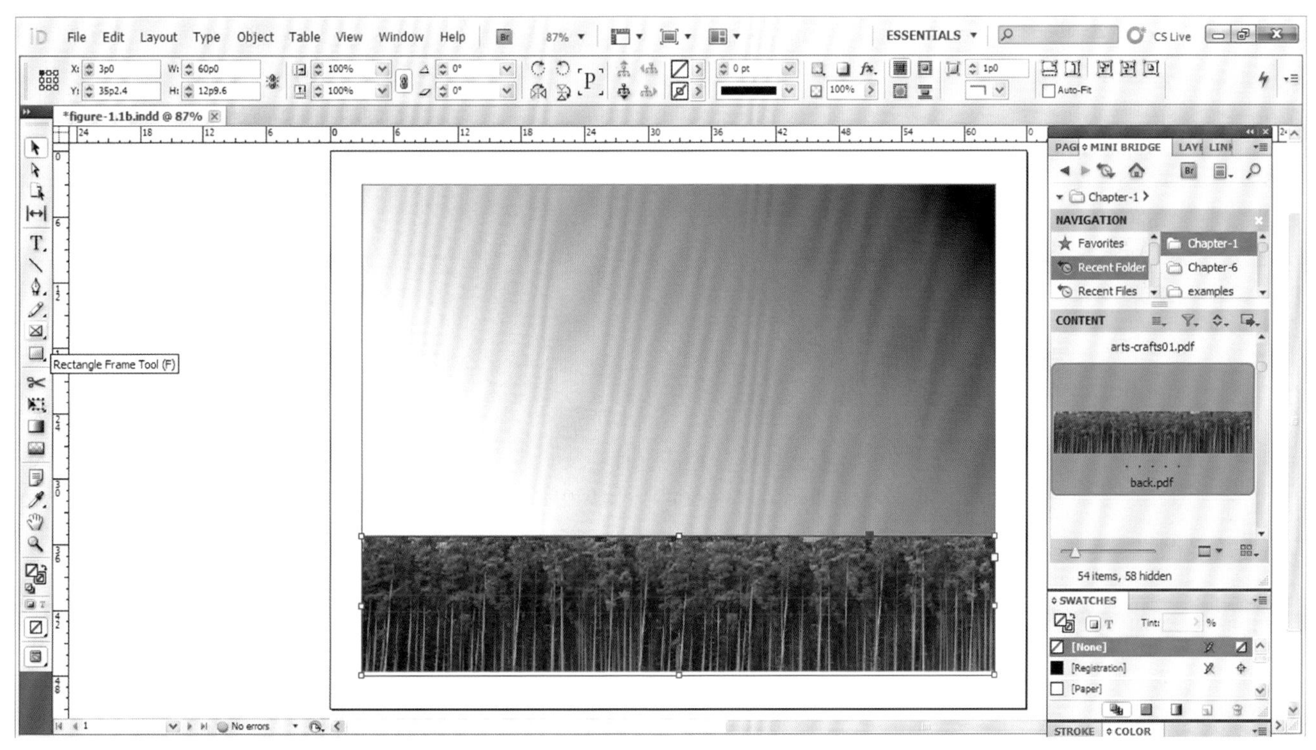
File Edit Layout Type Object Table View Window Help
87%
ESSENTIALS
CS Live
*figure-1.1b.indd @ 87%
Rectangle Frame Tool (F)
PAGI MINI BRIDGE LAYE LINI
Chapter-1
NAVIGATION
Favorites
Recent Folder
Recent Files
Chapter-1
Chapter-6
examples
CONTENT
arts-crafts01.pdf
back.pdf
54 items, 58 hidden
SWATCHES
Tint:
[None]
[Registration]
[Paper]
STROKE COLOR
Auto-Fit
No errors
图9.28

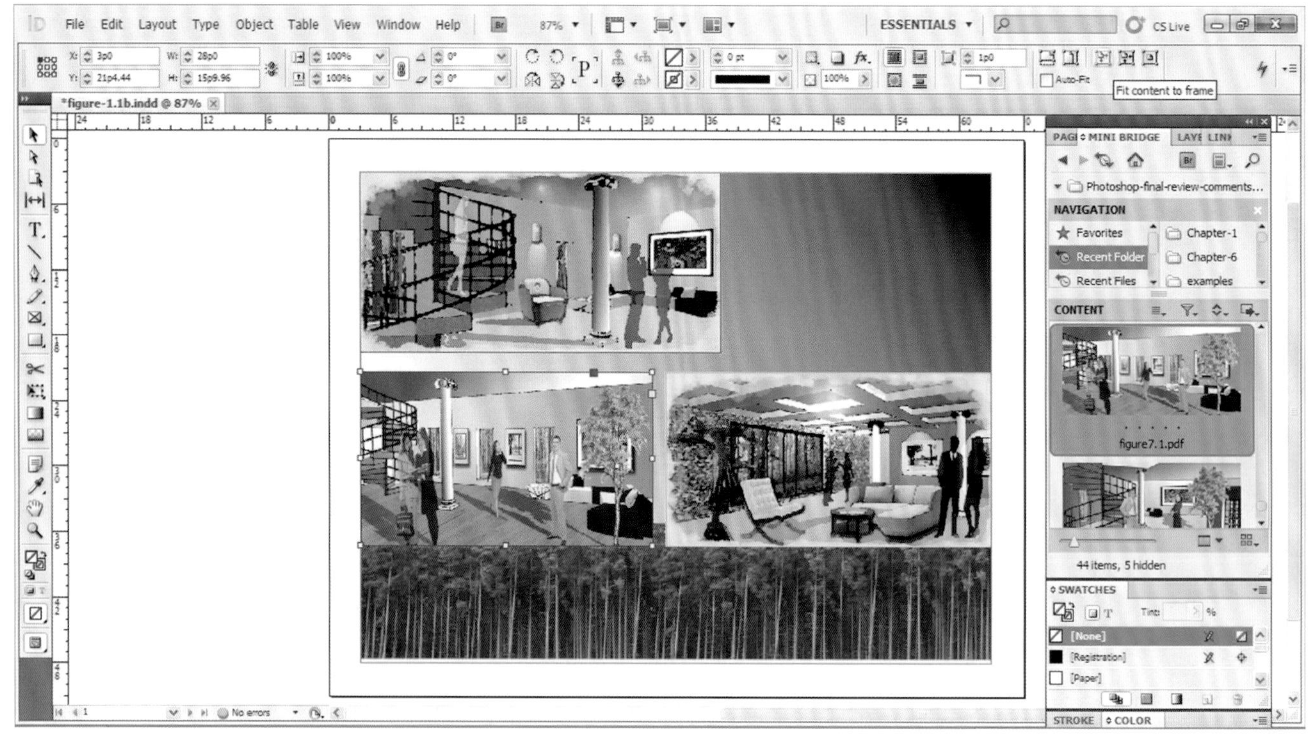

图9.29

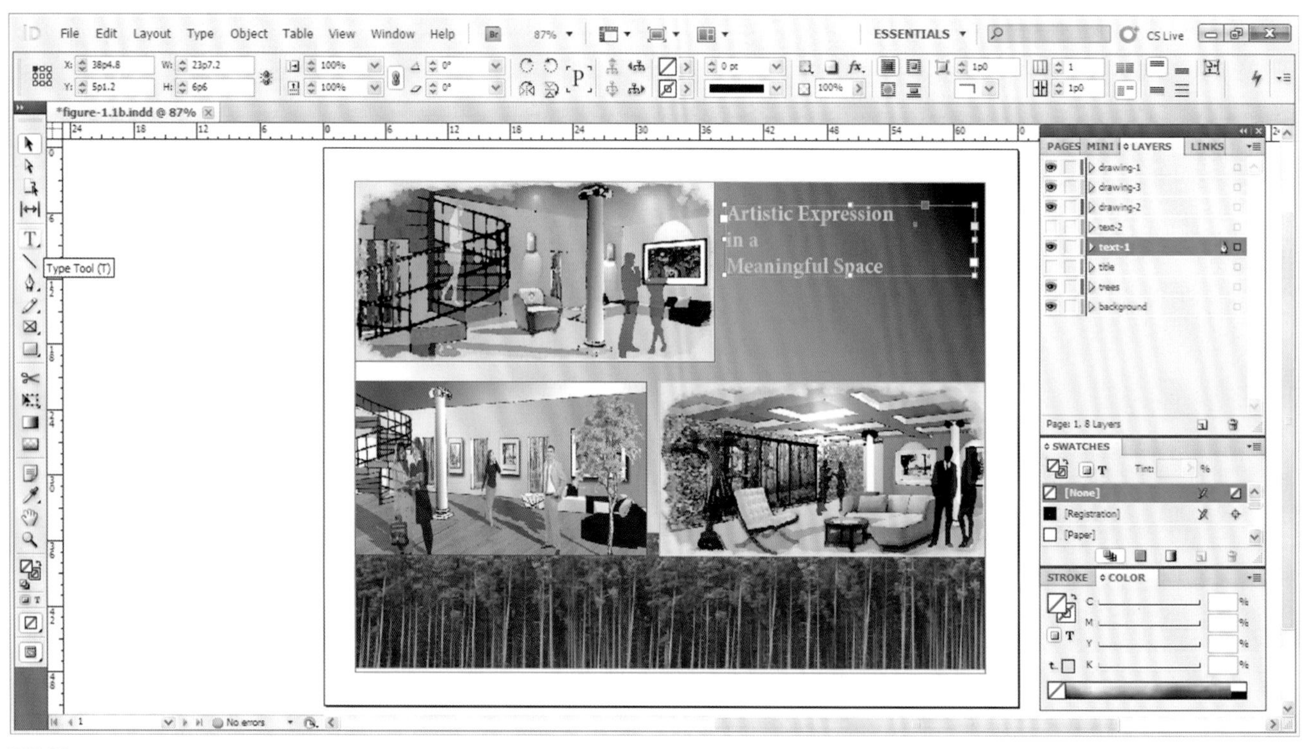

图9.30

文字的颜色、字体和字号。若要更改文字的字号，则打开图9.31中的下拉列表，选择需要的文字字号即可。

7. 在InDesign中导入所有图形并添加文字后，右击窗口左侧工具栏最下面的图标，然后选择Preview（预览）命令，视觉“讲述”效果如图9.32所示。

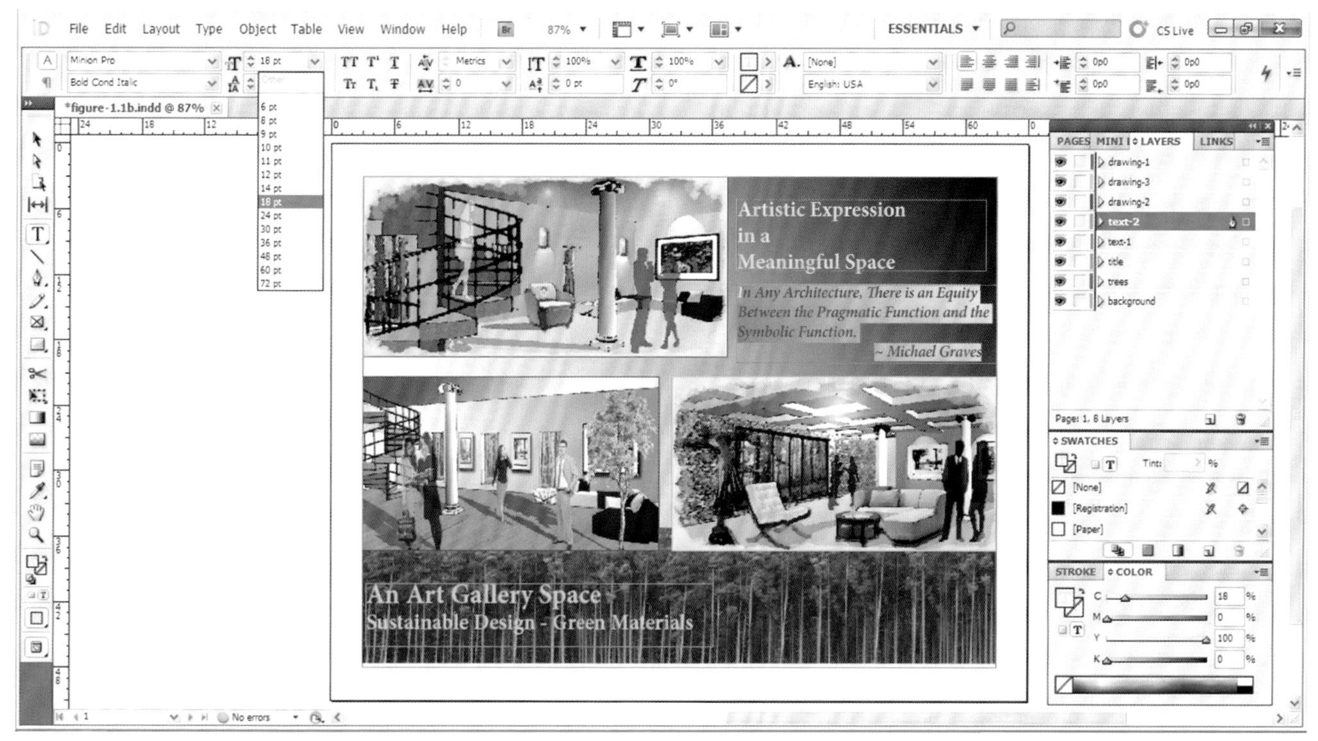

图9.31

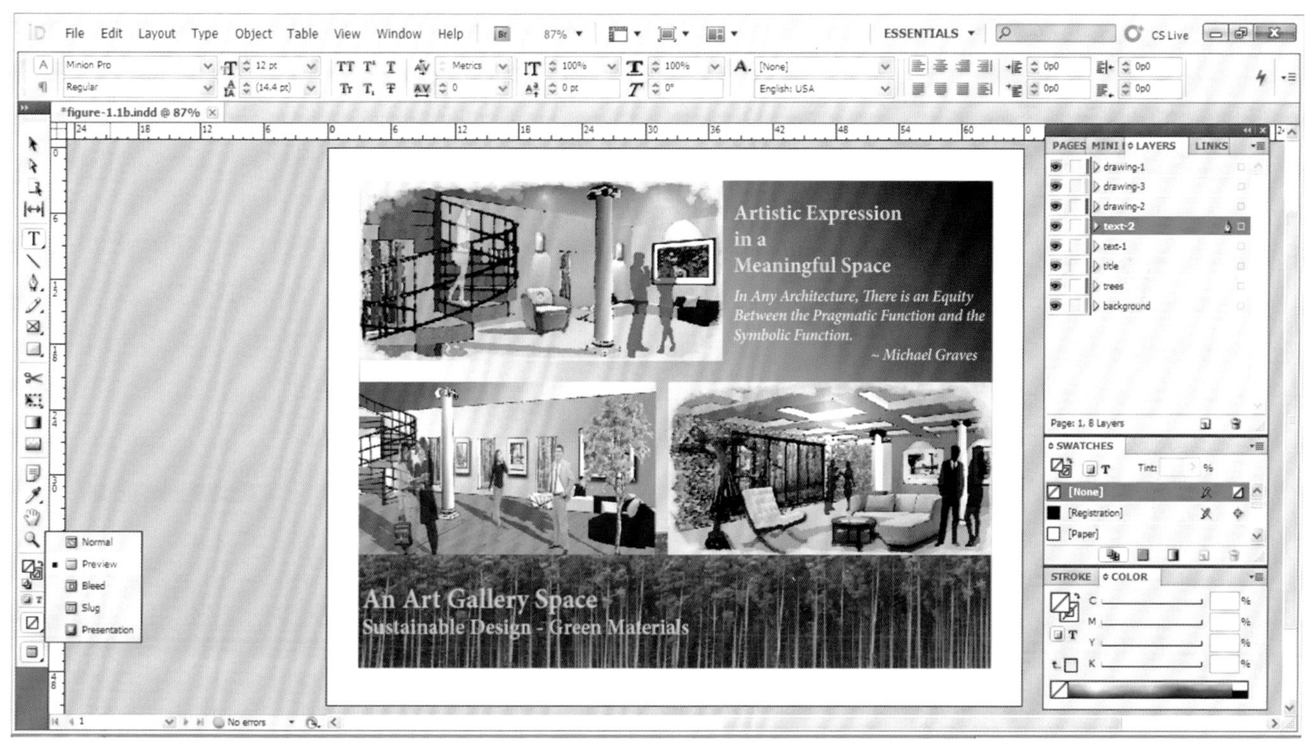

图9.32

视觉“讲述”案例研究

下面以一个视觉“讲述”案例来演示如何使用InDesign创建海报。海报展示了罗马万神殿的视觉“讲述”。这个案例从一个讲述历史故事的万神殿设计开始。

万神殿设计说明：久远的神秘

在罗马万神殿的设计中，表现了罗马人对他们在宇宙中位置的独特认识。已经被许多学者研究和证明，万神殿是融合算术、几何、音乐和天文学四门学科的代表作，是罗马最久远的纪念碑（Sperling，1998）。万神殿的巨大圆顶设计面临着不小的工程问题。这是数学应用于建筑学领域的优秀案例。在罗马众多建筑中，万神殿是一个可以在设计和施工中随处看到几何学理论的建筑。万神殿的另一个奇妙特征是其圆顶和穹眼所体现的科学与技术在设计领域中的应用。

万神殿因其建筑和空间概念而获得广泛赞誉，具有43米（142英尺）宽，43米高，这是一个完美的圆柱体的静止立柱。它巨大的圆顶是一个完美的混凝土半球，搁置在坚实的环墙上。圆顶的外面覆盖着非常轻的悬臂砖。门廊是由16个哥林多立柱组成，顶部为山形墙。铭文：M · AGRIPPA · L · F · COS · TERTIUM · FECIT，意为“Marcus Agrippa，Lucius之子，在第三个任期修建”。

外部结构为158英尺高，与宽度大致相同。立面具有罗马寺庙的古典外观特征，柱廊顶上为三角形。入口通向万神殿的内部，采用圆形结构，组成拱顶的支撑体。拱顶是圆形的，放置在圆形底座上并形成屋顶和天花板。圆顶的开口，即穹眼，宽度为8.7米（27英尺）。穹眼完全向外开放，不覆盖玻璃。因此雨水可以浸泡万神殿的地板。地面上有雨水排水道，为四组有孔水道。阳光可以通过穹眼并照射到圆顶的底部，明亮的开口与周围稳固的混凝土，上方就像一只眼睛。

米开朗基罗（Michelangelo，1475-1564）以一个艺术家非常挑剔的批判眼光看到这一切，当他在16世纪早期第一眼见到万神殿的时候，他宣称这是天使而不是人类设计的。令人吃惊的是，当时这个已经被改建为基督教会的经典罗马寺庙已经超过1350年了。更令人惊讶的是在米开朗基罗盛赞万神殿之后，它又屹立了500年直至今天。

事实上，没有人知道万神殿的确切年龄。大部分历史学家声称玛尔库斯 · 维普撒尼乌斯 · 阿格里帕（Marcus Vipsanius Agrippa）在公元前27年建造了第一座万神殿，一座直线型、T形结构、144英尺 × 66英尺（44米 × 20米），采用了砖石墙壁和木屋顶。但是在公元80年的大火中烧毁，之后由图密善（Domitian）皇帝重建，但在30年后被闪电击中，再次被烧毁。

到公元120年，哈德良（Hadrian）开始设计一个与希腊寺庙相像的万神殿，远比罗马当时能看到的所有建筑要复杂。哈德良在万神殿的穹顶之下亲眼见证了自己的登基——就像是一个四周环绕罗马帝国和宇宙、太阳和天堂的神一样（Parker，2009）。

万神殿还有另一个更大的未解之迷。为什么在近二千年之后，建立在沼泽地上的这种结构建筑能一直屹立不倒？无论什么原因，万神殿从其年龄、规模来看，是极少能够成功幸免于历史的磨难，一直屹立到现在，完整无缺且辉煌壮丽的建筑。像米开朗基罗一样，我们也可以看着万神殿，惊叹于这个奇迹更像是天使的杰作，而不是人类的作品（Parker，2009）。

拼合海报

本书中创建了万神殿的两种视觉“讲述”作品。正如大多数设计师所知道的，设计故事的结束正是视觉“讲述”的开始。文字讲述视觉化的内容包括（1）久远的神秘——一个伟大的奇迹：建筑+数学，展示文字讲述中的万神殿结构中的几何设计，以及其他架构组件（参见图9.33）；（2）未解的神秘——一个伟大的奇迹：穹眼+光照，通过具体的图像讲述万神殿圆顶中穹眼设计的故事（参见图9.34）。这正是将2000多年前万神殿建筑设计中应用的科学和技术可视化的目的。主要面临的挑战是如何从视觉上表现出这个宏伟建筑从内部到外部的数学和天文学的独特特征。同时，还面临着另一挑战，即表现出这座建于2000多年前建筑的室内空间所蕴含的宗教建筑的氛围。

这两个视觉“讲述”的初始作品都是先用各种方式比如手绘、AutoCAD软件和彩色照片，生成单个的图形。然后使用Photoshop修改和调整这些单个图形。为了表现出宗教建筑室内空间的气氛，需要为图像应用Photoshop中的特效滤镜，比如水彩和蜡笔滤镜。图9.33和图9.34的海报由Photoshop组合成，当然，也可以用InDesign进行组合。

概要

本章介绍了InDesign的基础知识，还展示了如何在InDesign中拼合海报，其中所有单

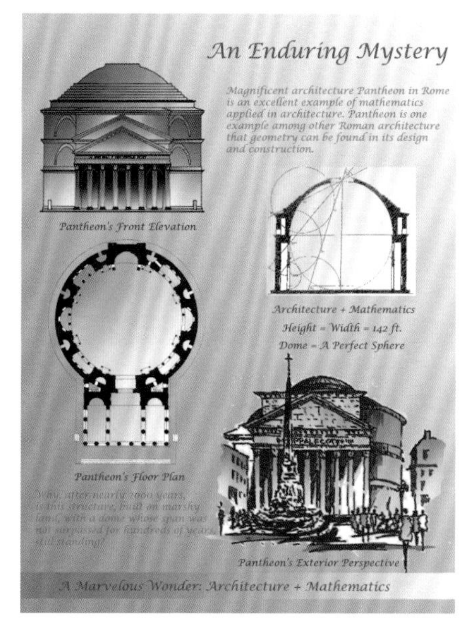

图9.33

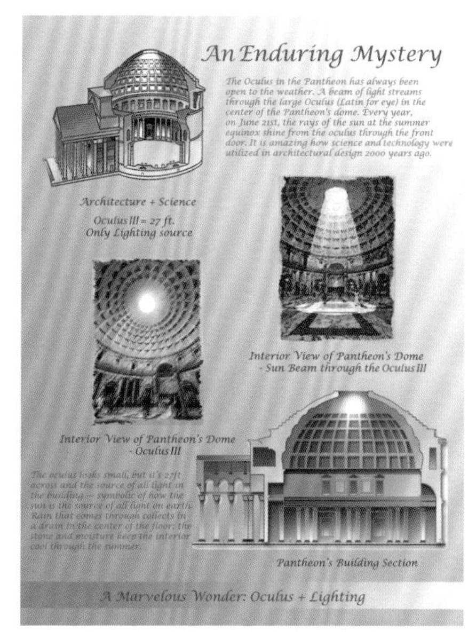

图9.34

个图形都是在Photoshop中完成的。本章还介绍了在InDesign中为海报添加文字的方法。同时，还介绍了万神殿视觉“讲述”案例研究。下面简要总结在InDesign中创建海报展示图形的步骤。

- InDesign基础知识：InDesign中的图形和基本设置。
- 创建背景：根据需要，使用Rectangle Frame（矩形框架）工具将渐变或纯色应用于海报。
- 在InDesign中添加图像：使用Mini Bridge将计算机中的图像添加进InDesign文档中。
- 在InDesign中添加文本：使用文本框输入文字。

关键术语

- Bleeding（出血）
- Document Preset（文档预设）
- Facing Pages（对页）
- Gradient Swatch（渐变色板）工具
- 设计意图
- 图层
- Mini Bridge
- Orientation（页面方向）
- Rectangle Frame（矩形框架）工具
- Slug（辅助信息区）
- 目标图层
- Type（文字）工具
- 视觉“讲述”

项目练习

1. 使用以前练习创建的图形，如平面图、立面图和透视图，在InDesign中拼合海报。在海报中添加适当的文字，清晰表达出设计理念和设计意图。
2. 撰写项目设计意图和设计理念的文字说明，作为设计方案。然后在InDesign中创建一个视觉“讲述”海报，用来说明该项目的故事。

参考

Parker，F. The Pantheon（万神殿）——Rome（罗马）——126 a.d.（公元前126年），2009年。可在如下网址找到http://www.monolithic.com/stories/the-pantheon-rome-126-ad。

10

综合使用多种软件创建展示图形

本章将介绍综合使用3D建模软件和Photoshop创建展示图形的技术。在本章中，将使用Trimble SketchUp创建初始的3D模型，然后使用Photoshop完善和修改透视图。本章还介绍了如何使用InDesign软件拼合海报，以表现设计理念，讲述整个设计过程的故事。在很多情况下，图形需要通过几种不同的软件完成创建和完善。主要包含以下几项操作：

- 在Trimble SketchUp中使用AutoCAD图形
- 在Photoshop中使用Trimble SketchUp绘图
- 在Photoshop中使用AutoCAD图形
- 在InDesign中拼合海报

SketchUp基础知识

在演示操作步骤前，需要了解SketchUp中的一些基本命令按钮。启动SketchUp后，会弹出一个对话框，要求选择一个模板。在此选择Architecture Design（建筑设计）模板。

图10.1中显示了命令按钮及其所在位置，具体功能介绍如下。

如前所述，Trimble SketchUp是一款免费软件程序，并且本书中的大多数3D模型都是先在SketchUp中创建的，然后在Photoshop中进行优化。AutoCAD的默认文件格式为DWG，需要使用Trimble SketchUp Pro版本导入AutoCAD的DWG格式平面图。图10.1中的图形是从AutoCAD导入的平面图。在导入DWG平面图时，不需要做任何特别的事情，但进行适当准备往往能使导入过程更有效率。

SketchUp会自动将要导入的CAD文件中非3D对象实体舍弃，例如文字、尺寸、阴影和标识。但是，SketchUp不会舍弃包含这些内容的图层，所以需要在要导入的CAD文件中删除这些图层，或者也可以在导入SketchUp之后将其全部删除。在SketchUp中执行Window（窗口）>Layers（图层）命令，打开Layers（图层）浏览器，使用菜单中Purge（清除）命令即可将所有未使用的图层删除。

导入2D DWG格式文件至SketchUp中

将AutoCAD的2D图形导入SketchUp中，简化了图形创建过程。我们可以基于导入SketchUp中的平面图构建三维立体墙壁。

将AutoCAD中2D DWG平面图文件导入SketchUp操作如下：

1 执行File（文件）>Import（导入）命令，弹出对话框。

2. 如有需要，单击Options（选项）按钮，修改导入文件的导入选项，如修改单位。

3. 单击OK（确定）按钮，导入文件。弹出Import Results（导入结果）对话框，其中包含导入模型或图形的详细信息。

注意：由于SketchUp的几何体与大部分CAD软件差别较大，转换过程需大量计算，因此可能需要几分钟的时间才能完成导入。

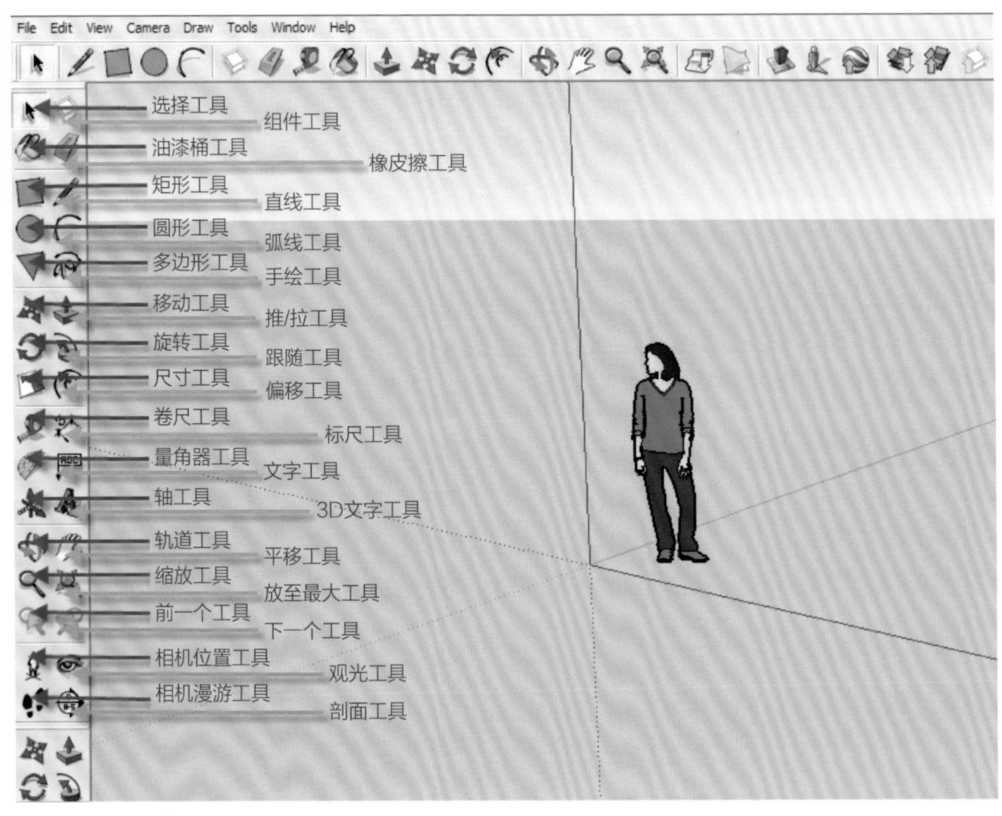

图10.1

4. 单击OK（确定）按钮。模型或平面图即出现在绘图区域。
5. 如果导入的模型未显示于绘图区域中，则单击Zoom Extents（缩放区域）工具进行调整即可。

在较旧版本的SketchUp中，也可以导入TIFF或JPG格式的AutoCAD图形。执行File（文件）>Import（导入）命令，在弹出的对话框中浏览AutoCAD文件并选择文件格式类型，如TIFF或JPG。推荐使用TIFF格式，因为这种格式图形的品质较好，它能够保存图像中的所有细节。

图10.2是一张平面图，首先在AutoCAD中创建，之后从AutoCAD导入到SketchUp中。两个沙发是从SketchUp 3D模型库中导入的。

在SketchUp中使用AutoCAD图形

如前所述，图10.2中的平面图是先在AutoCAD中创建的，然后导入到SketchUp中。

导入平面图后，可以创建立体墙壁和其他物体。也可以从不同角度来查看透视图。此外，SketchUp提供了预设3D家具或其他对象的模型库。以下演示如何在SketchUp中构建3D模型，并插入预设模型。

等轴视图

导入二维平面图后，我们可以在等轴视图中构建3D墙壁，如图10.3所示。为了能以等距视图观看平面图，单击Orbit（轨道）按钮。

创建3D墙壁

在等轴视图中，创建3D墙壁是非常容易的。单击窗口左侧工具栏中的Rectangle（矩形）按钮，跟随平面图中的墙壁绘制一个矩形，填充为灰色纯色。此时，单击Push/Pull（推/拉）按钮，如图10.3所示，将图章工具（一个立方体与红色箭头）放置到刚才绘制的灰色区域的顶部。注意，灰色区域上出现小黑点，表示它已被选中。拖动黑点区域形成一堵墙壁，如图10.4所示。

插入预设3D模型

创建完所有墙壁后，也可以插入一些预设的3D模型到图形中，比如家具、立柱和其他建筑构件。图10.5中显示了预设3D模型，如沙发和已插入到SketchUp中的立柱。需要插入模型时，执行File（文件）>3D Warehouse（3D仓库）>Get Models（获取模型）命令。将弹出一个对话框，输入关键字，例如sofa（沙发）或column（立柱），然后单击Search（搜索）。弹出一个对话框，如图10.6所示。单

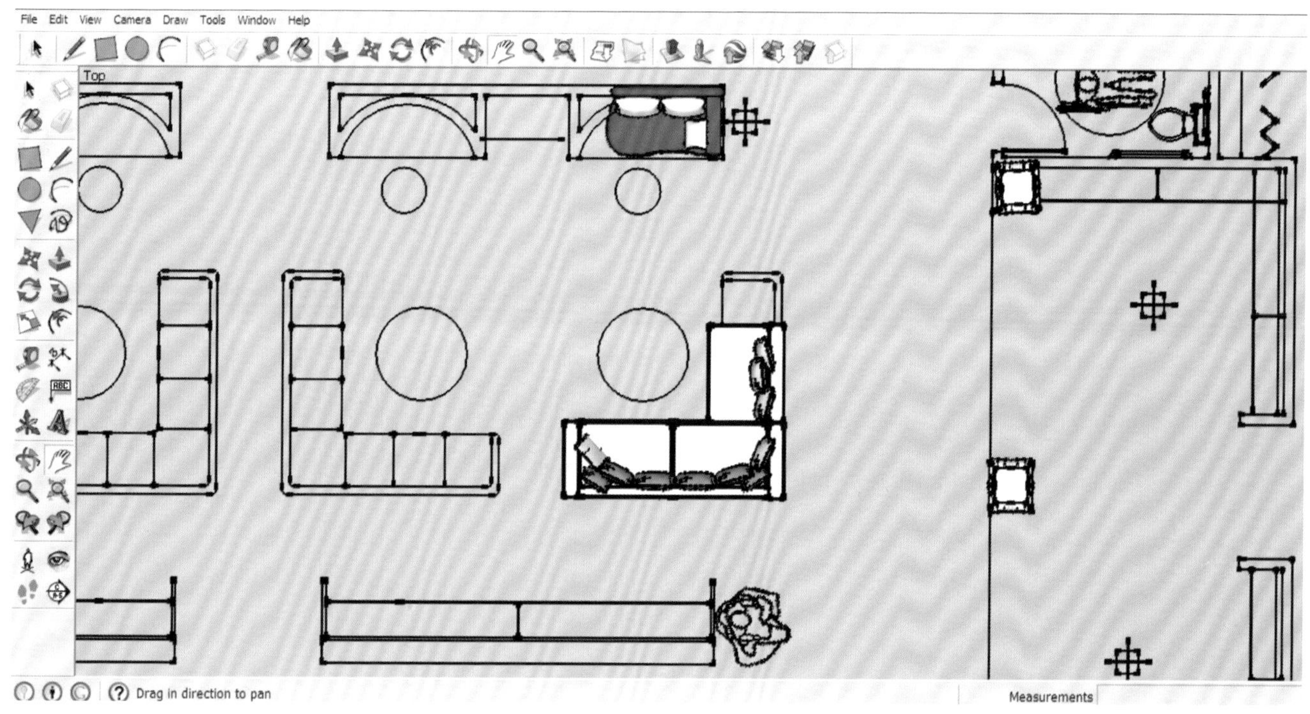

图10.2

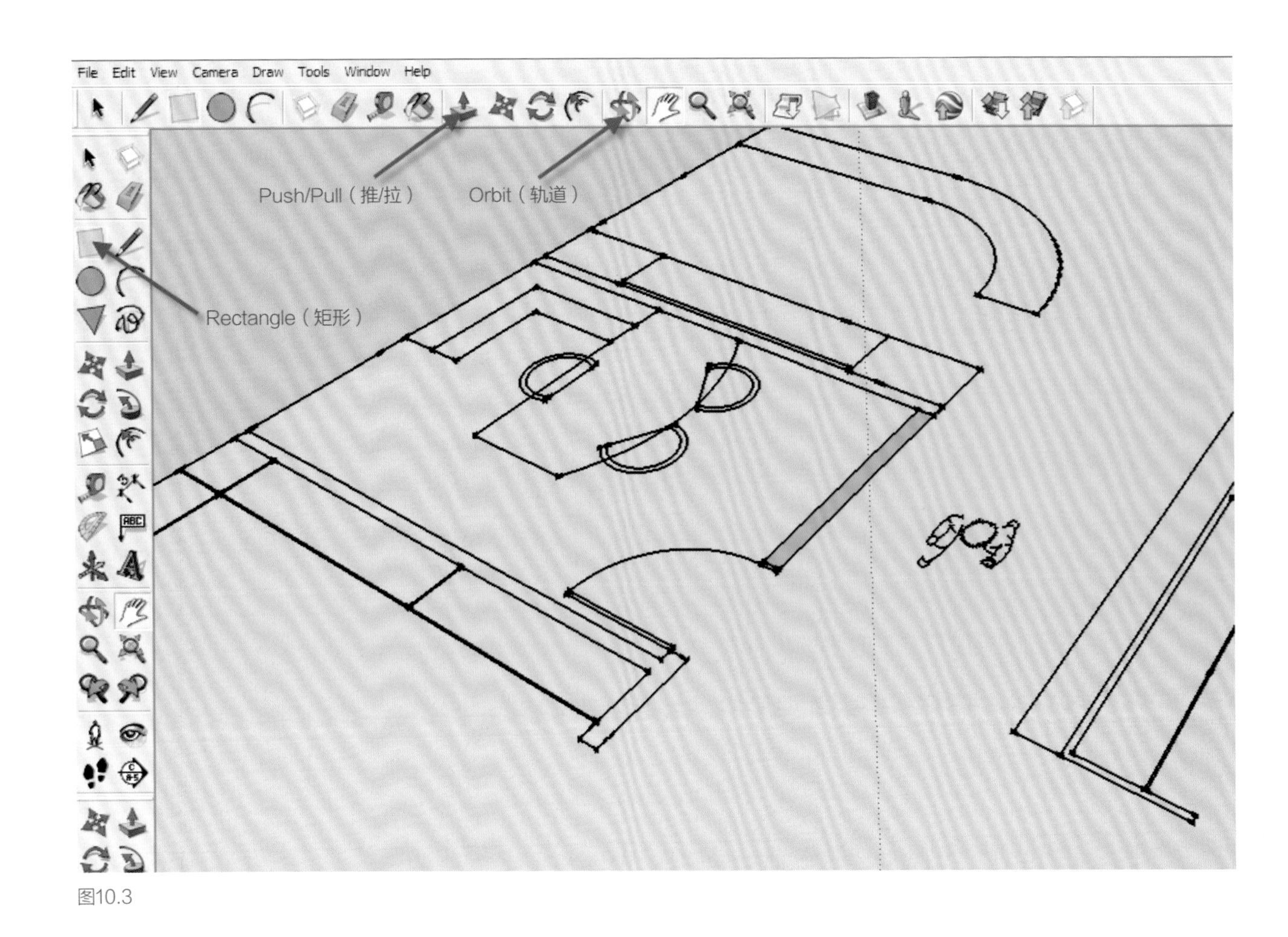
File Edit View Camera Draw Tools Window Help
Push/Pull（推/拉）
Orbit（轨道）
Rectangle（矩形）
图10.3

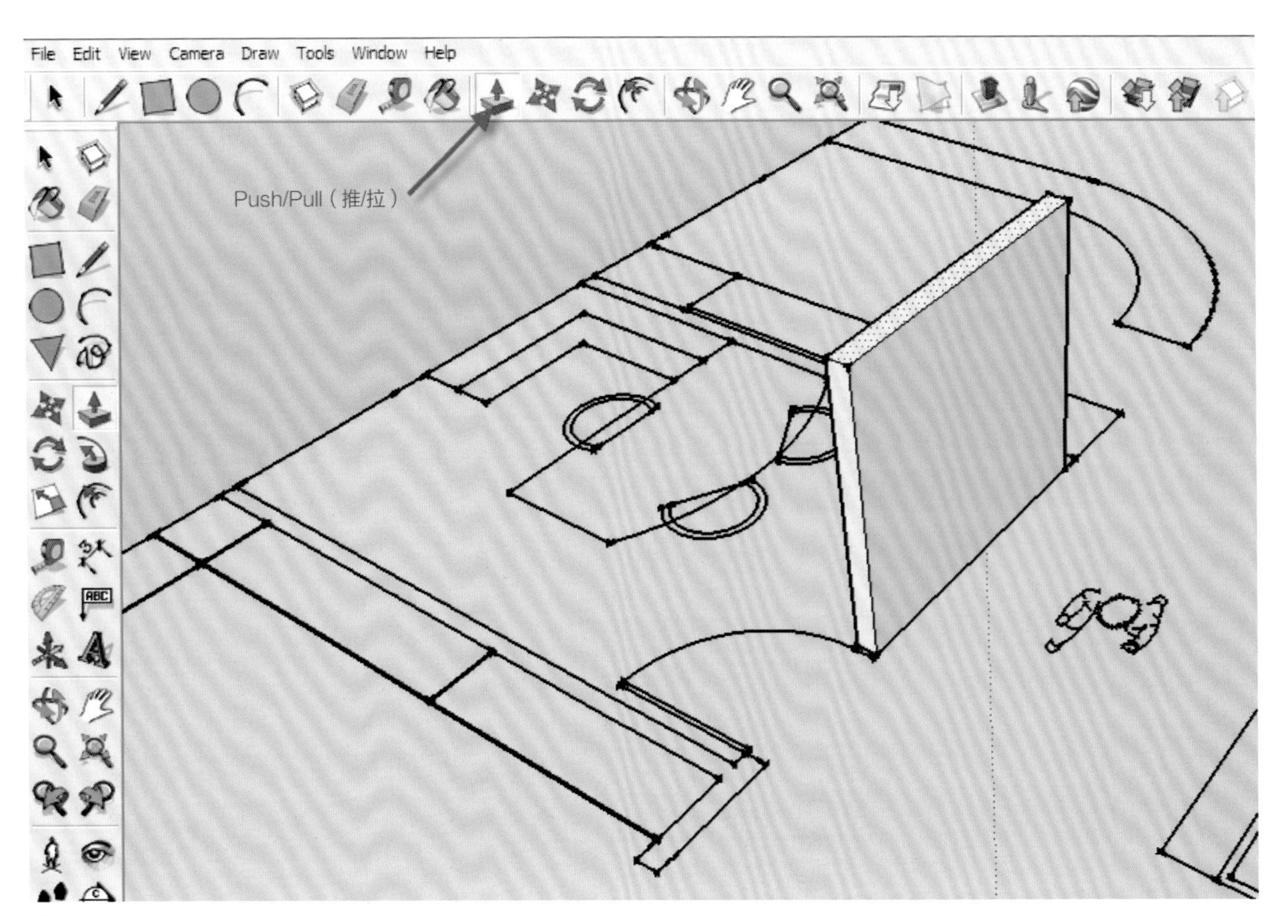
File Edit View Camera Draw Tools Window Help
Push/Pull（推/拉）
图10.4

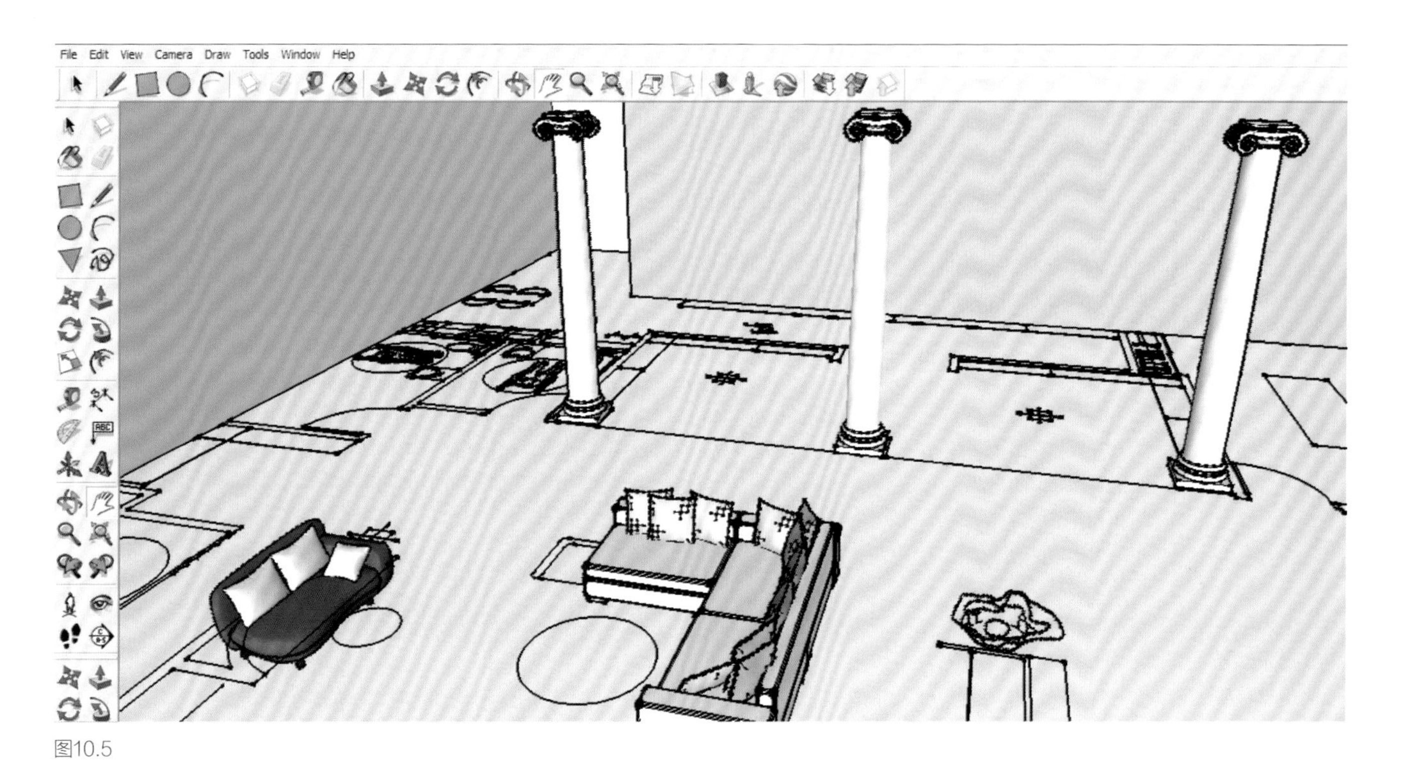

图10.5

击需要导入到图形中的对象旁边的Download Model（下载模型）。在SketchUp中下载对象后，可以将对象缩放到所需的大小。

在SketchUp中创建窗户或门

有时候需要在SketchUp中创建窗户或门，这个过程非常简单，具体操作如下：

- 使用Rectangle（矩形）工具在墙壁上绘制矩形，如图10.7所示。
- 单击Push/Pull（推/拉）按钮，并放置光标至刚才创建的矩形的顶部。该矩形区域以小蓝点突出显示，如图10.8所示。
- 将光标移至建筑物之外，会看到墙壁上有一个矩形的孔，如图10.9所示。

在SketchUp中创建透视图

创建墙壁和天花板并插入预设3D对象后，就可以轻松地在SketchUp中创建透视图了。单击Position Camera（定位相机）按钮，创建一个透视图。然后使用Zoom（缩放）调整相机到对象的距离，如图10.10所示。

若要更改对象尺寸，则单击Scale（缩放）按钮，如图10.10所示。Scale（变焦）功能可以更改对象的大小。在创建透视图后，也可以单击Look Around（环视）按钮，创建不同的透视图，如图10.11所示。

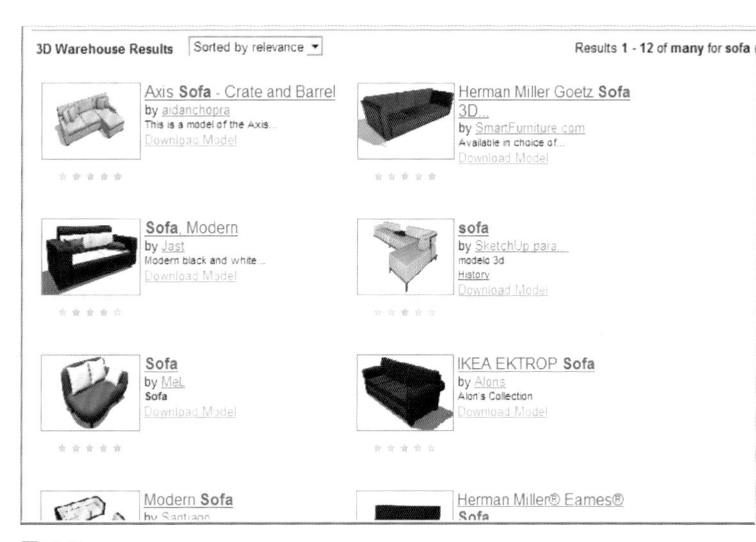

图10.6

在SketchUp中为图形添加材质

还可以从材质库中选择添加材质（当然，也可以稍后在Photoshop中添加材质）。图10.12是在SketchUp中应用砖墙材质的实例。

若要在墙壁或地板上添加材质，则执行Window（窗口）>Materials（材质）命令。弹出Materials（材质）对话框，如图10.13所示。从下拉列表中选择一个材质类别。此时将列出可以选择的该类材质，单击需要应用到墙壁上的材质。此时光标即变为Paint Bucket（油漆桶）图标。将光标置于需要应用材质的表面上，然后单击，材质即应用到该表面上。

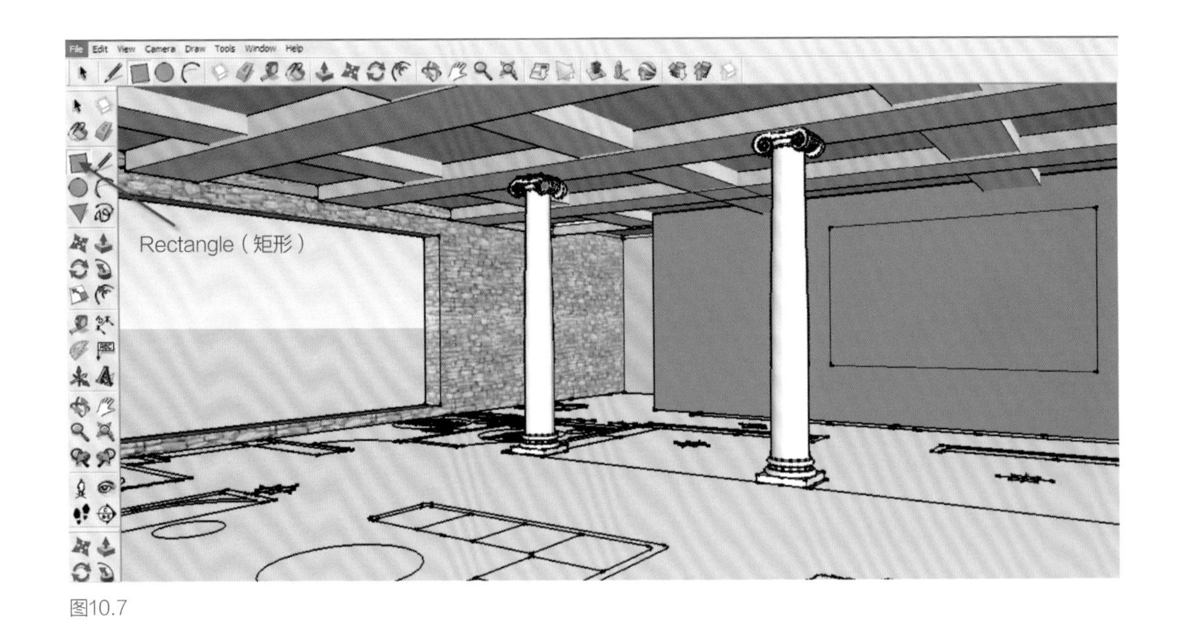

图10.7

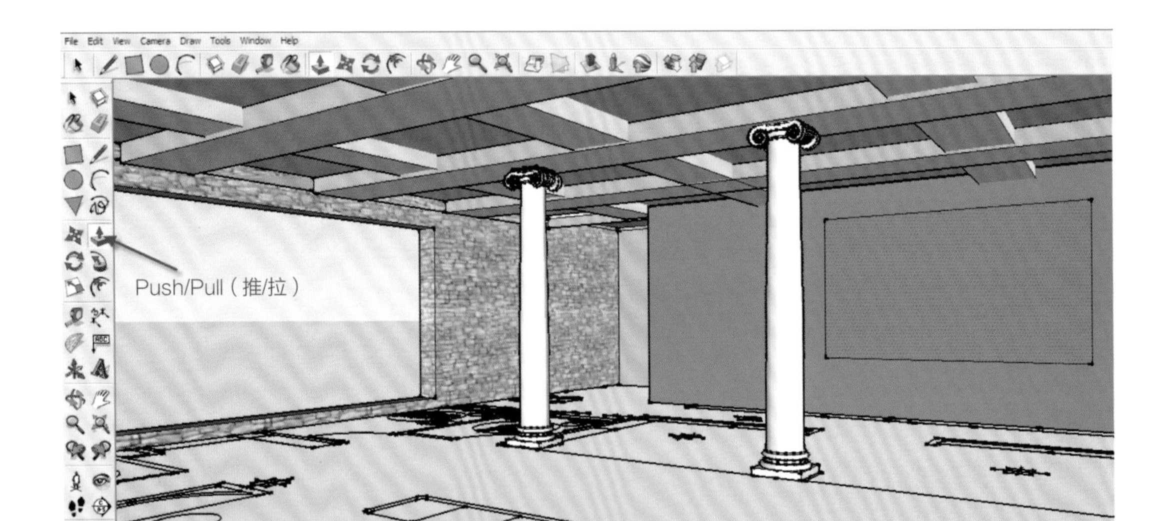

图10.8

图10.9

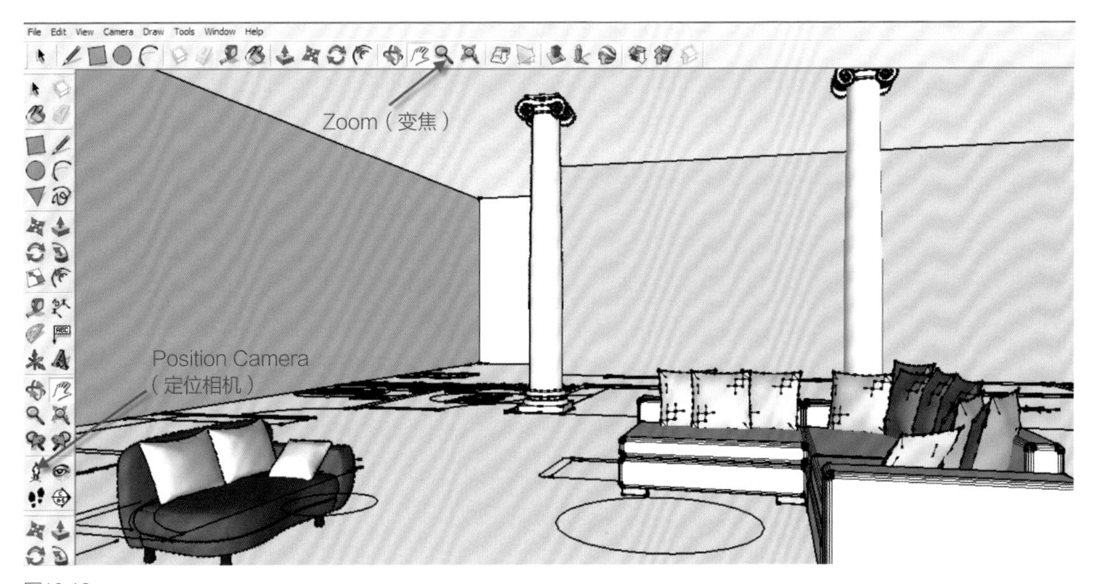

图10.10

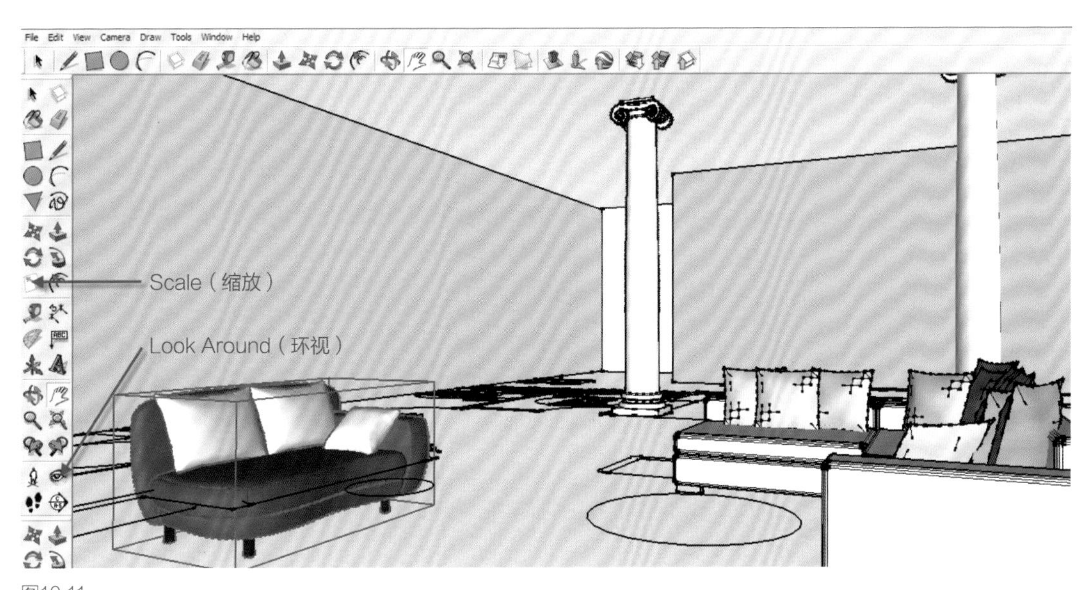

图10.11

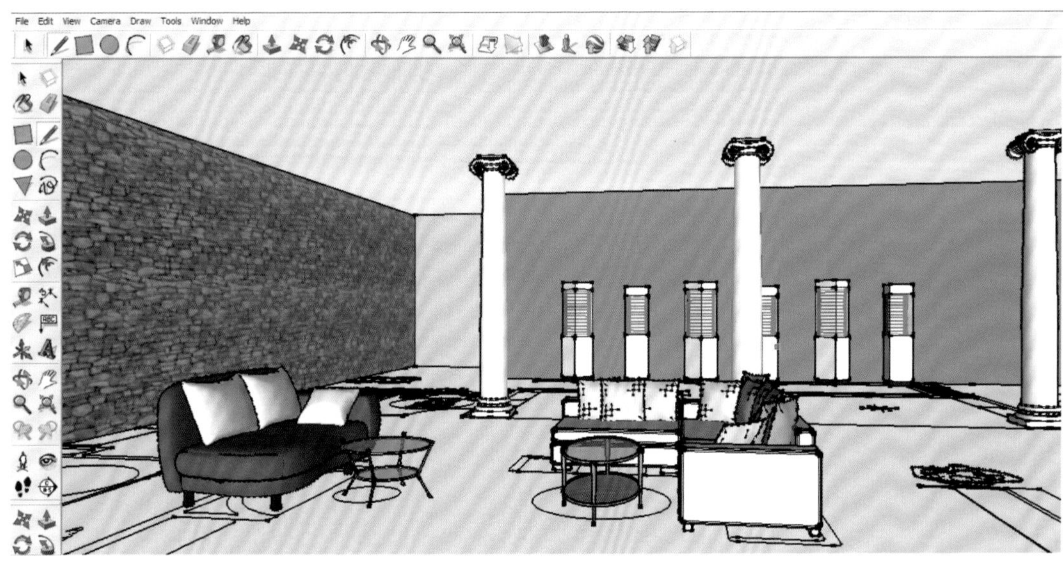

图10.12

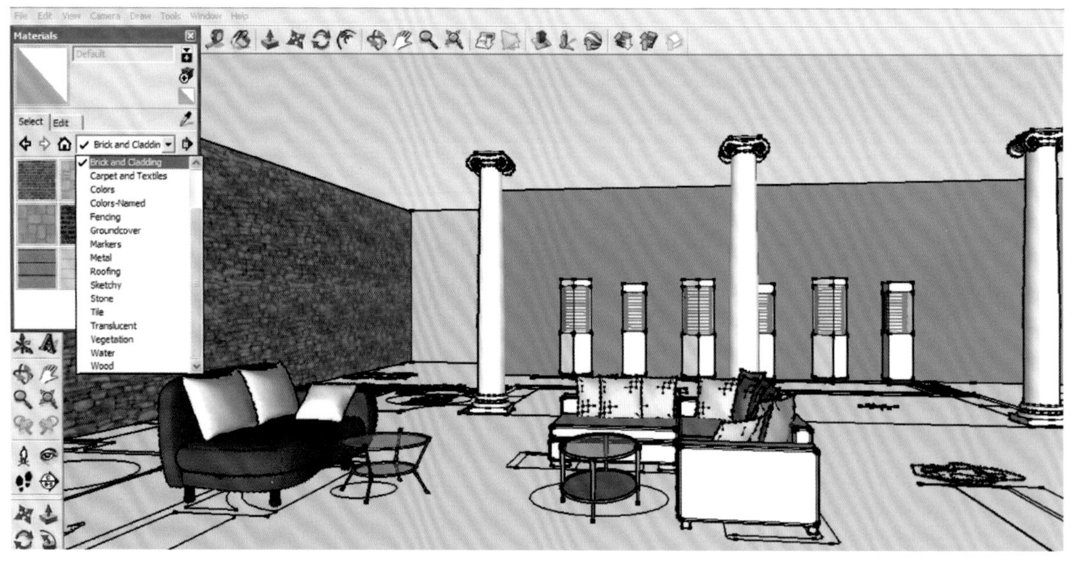

图10.13

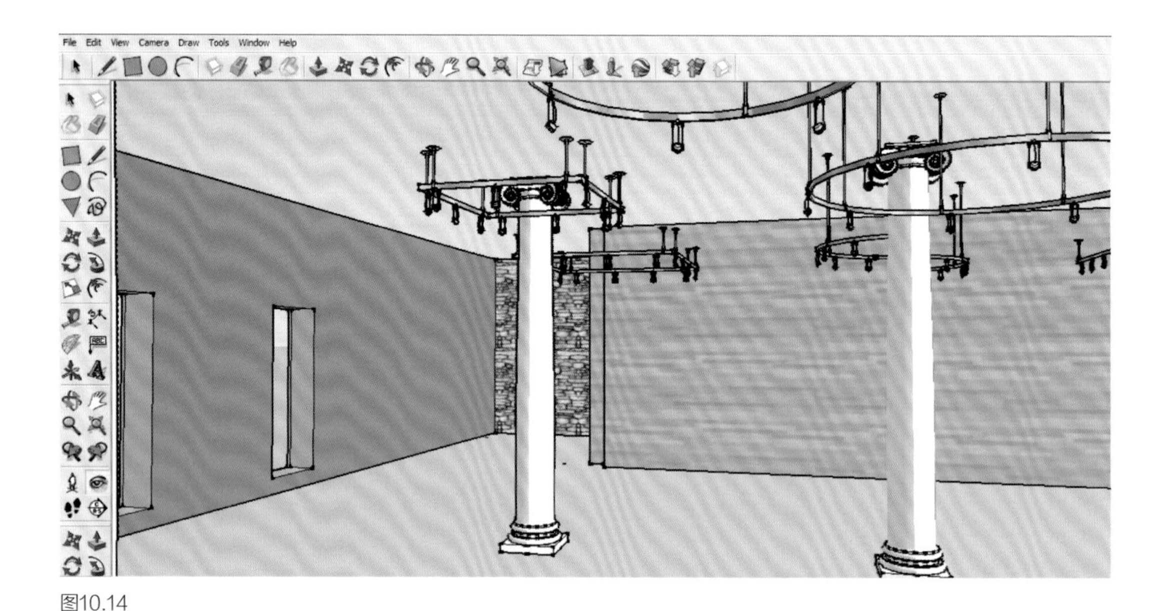

图10.14

也可以在SketchUp中为墙壁或地板应用不同的颜色。图10.14显示了为墙壁应用颜色（绿色）和材质（砖和木材质）的效果。

在SketchUp中创建阴影

在SketchUp中还可以为透视图添加阴影效果。阴影能形成强烈的对比和更真实的照明效果。图10.15和图10.16两张透视图中均添加了阴影。

为透视图添加阴影时，执行View（视图）>Shadows（阴影）命令，即可将阴影效果添加到透视图中，如图10.17所示。

将SketchUp图形导入Photoshop

在SketchUp中完成初始的透视图后，可以将透视图导出为TIFF格式，这样便于在Photoshop中应用材质和光照效果进行优化。需要从SketchUp中导出图形时，执行File（文件）>Export（导出）>2D Graphic（2D图形）命令，如图10.18所示。

弹出一个对话框，要求设置2D文件的保存位置。指定文件保存位置后，单击Export（导出）按钮，2D TIFF文件即保存到刚刚指定的位置。

在Photoshop中有多种方法来制作高分

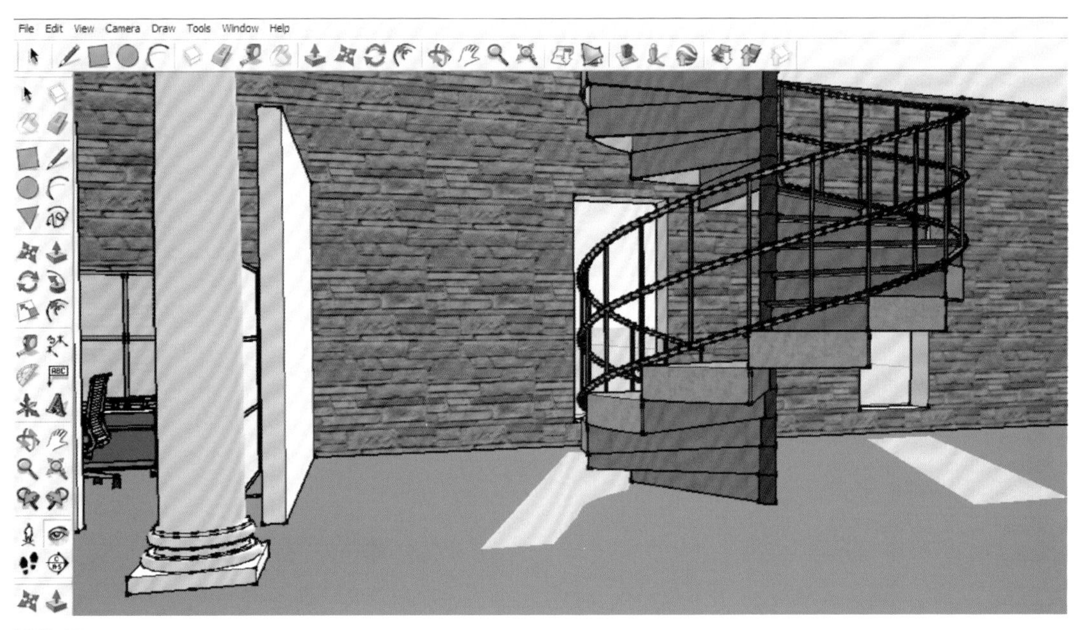

图10.15

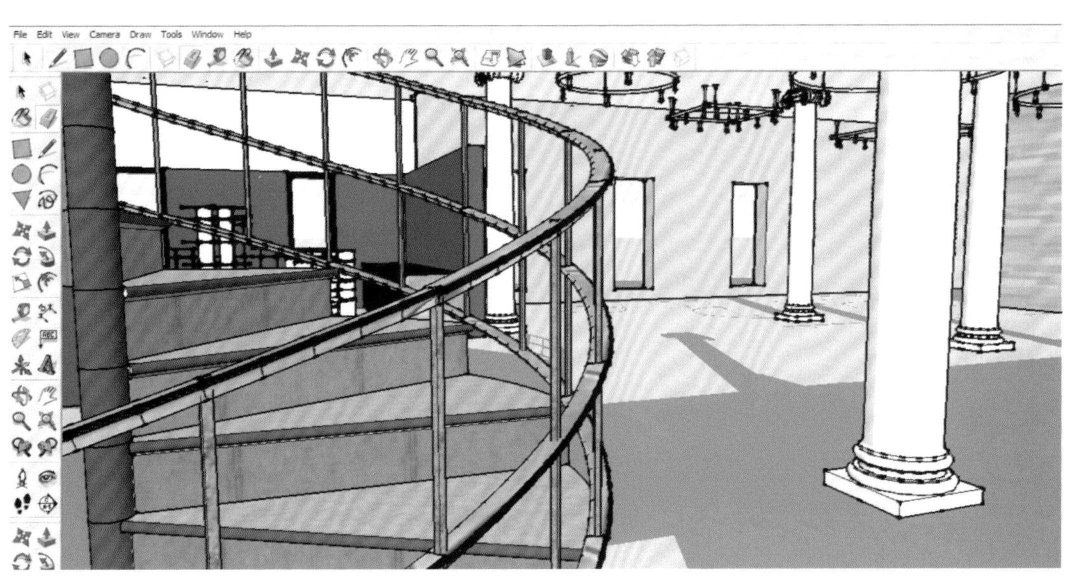

图10.16

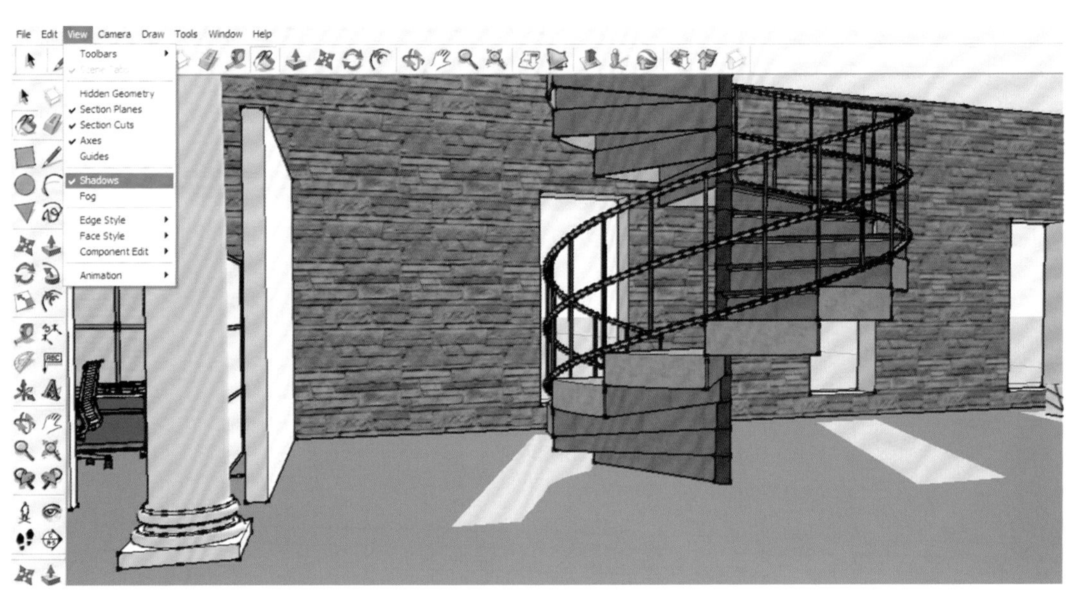

图10.17

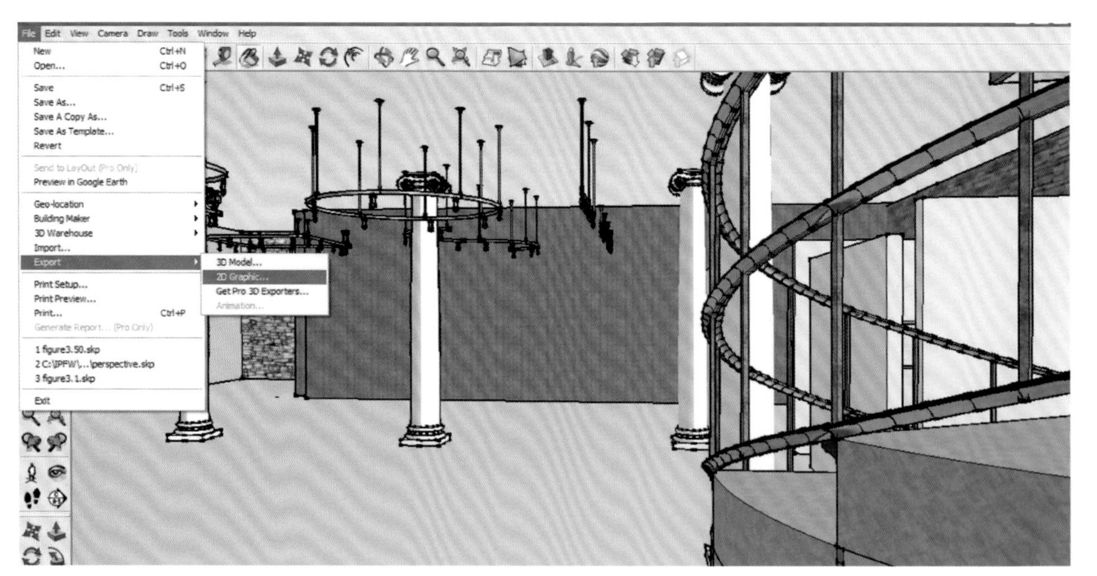

图10.18

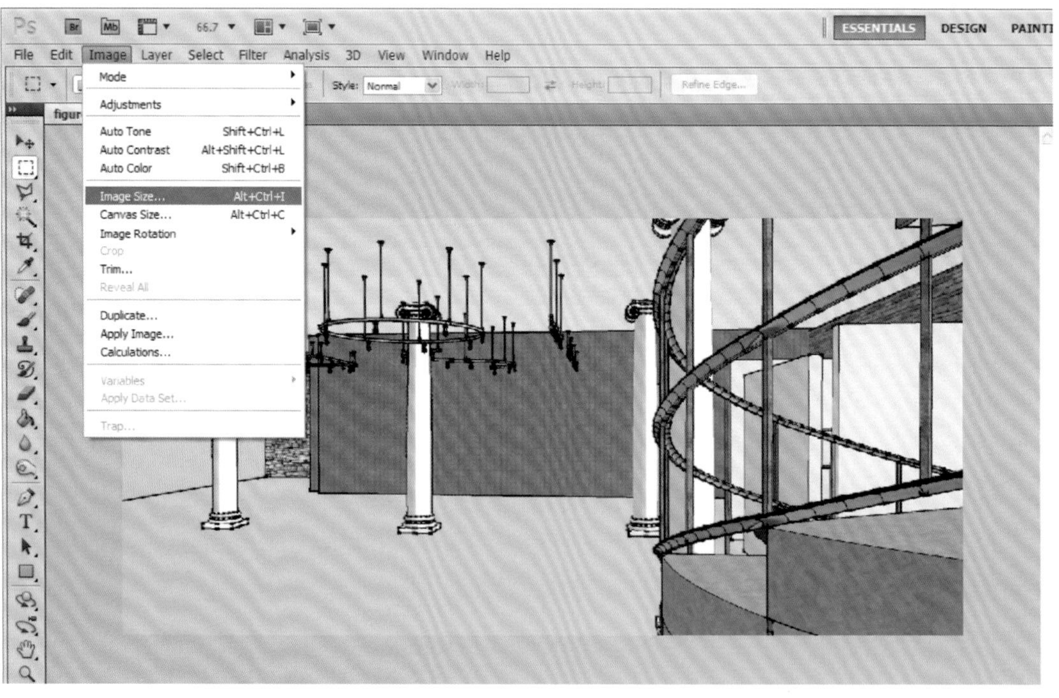

图10.19

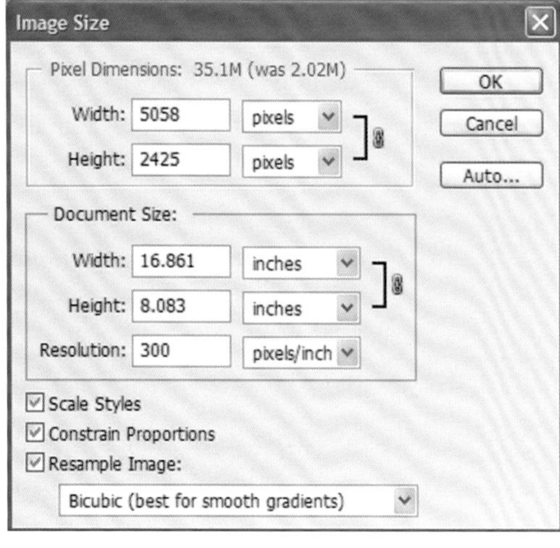

图10.20

辨率文件。一种方法是在Photoshop中打开文件，执行Image（图像）>Image Size（图像大小）命令，如图10.19所示，弹出一个对话框，如图10.20所示，指定分辨率为300像素/英寸，并根据需要设置宽度和高度。这样，就可以在Photoshop中对这个高分辨率的TIFF文件进行优化了。

保存AutoCAD图形到Photoshop

可以在AutoCAD中创建线框图，比如平面图、立面图和局部图。之后，可以将图形保存为EPS格式，这样就可以在Photoshop中对其进行编辑了。

如果需要将DWG文件保存为PDF格式文件，则在AutoCAD中执行File（文件）>Print（打印）命令。弹出一个对话框，如图10.21所示，在Printer/Plotter（打印机/绘图仪）选项组中选择Name（名称）为PDF Creator。

通过选择要绘制的内容来指定绘图区域。打开下拉列表，如图10.22所示，可以选择Extents（范围）、Windows（窗口）或其他选项，也可以指定长宽比例。

在Photoshop中优化3D AutoCAD模型

在Photoshop中，还可将3D AutoCAD中生成的3D模型导入并进行优化。以下实例是在Photoshop中优化3D模型后，在InDesign中拼合完成的，效果如图10.23所示。

视觉“讲述”：在万神殿设计中与历史对话

罗马万神殿被认为是历史上伟大的建筑奇迹之一。它巨大的圆顶设计整合了艺术和科学，给人以渴望和统治的感觉。诚然，万神殿2000多年屹立不倒，已经证明了无可否认的科技水平，但是现代主义者在作品中反对这种古典形式，他们更喜欢干净、粗犷的线条，以及当代或未来主义的创新思维。

一些建筑作品，如水晶宫，成功跨越了这两个世界。这些作品既包含了古典样式和令人惊叹的科学技术，也蕴含着不可思议的创新思维。传统主义和现代主义建筑师之间的辩论是一场持续不断的交流。

这一混合设计的解决方案灵感来自于罗马的万神殿，引入了现代主义的元素。它充分理解建筑是一个完整的超越立面的三维空间体验，并关注整个体验的深层含义——也就是，与我们的过去、我们的现在、我们的未来、我们的历史和我们的感觉对话。这一设计将成为刺激现代主义者和古典主义者对话的催化剂。让历史的对话开始吧！

下面介绍创建作品的过程。

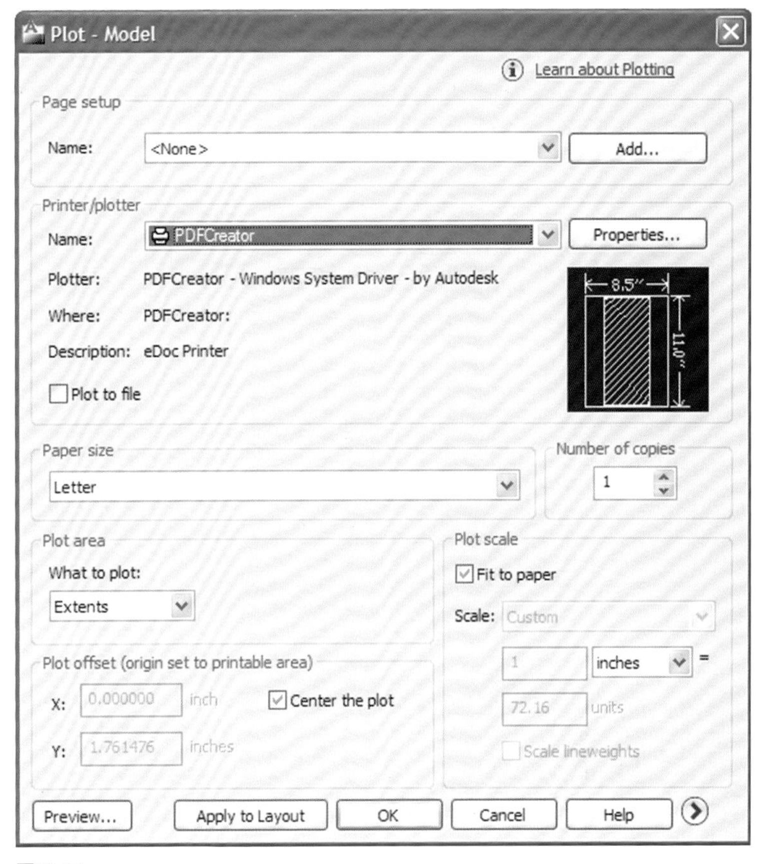

图10.21

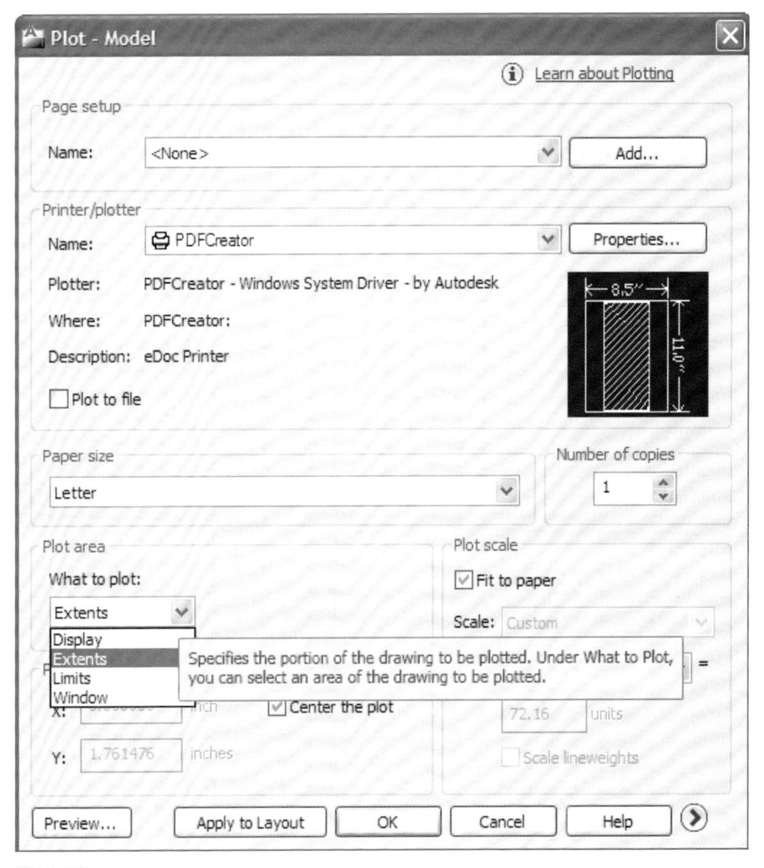

图10.22

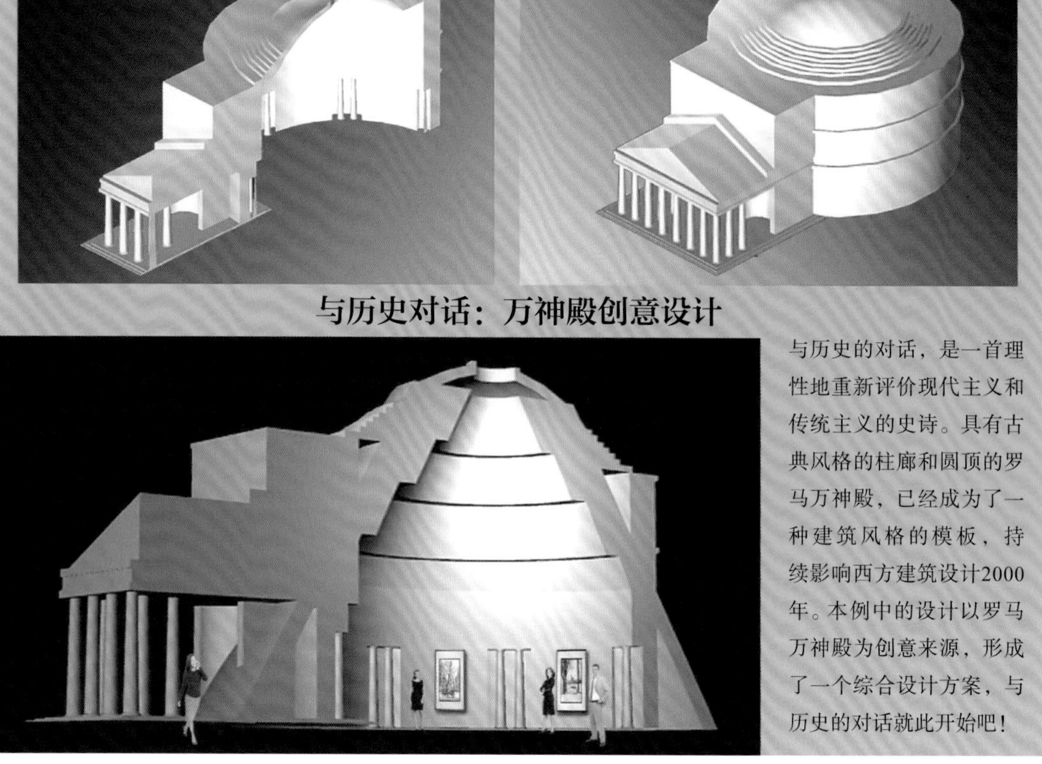

图10.23

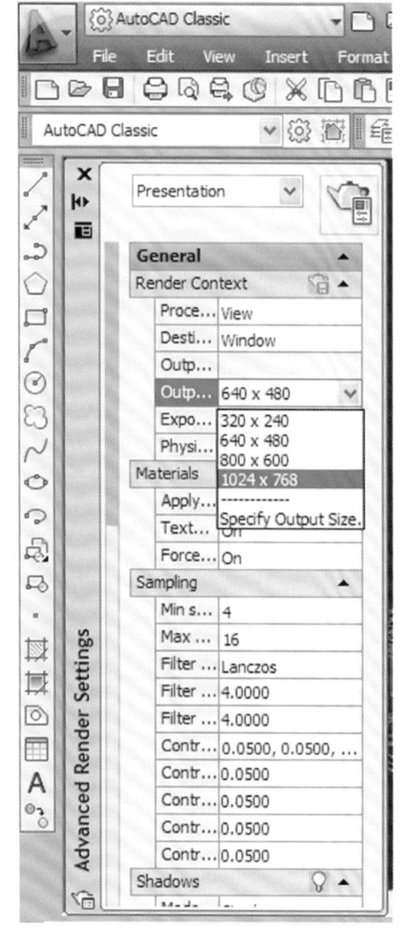

图10.24

1. 在3D AutoCAD软件中创建3D模型。导出3D模型为bmp格式文件（bmp或bitmap，是一种栅格化文件格式）。为了能导出高分辨率的bmp文件，执行View（视图）>Render（渲染）>Advanced Render Setting（高级渲染设置）命令，弹出一个对话框，如图10.24所示。
2. 将3D AutoCAD中创建的3D模型导出，如图10.25、图10.26和图10.27所示。也可以在Photoshop中调高图像分辨率。
3. 在Photoshop中打开图10.25。在图形中添加光照效果，如图10.28所示。
4. 添加墙壁上的装饰画以及投影效果。还需要在模型中添加人物图像，以显示出尺寸感。

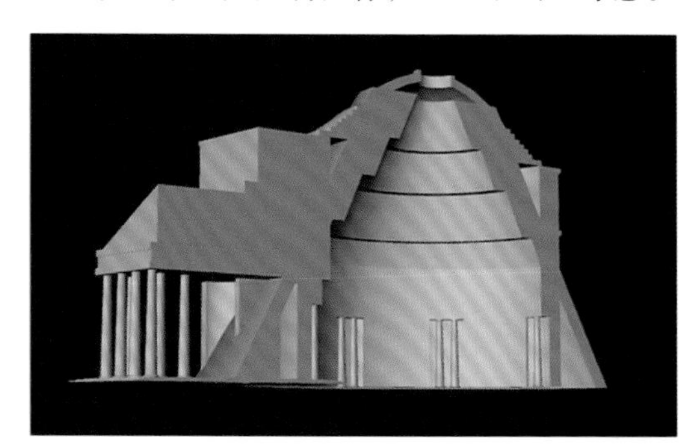

图10.25

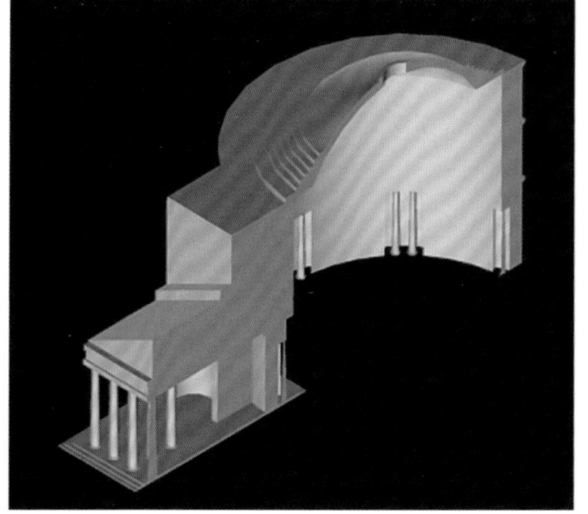

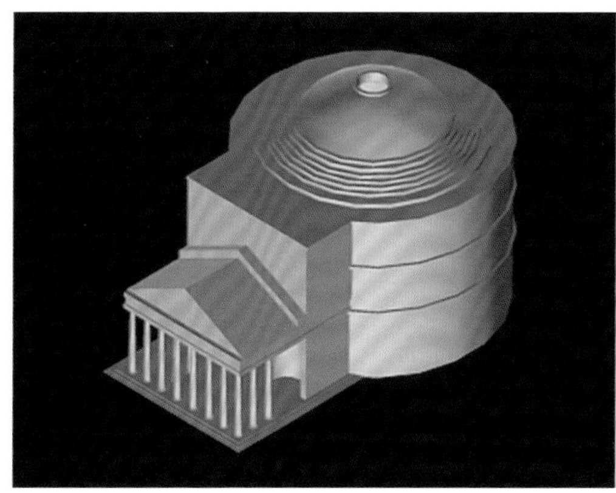

图10.26

图10.27

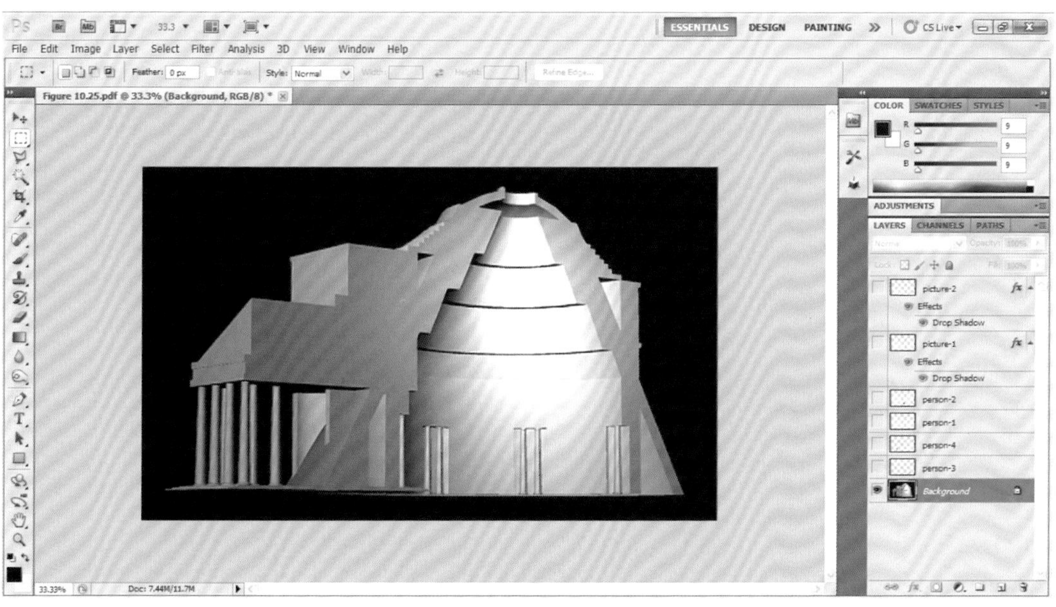

图10.28

一定要将各个对象放置在单独的图层中，如图10.29所示。

5. 在Photoshop中打开图10.26。为模型添加光照效果。然后使用Gradient Fill（渐变填充）工具填充背景，如图10.30和图10.31所示。
6. 在Photoshop中打开图10.27。添加光照效果，与上述步骤相同，使用Gradient Fill（渐变填充）工具填充背景。模型效果如图10.32和图10.33所示。
7. 打开InDesign软件，创建一个新的文档。为各个模型创建单独的图层，并填充背景为黄色，如图10.34所示。在填充黄色时，可以使用窗口左侧的Rectangle（矩形）工具。也可以将background（背景）图层锁定，这样就不会操作失误移动背景了。

图10.29

图10.30

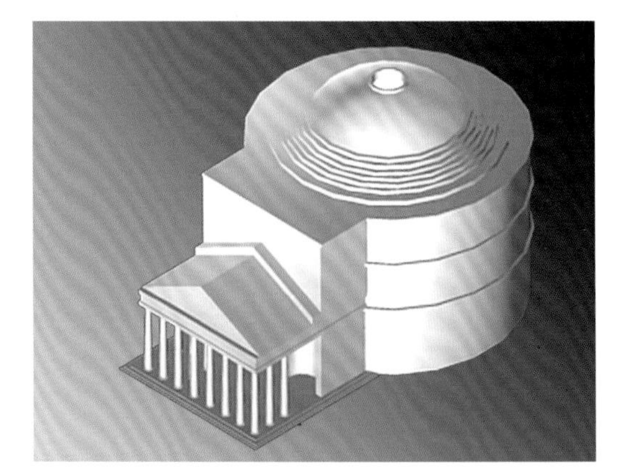

图10.32

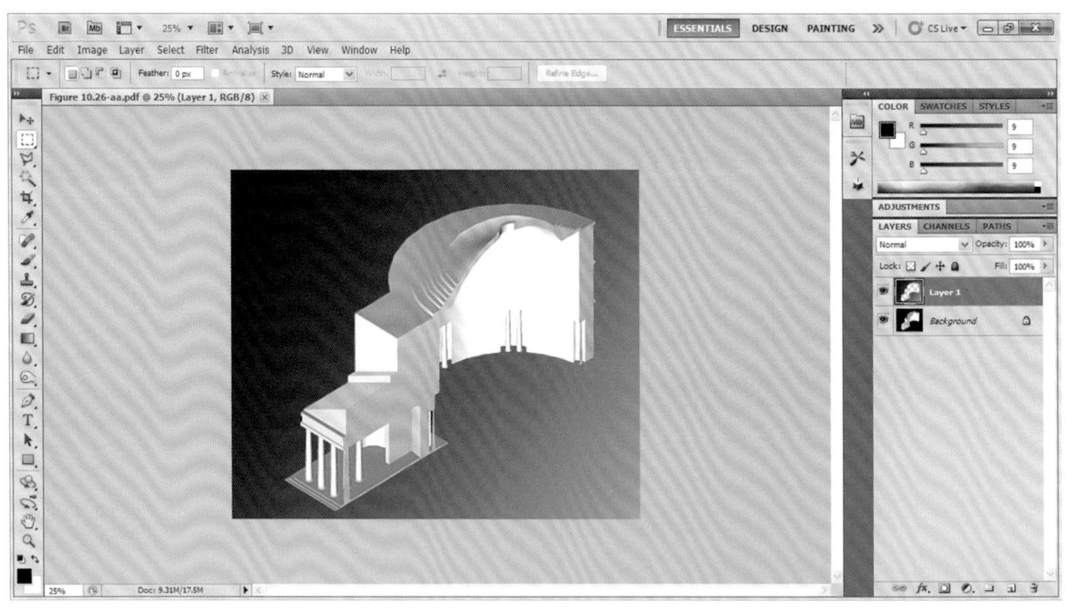

图10.31

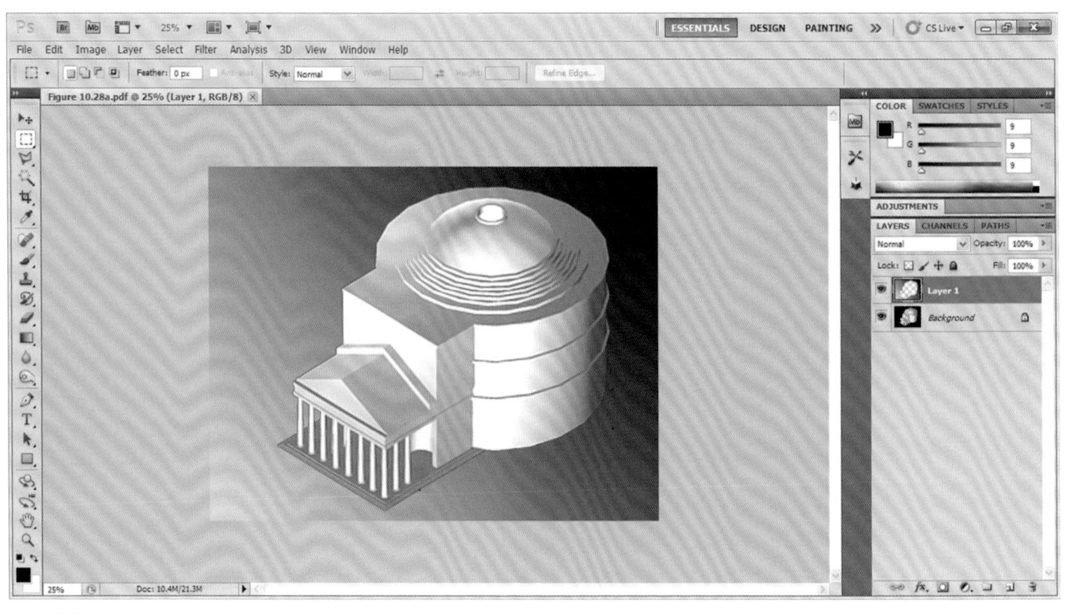

图10.33

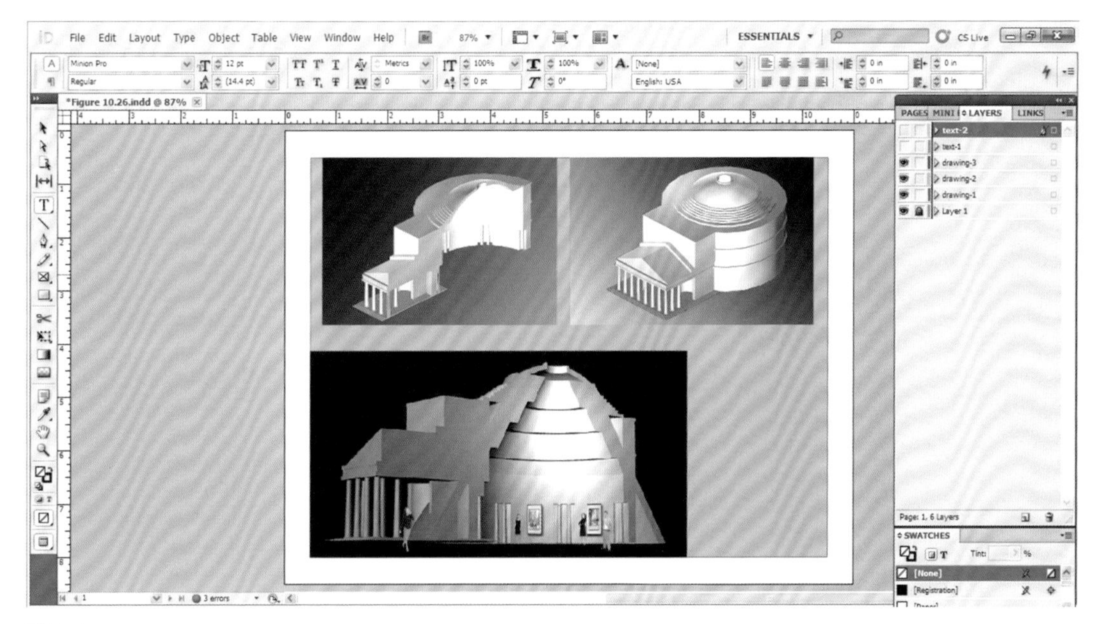

图10.34

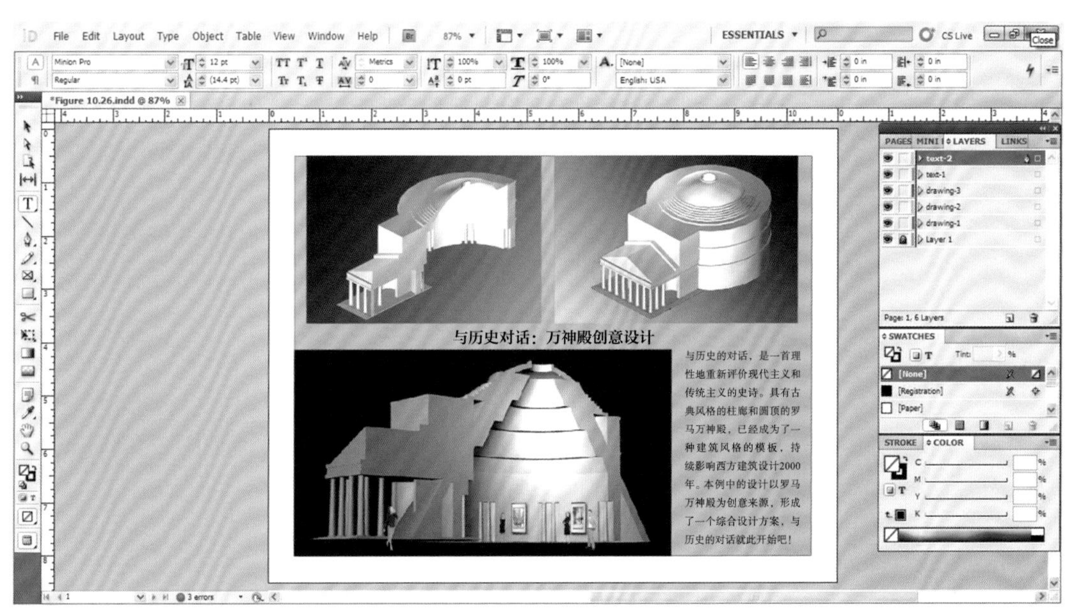

图10.35

8. 在作品中添加文字。不要将所有文字放置在同一图层中。图形效果如图10.35所示。
9. 执行File（文件）>Export（导出）命令，将文件导出为PDF格式文件，在弹出的对话框中指定文件保存位置。

回顾绘图创作过程

以下是用多种软件绘图的完整创作过程：

- 在AutoCAD中，根据需要创建线框图，比如平面图、立面图、局部图或细节图。
- 在AutoCAD中保存DWG图形（平面图、立面图、局部图和细节图）为EPS格式文件，以便于在Photoshop中进行编辑。
- 在AutoCAD中创建3D模型用于创作Conversation with History（与历史对话），或者按下述步骤在SketchUp中创建3D模型。

  在SketchUp中，导入AutoCAD的DWG平面图／创建墙壁、地板、天花板等建筑组件/从SketchUp材质库中选择并应用材质/在模型中添加SketchUp预设3D对象，如家具和简单的建筑构件 / 在创建初始的模型后，可以将模型（SKP格式文件）导出为TIFF格式文件 / 在Photoshop中打开从SketchUp导出的TIFF格式文件，并添加颜色、材质、光照以及环境对象，使图形更显真实和专业。

- 在Photoshop中优化各个图形后，在InDesign中拼合海报图形。创建出一幅讲述设计故事，表达设计理念和意图的海报作品。

概要

综合使用多个软件的目标是快速创建专业和高质量的海报。本章介绍了使用多种软件创建海报的技巧，重点是SketchUp和3D AutoCAD。本章还介绍了使用AutoCAD、SketchUp、Photoshop和InDesign创建海报的操作过程。以下是涉及到的操作概述：

- SketchUp基本知识
  创建墙 / 创建等轴视图 / 创建透视图 / 在SketchUp中创建阴影 / 创建窗户和门 / 从材质库中选择并应用颜色和材质 / 从3D Warehouse（3D仓库）中导入预设3D对象。
- 导入AutoCAD平面图（DWG文件）至SketchUp
- 将SketchUp 3D模型（SKP文件）导出为PDF格式文件，以便在Photoshop中使用
- 保存AutoCAD 2D图纸为EPS格式文件，如平面图、立面图、局部图和其他2D图形等
- 使用3D AutoCAD模型创建作品
- 使用InDesign完成综合应用软件创作的最后一步——拼合海报

关键术语

- 2D Graphic（2D图形）
- 3D Warehouse（3D仓库）
- AutoCAD
- Export（导出）
- Image Size（图像大小）
- Import（导入）
- InDesign
- 等轴视图
- Look Around（环视）
- Materials（材质）
- Orbit（轨道）
- Paint Bucket（油漆桶）
- PDF
- 透视图
- Position Camera（定位相机）
- Push/Pull（推/拉）
- Rectangle（矩形）
- Resolution（分辨率）
- Rotate（旋转）
- Scale（缩放）
- Shadow（阴影）
- SketchUp
- TIFF
- Zoom（缩放）
- Zoom Extents（缩放范围）

项目练习

1. 以正在开展的项目为例，拼合海报，其中包括平面图、室内立面图和透视图，以阐明项目设计理念。
   - 使用AutoCAD创建线框图，如平面图和室内立面图。导入平面图（DWG格式文件或TIFF格式文件）到SketchUp中，创建正在设计的室内空间初始3D模型，根据需要创建几个室内透视图。
   - 使用Photoshop优化平面图、室内立面图和透视图。
   - 使用InDesign创建一个海报图形，其中包括创建的所有单个的图形。
2. 以正在开展的项目为例，拼合海报，其中包括平面图、室内立面图和透视图，以阐明项目设计理念。
   - 使用AutoCAD创建线框图，如平面图和室内立面图。
   - 在3D AutoCAD中创建3D模型。
   - 使用Photoshop优化在3D AutoCAD中创建的平面图、室内立面图和透视图。
   - 使用InDesign创建一个海报图形，其中包括创建的所有单个的图形。